Der elektrische Lichtbogen

bei

Gleichstrom und Wechselstrom

und seine Anwendungen.

Von

Berthold Monasch,

Diplomingenieur.

Mit 141 in den Text gedruckten Figuren.

Berlin.

Verlag von Julius Springer.

1934

ISBN-13:978-3-642-90121-8 e-ISBN-13:978-3-642-91978-7
DOI: 10.1007/978-3-642-91978-7

Softcover reprint of the hardcover 1st edition 1934

Vorwort.

Dieses Buch verdankt seine Entstehung einer Quellenforschung über die Literatur des Lichtbogens, welche ich für meine auf Anregung von Herrn Professor Dr. C. E. Guye in Genf ausgeführten Untersuchungen über den hochgespannten Wechselstromlichtbogen benötigte. Die Wahrnehmung, daß sich bis heute kein Werk vorfindet, welches über den Stand der gesamten Lichtbogenforschung Auskunft gibt, veranlaßte mich, die etwas erweiterte Sammlung der Öffentlichkeit zu übergeben. Der Vorgerücktere, welcher zwischen den Zeilen zu lesen versteht, wird an vielen Stellen ersehen, wo die Forschung einzusetzen hat, um noch dunkle oder umstrittene Fragen zu lösen. Auch dürfte die mühsam unter Benutzung verschiedener Büchersammlungen zusammengestellte Übersicht über die experimentellen Ergebnisse der Lichtbogenforschung denjenigen, welche sich über das Wesen des Lichtbogens Kenntnis verschaffen wollen, viel Zeit ersparen, da die Originalarbeiten sich auf die Literatur der hauptsächlichen Kultursprachen verteilen und alle Werke selten bequem zugänglich sind.

Den Bogenlampentechnikern, die keine Zeit haben, Quellenstudien zu unternehmen und manchmal sehr phantastische Vorstellungen über das Wesen des Lichtbogens bekunden, sowie Physikern und den Studierenden der technischen Hochschulen, an denen meistens der Unterricht über Lichtbogen und Bogenlampen sehr stiefmütterlich behandelt wird, dürfte das vorliegende Buch in erster Linie willkommen sein.

Die Lichtbogenforschung wurde im letzten Jahrzehnt vom Auslande her durch die vortrefflichen Arbeiten von Professor Blondel in Paris, von Frau Ayrton in London und von Duddell und Marchant bereichert. Frau Ayrton, die gründliche Erforscherin des Gleichstromlichtbogens zwischen Kohlenelektroden, hat ihre umfangreichen Untersuchungen in einem Buche „The Electric Arc“ zusammengestellt, dessen Studium allen denjenigen, die tiefer in das Wesen des Gleichstromlichtbogens zwischen Kohlenelektroden eindringen wollen, angelegentlich empfohlen sei.

Was die Anwendung des Lichtbogens in den Bogenlampen anbetrifft, so wäre es über den Rahmen dieses Buches gegangen, wenn ich eine systematische Kritik sämtlicher bis jetzt konstruierter und zur Konstruktion vorgeschlagener Bogenlampen gegeben hätte. Ich begnügte mich daher damit, in diesem Buche nur das didaktisch Wichtige und konstruktiv Wesentliche über Bogenlampen an Hand einiger bewährter Konstruktionen anzuführen. Eine gewissenhafte Kritik der Bogenlampen erfordert ein Spezialwerk für sich, das sich auf der in diesem Buche gegebenen Grundlage aufbauen könnte.

Im Anhang ist ein Verzeichnis der deutschen Bogenlampenpatente gegeben, welches denjenigen, die sich über eine bestimmte Konstruktion zu unterrichten wünschen, willkommen sein mag. Es mag als Mangel empfunden werden, daß die Auslandspatente nicht auch in derselben Weise wie die deutschen Patente angeführt worden sind; immerhin sind auf die technisch wertvolleren ausländischen Konstruktionen auch deutsche Patente genommen worden.

Herrn Dipl.-Ing. Beni Herzfeld bin ich für seine freundschaftliche Unterstützung beim Lesen der Korrekturen zu Dank verpflichtet.

Mülhausen im Elsaß, September 1903.

Berthold Monasch.

Inhaltsverzeichnis.

Erstes Kapitel.

Die Entstehung des Lichtbogens.

Zweites Kapitel.

Mechanische Wirkungen des Stromes im Lichtbogen.

I. Vorbemerkungen über Elektroden.

II. Mechanische Vorgänge.

Drittes Kapitel.

Elektrische Erscheinungen im Lichtbogen.

I. Bei Gleichstrom.

Viertes Kapitel.

Der Lichtbogen im magnetischen Felde.

Fünftes Kapitel.

Wärmeerscheinungen im Lichtbogen.

Sechstes Kapitel.

Das Licht des elektrischen Lichtbogens.

Abkürzungen der Literaturangaben.

Am. El. = American Electrician (New-York).
Am. Inst. El. Eng. = American Institute of Electrical Engineers Transactions (New-York).
Ann. de Chim. et Phys. = Annales de Chimie et de Physique (Paris).
Arch. = Archives de l'Electricité (Paris)
Archives = Archives des Sciences Physiques et Naturelles (Genève).
Att. Nap. = Atti del Reale Istituto d' Incorragiamento di Napoli.
Att. Ass. el. = Atti dell' Associazione elettrotechnica italiana (Milano).
Bull. El. = Bulletin de la Société Internationale des Electriciens (Paris).
Centr. f. El. = Centralblatt für Elektrotechnik (München).
Chem. Ber. = Berichte der Deutschen Chemischen Gesellschaft (Berlin).
Chem. News = The Chemical News and Journal of Physical Science (London).
C. R. = Comptes Rendus Hebdomadaires des Séances de l'Académie des Sciences (Paris).
D. R. P. = Deutsches Reichspatent (Berlin).
Drud. Ann. = Annalen der Physik und Chemie. Herausgegeben von P. Drude (Leipzig).
Ecl. El. = Eclairage Electrique (Paris).
El. Anz. = Elektrotechnischer Anzeiger (Berlin).
Elett. = Elettricista (Roma).
Engl. = Englisches Patent.
El. Rev. = The Electrical Review (London).
E. T. Z. = Elektrotechnische Zeitschrift (Berlin).
El. World = Electrical World (New-York).
Inst. El. Eng. = Journal of the Proceedings of the Institution of Electrical Engineers (London).
J. de Phys. = Journal de Physique Théorique et Appliquée (Paris).
Jour. Tel. Eng. = Journal of the Society of Thelegraph Engineers.
Lum. El. = La Lumière Electrique (Paris).
Nuov. Cim. = Il nuovo Cimento (Pisa).
Phil. Mag. = The London, Edinburgh and Dublin Philosophical Magazine and Journal of Science (London).
Phil. Trans. = Philosophical Transactions of the Royal Society of London.
Phys. Rev. = The Physical Review (New-York).
Phys. Zeit. = Physikalische Zeitschrift (Leipzig).

Pogg. Ann. = Annalen der Physik und Chemie. Herausgegeben von Poggendorf (Leipzig).
Proc. Amer. Acad. = Proceedings of the American Academy of Sciences.
Proc. Phys. Soc. = Proceedings of the Physical Society of London.
Proc. Roy. Soc. = Proceedings of the Royal Society (London).
Rend. Acc. Linc. = Rendiconti della Reale Accademia dei Lincei (Roma).
Rev. gen. = Revue Générale des Sciences (Paris).
Rev. int. = Revue Internationale de l'Electricité et de ses Applications (Paris).
Sill. Jour. = The American Journal of Science (New-Haven).
The Electr. = The Electrician (London).
U. S. P. = United States Patent.
Verh. phys. Ges. = Verhandlungen der deutschen Physikalischen Gesellschaft (Berlin).
Verh. Ver. Gew. = Verhandlungen des Vereins zur Beförderung des Gewerbefleißes (Berlin).
West. El. = Western Electrician (Chicago).
Wied. Ann. = Annalen der Physik und Chemie. Herausgegeben von C. Wiedemann (Leipzig).
Wien. = Sitzungsberichte der kaiserlichen Akademie der Wissenschaften (Wien).
Z. f. Elch. = Zeitschrift für Elektrochemie (Halle).
Z. f. E. = Zeitschrift für Elektrotechnik (Wien).

Erstes Kapitel.

Die Entstehung des Lichtbogens.

§ 1. Entladungen unter Anteilnahme des Stoffes der Elektroden.

Die elektrischen Entladungen, welche zwischen zwei Elektroden, die durch ein gasförmiges Medium von gewöhnlichem Druck getrennt sind, unter Beteiligung des Stoffes der Elektroden stattfinden, können verschiedener Natur sein.

Werden bei der Entladung die zum Glühen erhitzten Elektrodenteilchen von einer oder beiden Elektroden ausgesendet, ohne die andere Elektrode zu erreichen, was gewöhnlich in Form eines kleinen glühenden Büschels geschieht, so spricht man von Büschelentladung.

Ist die Geschwindigkeit der von den Elektroden ausgesendeten glühenden Teilchen so groß, daß sie die andere Elektrode erreichen, so findet eine Funkenentladung statt.

Führt man den Elektroden fortdauernd derartig große Elektrizitätsmengen zu, daß nach einer einmal eingeleiteten Entladung von einer Elektrode zur anderen der Raum zwischen den Elektroden mit glühenden Elektrodenteilchen angefüllt bleibt, so erhält man einen Lichtbogen.

§ 2. Entdeckung des Lichtbogens.

Der Name Lichtbogen (arc) stammt von Humphry Davy, welcher als erster diese Entladungserscheinung zwischen zwei horizontalen Kohlenelektroden beobachtet hat und eine Flamme von 10 cm Länge erhielt[1]). Die durch die Entladung entstehende Flamme, welche zwischen den horizontalen Elektroden, deren Spitzen weißglühend waren, brannte, erhielt durch den aufsteigenden warmen Luftstrom ein bogenförmiges Aussehen. Trotzdem die Gestalt der Flammen bei vertikal übereinander gestellten Elektroden, wie sie fast stets bei

[1]) Davy, Phil. Trans. 2, p. 487, 1821.

Bogenlampen angeordnet sind und auch bei horizontal angeordneten Elektroden, wenn deren Entfernung weniger als 2 mm beträgt, nicht bogenförmig ist, bezeichnet man doch auch heute noch stets diese Flamme als Lichtbogen.

Das Jahr, in welchem Davy zum ersten Male den Lichtbogen beobachtet hat, läßt sich nicht mit Sicherheit angeben. Von russischer Seite wird behauptet, daß Petroff 1802 den Lichtbogen entdeckt habe. Doch läßt sich feststellen, daß Davy[1]) schon im Jahre 1800 versucht hat, den Funken zwischen 2 Kohlenstäben beständig zu machen. Sicher ist, daß Davy im Jahre 1808 den Bogen zwisehen 2 Kohlenstäben erzeugt hat, nachdem er in den Besitz einer Batterie von 2000 Zellen gelangt war.

§ 3. Erzeugung des Lichtbogens.

Will man einen Lichtbogen erzeugen, so ist hierzu eine gewisse Spannungsdifferenz an den Elektroden notwendig, die je nach der Natur des Stoffes, aus welchem die Elektroden bestehen, größer oder kleiner sein muß. Beträgt z. B. der Spannungsunterschied an den Elektroden 10 Volt, so wird es unter keinen Umständen möglich sein, zwischen Kohle-, Platin- oder Silberelektroden einen Lichtbogen herzustellen.

Aber auch bei höherer an den Elektroden verfügbarer Spannung, z. B. 50 Volt, gelingt es nicht, ohne weiteres einen Lichtbogen herzustellen. Man muß in diesem Falle zuerst die Elektroden eine Weile in Berührung bringen, wobei die sich berührenden Teile infolge erhöhten Leitungswiderstandes zum Glühen erwärmt werden. Wenn man dann die Elektroden von einander entfernt, so entsteht zwischen ihnen ein Lichtbogen. Selbst bei Spannungen von 250 Volt an den Elektroden muß man, um einen Bogen zu erzeugen, die Elektroden zuerst in Berührung miteinander bringen und dann von einander entfernen. Bei den Bogenlampen wird diese Berührung und Entfernung der Elektroden durch einen vom Strome betätigten Mechanismus bewirkt. Bei dem Entfernen der Elektroden von einander erfüllt sich der Raum zwischen ihnen mit glühenden und verdampften Elektrodenteilchen an; auch erwärmt sich das zwischen den Elektroden befindliche Gas, wodurch seine Leitfähigkeit zunimmt.

Im Vakuum bildet sich kein Lichtbogen, selbst wenn man nach vorherigem Kontakt der Elektroden dieselben auseinanderzieht; es entstehen dann Leuchterscheinungen wie in Geißlerschen Röhren.

---

[1]) Davy, Nicholsons Journal, 1800, p. 150, auch Life of Sir Humphry Davy by J. Ayrton Parris, 1831.

Hittorf[1]) erhielt bei keinem Metall unterhalb 1 mm Druck einen Lichtbogen, sondern nur Glimmentladung. Führt man aber nach Jamin und Maneuvrier[2]) einige Tropfen Schwefelkohlenstoff in den luftleeren Raum, läßt den Druck auf etwa 5—6 cm steigen und entfernt nun die unter Spannung stehenden Elektroden von einander, so erhält man bei Kohlenelektroden einen hellleuchtenden Lichtbogen.

Es gibt auch einige Methoden, den Lichtbogen bei Niederspannung ohne vorherigen Kontakt der Elektroden zu erzeugen. Diese Methoden haben rein theoretisches Interesse.

Die einfachste Methode ist, unter die Elektroden, welche mit einer Stromquelle von genügender Spannung verbunden sind, eine Gasflamme zu halten. Nach einiger Zeit entsteht der Lichtbogen. Der Versuch gelingt um so besser, je sauerstoffarmer die Flamme ist. Herschel[3]) und Daniell bewirkten das Entstehen des Lichtbogens ohne vorherigen Kontakt der unter Spannung stehenden Elektroden, indem sie die Entladungsfunken einer Leydner Flasche zwischen den Elektroden überschlagen ließen. Hierdurch gelangten dampfförmige Elektrodenteilchen in die Luftstrecke, das gasförmige Medium zwischen den Elektroden wird erwärmt, die Bedingungen für das Zustandekommen des Lichtbogens sind geschaffen. Daß sich wirklich verdampfte Elektrodenteilchen in der Luftstrecke befinden und eine Brücke von der einen Elektrode zur anderen bilden, ist spektroskopisch nachgewiesen.

Anstatt der Funken einer Leydner Flasche kann man auch die Funken eines Rühmkorffschen Apparats verwenden. Belloc[4]) beschreibt 1894 eine Methode der Bogenerzeugung ohne Elektrodenkontakt, bei welcher der Funke einer elektrostatischen Maschine von Holtz oder Wimshurst den Bogen entzündet.

Diese Methoden der Bogenerzeugung ohne vorherige Berührung der Elektroden sind nur für kleine Elektrodendistanzen (unter 3 mm) anwendbar.

Für höhere Distanzen von 3—30 mm gibt Maneuvrier[5]) eine Methode an, welche eine ziemlich komplizierte Versuchsanordnung erfordert.

Die Elektroden, die mit einer Wechselstromquelle verbunden sind, werden mit einer Glasglocke bedeckt, aus welcher die Luft ausgepumpt und in welche wieder frische Luft hineingelassen werden kann. Man

[1]) Hittorf, Wied. Ann., 21, p. 118, 1884.
[2]) Jamin et Maneuvrier, C. R., 95, p. 6, 1882.
[3]) Herschel, Pogg. Ann., 49, p. 122, 1840.
[4]) Belloc, Lum. El., 53, p. 191, 1894.
[5]) Maneuvrier, C. R., 104, p. 967, 1887.

pumpt die Luft aus, bis auf etwa 5 oder 6 mm Druck und läßt dann frische Luft einströmen, sodaß der Druck in der Glasglocke auf etwa 150 mm steigt. Während die Luft einströmt, entzündet sich der Lichtbogen. Wie weit herab man mit der Luftverdünnung gehen muß, hängt von der Elektrodendistanz und von der Potentialdifferenz an den Elektroden ab.

Verwendet man zur Speisung des Lichtbogens hochgespannten Wechselstrom, so erhält man beim Einschalten des Hochspannungskreises ohne vorherigen Kontakt der Elektroden einen Lichtbogen. Hier springt zuerst ein Funken über, welcher die Entladung einleitet.

Die Bogenbildung scheint von der negativen Elektrode auszugehen. Hittorf[1]) bemerkt, daß bei der Bildung des Lichtbogens sich zuerst auf der negativen Kohle eine „stark weißglühende fast punktförmige Stelle bildet." Erst später bemerkt er das Erglühen der positiven Elektrode. Blondel[2]) kann gewisse Erscheinungen im Lichtbogen nur unter der Voraussetzung erklären, daß bei der Bildung des Lichtbogens eine Entladung von der negativen Elektrode ausgeht. (Siehe auch § 51.) Moigno[3]) und van der Willigen[4]) bestätigen die Beobachtung Hittorfs.

§ 4. Auslöschen des Lichtbogens.

Will man den Bogen auslöschen, so ist das natürlichste Mittel, den elektrischen Strom auszuschalten.

Wie Semmola[5]) gefunden hat, kann der elektrische Lichtbogen auch durch einen Strom Luft, Sauerstoff oder eines anderen Gases ausgelöscht werden. Ein Blasen mit dem Munde genügt schon, um unter gewissen Umständen den Bogen zum Erlöschen zu bringen. Ein Grund dieser Erscheinung ist der, daß die glühenden Elektrodenteilchen und die warme Luft aus der Strecke zwischen den Elektroden weggeblasen werden und somit die leitende Brücke zwischen den Elektroden fehlt. Auch Maneuvrier gibt bei seiner oben beschriebenen Methode der Bogenerzeugung an, daß, wenn man beim Wiedereinströmen der Luft in die Glocke den Druck schnell und höher als 150 mm wachsen läßt, dann eine so kräftige Luftströmung in der Glocke entsteht, daß der Bogen sich zwar entzündet, aber sofort wieder ausgelöscht wird.

---

[1]) Hittorf, Wied. Ann., 21, p. 118, 1884.
[2]) Blondel, Rev. gen., 12, p. 666, 1901.
[3]) Moigno, C. R., 30, p. 359, 1850.
[4]) Van der Willigen, Pogg. Ann., 93, p. 292, 1854.
[5]) Semmola, Att. Nap. 3, p. 4, 1885.

Wiederholt man den Maneuvrierschen Versuch mit hochgespanntem Wechselstrom und läßt hierbei die Luft sehr schnell bis zum Drucke einer Atmosphäre in die evakuierte Glocke strömen, so ist die Luftströmung so stark, daß sie den Bogen, der bei einer Elektrodendistanz von 4 mm eine Höhe von etwa 5 mm hatte, von den Elektroden wegzureißen und auszulöschen sucht; da aber infolge der hohen Spannung der Bogen sich stets wieder neu bildet, indem sofort nach Erlöschen des Bogens ein Funken überspringt, so vermag der Luftstrom den Bogen nicht auszulöschen, sondern reißt die glühenden Teile des Bogens und die warmen Gase mit sich, sodaß der Bogen eine Höhe von 50 bis 60 mm erreicht. Beruhigt sich die Gasströmung in der Glocke, so wird der Bogen wieder allmählich kleiner und brennt normal.

Überhaupt empfiehlt es sich, wegen des Einflusses der Gas- und Luftströmungen auf die Stabilität des Lichtbogens beim Experimentieren mit Lichtbogen dieselben mit einer Glasglocke zu bedecken. Die bloße Bewegung des Armes des Beobachters im Laboratorium genügte, selbst bei 3 m Entfernung von dem ohne Glocke brennenden Lichtbogen, denselben unstabil zu machen und Schwankungen in den Angaben eines an die „Klemmen" des Bogens gelegten Voltmeters hervorzurufen. Wie wir im Kapitel 3 sehen werden, reagiert der Bogen in so empfindlicher Weise auf die Schwankungen der ihn umgebenden Luft, daß er sogar den durch die menschliche Stimme hervorgerufenen kleinen Luftschwingungen folgt und, wie H. Th. Simon im Jahre 1898 entdeckt hat, mit Erfolg als Mikrophon, verwendet werden kann.

Wenn man einem brennenden Lichtbogen einen Kondensator von genügend großer Kapazität parallel schaltet, so findet ein Erlöschen des Lichtbogens beim Einschalten des Kondensators statt. Je geringer die Kapazität des Kondensators, je größer die Bogenlänge und je höher die Stromstärke ist, desto schwerer läßt sich der Bogen durch das Einschalten des Kondensators auslöschen.

Bei Metallelektroden tritt die Auslöschung leichter ein als bei Kohlenelektroden. Bei den Versuchen von W. Duddell[1]) brannte ein Lichtbogen zwischen Kupferelektroden von 6 mm Durchmesser mit 3 Ampere. Wurde ein Kondensator von 0,6—5,4 Mikrofarad parallel geschaltet, so erlosch der Bogen. Bei der niedrigsten Kapazität, nämlich 0,6 Mikrofarad, konnte das Erlöschen nicht mit Sicherheit festgestellt werden. Wurden die Kupferelektroden durch Dochtkohlen ersetzt, so trat bei 3 Ampere kein Erlöschen ein, selbst wenn eine Kapazität von 5,4 Mikrofarad parallel geschaltet wurde. Ein Erlöschen des Kohlebogens trat erst ein, als der Strom kleiner als 1 Ampere gemacht worden war.

---

[1]) W. Duddell, The Elect. 46, p. 311, 1900.

Bei hochgespannten Lichtbögen, bei denen die verfügbare Spannung ausreicht, den Bogen von selbst wieder zu entzünden, verlöscht der Bogen, sowie man Funkenstrecken parallel zum Bogen schaltet, die kleiner sind als die Elektrodendistanz. Es entsteht dann, nachdem der ursprüngliche Bogen erloschen ist, ein Bogen an derjenigen Funkenstrecke, welche den geringsten Luftzwischenraum hat, also dem Überspringen von Funken geringsten Widerstand entgegensetzt. Man empfindet diese Erscheinung häufig störend beim Experimentieren mit hochgespanntem Wechselstrom, wenn man zum Messen des Spannungsverlustes an die Elektroden ein Quadrantenelektrometer angelegt hat. Das Elektrometer funktioniert gut, solange die Elektrodendistanz im Bogen kleiner ist als die Abstände der Platten von der Nadel. Wird die Elektrodendistanz größer als die Zwischenräume zwischen den unter Spannung stehenden Teilen des Elektrometers, so wird der Bogen ausgelöscht, und im Elektrometer entsteht ein Bogen. Schaltet man dann das Elektrometer ab, so entsteht der Bogen wieder zwischen den Elektroden.

§ 5. Wiedererzeugung des Lichtbogens nach kurzer Stromunterbrechung.

Bei Niederspannung kann man einen verlöschten Bogen wieder zum Brennen bringen, wenn man den Strom wieder einschaltet, bevor die Luftstrecke ihre Leitfähigkeit verloren hat und die Elektroden vollständig abgekühlt sind. Beim Metalllichtbogen ist der Bogen viel schwerer auf diese Art wieder anzuzünden, da die Metallelektroden wegen ihrer höheren Wärmeleitfähigkeit sich schneller abkühlen als Kohlenelektroden. So gelingt es nach Le Roux[1]) zwischen Kohlenelektroden den Lichtbogen wieder zu erzeugen, wenn man $^1/_{25}$ Sekunde nach Erlöschen des Lichtbogens den Strom wieder einschaltet. Wartmann[2]) erzeugte schon im Jahre 1852 den Bogen zwischen Kohlen wieder durch Einschalten des Stromes nach $^1/_{20}$ Sekunde Stromunterbrechung. Die Wartmannsche Angabe weicht von der Le Rouxschen nur um $^1/_{100}$ Sekunde ab. Der Versuch gelingt nur bei Elektrodendistanzen kleiner als 3 mm. Bei Kupferelektroden fand Duddell[3]), daß es nicht möglich war, den Lichtbogen wieder durch Stromeinschalten zu erzeugen, wenn der Strom länger als $^1/_{27000}$ Sekunde unterbrochen

---

1) Le Roux, C. R. 65, p. 1149, 1867.
2) Wartmann, C. R. 66, p. 155, 1868.
3) Duddell, The Elect. 46, p. 311, 1900.

war. Schon Edlund[1]) konnte einen Bogen zwischen Silberspitzen durch Stromeinschalten nicht wieder entzünden, während ihm die Wiederentzündung eines Kohlelichtbogens durch Stromeinschalten gelang.

Maneuvrier gibt bei seiner oben beschriebenen Methode der Lichtbogenerzeugung an, daß man mit der Druckverminderung in der Glocke nur auf 50 mm Quecksilbersäule Druck herabzugehen braucht, wenn man den Bogen nach kurzer Stromunterbrechung wieder nach seiner Methode erzeugen will, während man bei einer primären Erzeugung mit der Druckverminderung auf 5—6 mm Quecksilbersäule herabgehen muß.

Duddell[2]) untersuchte, unter welchen Umständen sich der Lichtbogen wieder bilden wird, nachdem er durch Parallelschalten eines Kondensators ausgelöscht worden war.

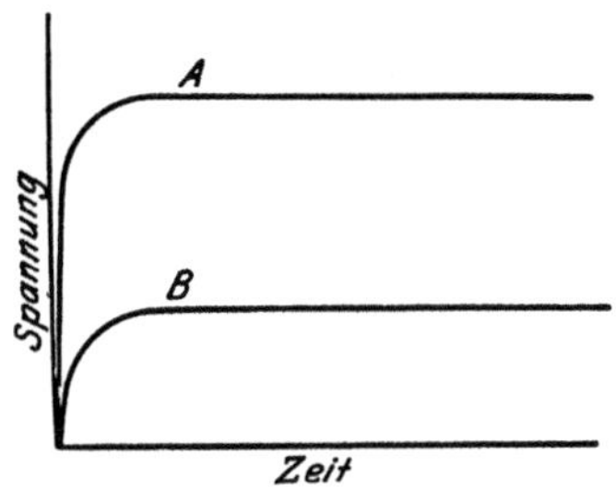

Fig. 1.

In Fig. 1 stelle die Kurve A die Beziehungen dar zwischen der zur Wiederbildung des Bogens notwendigen Spannung an den Elektroden und der Zeit, die seit der Auslöschung des Bogens verstrichen ist. Die Kurve B stellt die Beziehungen dar zwischen der Erhöhung der Spannung an den Elektroden, d. h. an den Klemmen des Kondensators und derselben Zeit, die seit Auslöschung des Bogens verstrichen ist. Die Bedingung für das Wiederentstehen des Lichtbogens ist dann, daß die Kurve B die Kurve A berührt oder schneidet. Leider kennt man wenig über den Gang der Kurve A. Man weiß nur, daß sie bei der Spannung beginnt, welche im brennenden Lichtbogen im Augenblick des Auslöschens vorhanden ist, und daß sie schließlich einen konstanten Wert annimmt, welcher der Spannung gleich ist, die eine Funkenbildung zwischen den Elektroden gestattet. Im Momente des Auslöschens des Bogens, also zur Zeit null, geht auch A durch null. Die Gestalt der Kurve B, welche die Spannung an den Klemmen des Kondensators

---

[1]) Edlund, Pogg. Ann. 134, p. 250, 1868.

[2]) Duddell, l. c., p. 311.

während der Ladung darstellt, kann aus den bekannten Daten des Stromkreises berechnet werden. Bei einem Versuch von Duddell erlosch ein Kupferbogen in einem Stromkreise von 3 Ampere, dessen Stromquelle eine elektromotorische ·Kraft von 200 Volt hatte, dessen Widerstand 56 Ohm betrug (unter Vernachlässigung der Selbstinduktion der Zuführungsdrähte) bei Parallelschaltung mit einem Kondensator von 0,5 Mikrofarad Kapazität. Die Kurve B hat also zur Zeit null den Wert 0 und zur Zeit 1 Sekunde den ungefähren Wert $6 . 10^6$ Volt. Trotz dieses steilen Aufsteigens der Kurve B schneidet sie für den Kupferbogen nicht die Kurve A; der Widerstand der Bogenstrecke beim Kupferbogen scheint also sofort nach dem Erlöschen sehr groß zu werden. Verwendete Duddell Dochtkohlen in demselben Stromkreise, so erlosch der Bogen nicht bei Parallelschaltung eines Kondensators von 5,4 Mikrofarad. Die Steilheit der Kurve B war hier ungefähr $7 . 10^5$ Volt pro Sekunde, also geringer als beim Kupferbogen, und trotzdem schnitt sie die Kurve A. Der Widerstand der Bogenstrecke des Bogens zwischen Dochtkohle wächst also nach der Unterbrechung des Stromes viel langsamer als bei Kupfer.

Zweites Kapitel.

Mechanische Wirkungen des Stromes im Lichtbogen.

I. Vorbemerkungen über Elektroden.

§ 6. Homogenkohle.

Das Verhalten des Lichtbogens wird in vielen Beziehungen durch das Elektrodenmaterial beeinflußt. Metallelektroden sind im allgemeinen, namentlich wenn die Metalle rein sind, ein gut definiertes Elektrodenmaterial. Anders ist es bei Kohlenelektroden, welche für die zu Beleuchtungszwecken in der Technik verwendeten Bogenlampen allein in Frage kommen. Die von den ersten Beobachtern des Lichtbogens verwendeten Kohlenelektroden bestanden aus Holzkohle. Davy hatte Holzkohlen verwendet, welche zur Erhöhung ihrer Leitfähigkeit in Wasser oder Quecksilber abgeschreckt waren. Die Holzkohlen hatten den Nachteil, daß sie sich wegen ihrer molekularen Beschaffenheit sehr schnell im Bogen verzehrten. Deshalb benutzten Bunsen, Foucault und Grove den Kohlenrückstand, der in den Retorten bei der Destillation der Steinkohle zur Gasbereitung verblieb, die sogenannte Retortenkohle. Doch auch die Retortenkohle hatte verschiedene Nachteile. Zwar war sie härter als Holzkohle und verzehrte sich nicht so rasch im Lichtbogen, aber sie war nicht homogen, sie enthielt Silikate und andere Verunreinigungen. Sie ließ sich schwer schneiden und die Bogen zwischen ihr waren sehr unruhig. Außerdem kostete ein Kohlenpaar aus Retortenkohle noch im Jahre 1876 ungefähr 1,50 Mark, während die heute verwendeten Bogenlampenkohlen für wenige Pfennige zu erhalten sind.

Bunsen versuchte zuerst eine für den Lichtbogen vorteilhaftere Kohle künstlich darzustellen. Jm Jahre 1840 schlug er vor, fein gepulverte Steinkohle mit Gummi zu mischen und dieses Gemenge zu rösten. Aber sowie dieses Gemenge einer größeren Hitze ausgesetzt wurde, wurde es rissig. Bunsen tauchte nun diese Stifte in Zuckersirup und unterwarf sie einer zweiten Erhitzung. Die so zubereiteten Kohlen waren auch noch sehr unvollkommen.

Es wurde dann von Le Molt ein weiterer Versuch gemacht (1849), ein möglichst homogenes Kohlenmaterial herzustellen, das sich wenig im Bogen verzehre. Er vermischte den Zuckersirup mit Pech, ließ die Kohlen 30 Stunden lang „kochen" und reinigte sie dann durch Einwirkung von Säuren.

Gegen 1860 empfiehlt Archereau den Kohlenbrei unter Druck zu rösten. Im Jahre 1878 stellt Napoli Bogenlampenkohlen her, die pro Brennstunde „nur 5 cm abbrannten", was einen großen Fortschritt bedeutete, da die bis dahin bekannten Kohlen unter denselben Bedingungen fünfmal schneller abbrannten.

Die weiteren zahlreichen Bestrebungen der Bogenlampenkohlenindustrie bezweckten den Kohlen eine möglichst lange Brenndauer zu verleihen, ein ruhiges und in allen Teilen gleichmäßiges Abbrennen der Kohlen zu erzielen, den Bogen zu beruhigen, möglichst wenig Brennrückstände zu erhalten und die Leuchtkraft der Kohle zu erhöhen. Alle diese Vorzüge lassen sich nicht leicht in einer Kohle vereinigen.

Grove[1]) hatte schon im Jahre 1840 darauf hingewiesen, daß die Beimengung von Kalium- oder Natriumsalzen in die Kohlenmasse auf den Bogen eine beruhigende Wirkung ausübe. Casselmann[2]) fand, daß zwischen Retortenkohlenspitzen, die „vorher in verschiedene Lösungen, zum Beispiel von salpetersaurem Strontian, Borsäure etc., eingetaucht und stark geglüht waren, sich nach vorgängiger Berührung ein sehr ruhiger, je nach der angewendeten Substanz verschieden gefärbter Lichtbogen bildete, der selbst bei einer Entfernung von 7—8 mm nicht erlosch und von keinem bemerkbaren Geräusch begleitet war."

Casselmann erzeugte dann Bogen zwischen Kohlen, die mit Lösungen von „salpetersaurer Strontianerde, Ätzkali, salpetersaurem Kupferoxyd, Chlorzink, Kochsalz, Borsäure, Borax und schwefelsaurem Natron getränkt waren. Die Kupfer-, Borsäure- und Strontianflamme zeigten beziehungsweise eine bläuliche, grünliche und rote, die anderen eine mehr oder weniger gelbe Färbung." Auch fand Casselmann daß die Leuchtkraft der Kohle besonders durch die Beimengung von salpetersaurem Strontian, salpetersaurem Kupferoxyd, Zinkchlorid gewachsen war. Die größte Helligkeit gab Kohle, die mit Borax und Schwefelsäure getränkt war.

---

[1]) Grove, Phil. Mag., 16, p. 480, 1840.

[2]) Casselmann, Pogg. Ann., 63, p. 576, 1844.

Archereau empfahl zur Erreichung derselben Wirkung die Beimischung von Magnesium zu Kohle.

Bei den heute unter der Bezeichnung Homogenkohlen verwendeten massiven Kohlenstiften ist man bestrebt das Gefüge der Kohle so homogen als möglich zu machen, d. h. eine möglichst in allen Teilen gleichförmige Verteilung der Masse zu erzielen. Dies gelingt mehr oder weniger, je nach der Sorgfalt, die man auf die Herstellung der Kohlenstifte verwendet, und je nach der Güte der Ausgangsmaterialien. Die Preisdrückerei der letzten Jahre hat viel minderwertiges Kohlenmaterial auf den Markt gebracht. Doch selbst bei den sorgfältig hergestellten Kohlenstiften renommierter Firmen kann man oft bemerken, daß Kohlen desselben Fabrikanten, die aus denselben Materialien nach derselben Methode, aber zu verschiedenen Zeiten hergestellt worden sind, sich nicht völlig gleichartig im Bogen verhalten.

Die modernen Homogenkohlen bedeuten insofern einen Fortschritt, als ihr Abbrand bedeutend geringer ist als in den Anfängen der Bogenlampenkohlenindustrie und auch die Bogen zwischen ihnen brennen ruhiger und geräuschloser als zwischen Retortenkohlenstiften.

Die Ausgangsmaterialien für die Herstellung von Homogenkohlen sind heute im allgemeinen Retortenkohle und Ruß, als Bindemittel Steinkohlenteer. In Amerika hat Brush zuerst als Ausgangsmaterial Petroleumkoks verwendet.

§ 7. Fabrikation der Kohlenstifte.

Nach Miles[1]) ist der Herstellungsgang der Homogenkohlenstifte in Amerika, der sich von dem in Europa üblichen nur in Bezug auf das Ausgangsmaterial unterscheidet, im wesentlichen folgender.

Der Petroleumkoks wird zuerst grob gemahlen, dann wird er in Retorten stark erhitzt. Dieser Erhitzungsprozeß dauert 10—50 Stunden je nach der Güte der Kohlen, die man zu erzeugen strebt. Der Zweck dieser langen Erhitzung ist den Koks zu trocknen. Auch ist der Petroleumkoks im Rohzustande ein sehr schlechter Leiter der Elektrizität. Nach den Untersuchungen von Brush wird seine Leitfähigkeit gesteigert, wenn man ihn einer starken Erhitzung unterworfen hat. Dann wird die Kohle fein gemahlen, gesiebt und mit dem Bindemittel vermischt. Die Mühlen müssen sorgfältig konstruiert sein, da der Koks sehr hart ist und sehr leicht Eisenteilchen von der Mühle in das Kohlenmaterial als Verunreinigungen gelangen. Der als Bindemittel verwendete Teer wird auch zuerst gepulvert. Die Mengen Kohlenstaub

---

[1]) Miles, El. World, 25, p. 7, 1895.

und Teer, die zusammengemischt werden, variieren, je nach der Dichte der Kohle, die man erzeugen will. Der gepulverte Teer und der Kohlenstaub werden in Mischmaschinen gebracht und von 15 Minuten an bis zu einer Stunde erhitzt. Die Masse im Topfe wird ständig bewegt. Unter dem Einfluß der Wärme wird der Teerstaub weich und heftet sich an den Kohlenstaub. Nachdem diese Mischung erkaltet ist, wird sie wieder zerbröckelt, zu Staub gemahlen und gesiebt. Jetzt soll die Mischung zu zylindrischen Stiften geformt werden.

Die Kohlenmasse wird in Stahlformen gebracht, in denen sich zylindrische Rillen befinden, deren Durchmesser dem Durchmesser der zu erzeugenden Kohlenstifte entspricht. Die Masse in der Form wird langsam erhitzt; hierdurch wird sie weich und breiartig. Bei einer genügend hohen Temperatur wird die Form einem Drucke von 100000 bis 400000 Atmosphären ausgesetzt. Diese so erzeugten Kohlenzylinder werden dann an einem Ende zugespitzt; sie eignen sich zur Verwendung in Nebenschlußlampen.

Die Kohlen für Wechselstromlampen und für die übrigen Arten von Gleichstromlampen werden direkt gepreßt. Der Kohlen- und Teerstaub wird unter Verwendung einer hydraulischen Presse durch eine Öffnung von dem Durchmesser, welchen die Kohle haben soll, gepreßt. Von dem aus der Öffnung tretenden zylindrischen Kohlenband werden die Kohlenstifte in der gewünschten Länge abgeschnitten.

Die so erzeugten Kohlenstifte enthalten nun noch flüchtige Substanzen, zu deren Vertreibung sie in Öfen bei Temperaturen von 1100 bis 1700^0 gebrannt werden. Die Reinigung der Kohlen durch Säuren hat man im Großbetriebe meistens aufgegeben, da sie im Verhältnis zu ihrem Erfolg zu zeitraubend und kostspielig ist. Die Mengen von Metallsalzen und der Zeitpunkt, wann dieselben am zweckmäßigsten den Kohlen beigemischt werden, werden meistens von den Fabriken, welche ihre Erfahrung auf Grund umfangreicher und kostspieliger Versuche gewonnen haben, geheimgehalten.

Die aus Petroleumkoks hergestellten Kohlen haben eine sehr geringe elektrische Leitfähigkeit. Brush überzieht sie deshalb mit einem Überzug elektrolytischen Kupfers, um ihre elektrische Leitfähigkeit zu erhöhen. Doch schmilzt der Kupferüberzug im Lichtbogen manchmal ab, veranlaßt häufig ein Zucken des Bogens und färbt die Flamme grün.

§ 8. Dochtkohle. Effektkohle.

Einen wesentlichen Erfolg in den Versuchen, den Bogen zu beruhigen und zu zentrieren, erzielte man durch die Verwendung von Dochtkohlen. Die Dochtkohlen unterscheiden sich dadurch von den

Homogenkohlen, daß sie aus zwei verschiedenen Teilen bestehen. Der äußere Teil, der Mantel, besteht aus demselben Material wie die Homogenkohlen und wird nach denselben Methoden hergestellt, nur daß das Gemisch von Kohlenstaub und Teer nicht als massive Zylinder gepreßt wird, sondern in Röhrenform. Der in der Röhre bestehende Hohlraum wird durch den Docht ausgefüllt.

Der Docht besteht im allgemeinen aus einem Gemisch von Graphit mit Natriumsilikat (Wasserglas). Ein einfacher Glasstab wurde als Docht verwendet. Der Docht bezweckt aber, neben dem ruhigen, gleichmäßigen Brennen auch die Leitfähigkeit der Kohle zu erhöhen. Infolgedessen ist man, wie Feußner[1]) ausführt, nicht bei der ersten Zusammensetzung der Dochtsubstanz stehen geblieben, vielmehr sind komplizierte Zusammensetzungen für dieselbe angegeben worden; namentlich soll das Bor von günstigem Einfluß auf die Leitfähigkeit sein. Die Dochtkohlen wurden bis 1895 allein von Gebrüder Siemens & Co.[2]) in Charlottenburg dargestellt. Duddell & Marchant machten im Jahre 1899 zahlreiche Versuche über die Zusammensetzung der Dochtsubstanz. Sie kamen zu dem Ergebnis, daß die beruhigende Wirkung des Dochtes auf den Lichtbogen weniger dem Silicium, als vielmehr den Alkalien, besonders dem Kalium, zuzuschreiben sei.

In neuerer Zeit hat man den Dochtkohlen besondere Leuchtzusätze beigemischt und bezeichnet solche Kohlen als Effektkohlen.

Bremer erzielt eine erhöhte Lichtausbeute des Lichtbogens sowie eine angenehme Färbung durch Zusatz von 20—50 % nichtleitender Kalcium-, Silicium-, Magnesium- oder Fluorsalze, hauptsächlich schwer verdampflicher Metallsalze. Die Bremerkohlen sind Dochtkohlen, doch ist auch der Mantel mit Leuchtzusätzen versehen.

Gebr. Siemens & Co. fügen mit Erfolg ihren Dochtkohlen Fluor- und Borverbindungen bei und zwar enthalten ihre Effektkohlen weniger als 10 % Stoffe außer Kohle und weniger als 5 % der ganzen Masse Fluor. Die Bogen brennen mit diesen Kohlen vollständig ruhig und das Licht hat einen angenehmen Farbenton. Es werden drei Haupttöne hergestellt, gelb, rot und milchweiß. Die Lichtausbeute ist bei „gelben" Kohlen bedeutend günstiger als bei gewöhnlichen Kohlen. Näheres über Effektbogenlampen s. § 120.

---

[1]) Feußner, ETZ. 16, p. 553, 1895.

[2]) Gebr. Siemens & Co., D. R. P. Kl. 21, 8253, 1879.

§ 9. Prüfung der Kohle.

Zur Prüfung der Kohlenstäbe schlägt Stine[1]) eine elektrolytische Methode vor. Die zu prüfenden Kohlenstifte werden als Elektroden in einem Bade verwendet, das aus einer 25 prozentigen Lösung von Kalium- oder Natriumhydroxyd besteht. Wenn das Bindemittel während des Brennens der Kohlen nicht vollständig in Kohlenstoff verwandelt worden war, so diffundiert es in die Flüssigkeit. Der an der Anode auftretende Sauerstoff greift in statu nascendi den Kohlenstift, wenn er nicht gut gebrannt ist, an und bewirkt Änderungen in dem Aussehen seiner Oberfläche. Wenn die äußere Schicht weggeätzt ist, liefert die Schnelligkeit, mit welcher der Kern der Kohle vom Sauerstoff angegriffen wird, einen Maßstab für die Beurteilung der Beschaffenheit des Kerns. Zu dieser Untersuchung genügen Ströme von 2—3 Ampere.

Im allgemeinen prüft man die Kohlenstäbe mit Hilfe einer Bogenlampe, deren Reguliermechanismus genau bekannt ist. Man bestimmt die bei Aufwendung einer bestimmten Energiemenge in den verschiedenen Richtungen von den Kohlen ausgestrahlte Lichtintensität photometrisch und läßt dabei gleichzeitig durch selbsttätige Registrierinstrumente die Strom- und Spannungsverhältnisse an den Kohlen aufzeichnen. Je geringere Schwankungen in diesen Instrumenten in Abhängigkeit von der Zeit auftreten, desto besser ist die Kohle für Beleuchtungszwecke.

Verunreinigungen in den Kohlen machen den Bogen unruhig und das Licht flackernd. Um die Kohlen selbst und den Lichtbogen während des Brennens zu beobachten, umgibt man die Lampe mit einem Gehäuse, das seitliche Fenster aus dunkel gefärbten Gläsern hat. In einer Seite des Gehäuses bringt man eine Linse mit Blende an, damit man ein vergrößertes Bild des Bogens auf eine weiße Wand projizieren kann. Gute Kohlen dürfen nicht schlacken und ihre Asche soll möglichst grau sein. Der Klang einer guten Kohle ist metallisch. Auch aus der Farbe des Lichtbogens kann man Schlüsse auf die Qualität der Kohle ziehen.

Der spezifische Widerstand (Widerstand von 1 m Länge und 1 mm^2 Querschnitt) von Kohlen, die von der Prüfungskommission der Frankfurter Ausstellung[2]) untersucht worden sind, betrug für Homogenkohlen 55—78 Ohm, für Dochtkohlen 57—88 Ohm.

---

[1]) Stine, El. World 25, 23. II. 1895.

[2]) Offizieller Bericht über die internationale Elektrizitätsausstellung in Frankfurt a. M., Band 2, p. 117, 1891.

II. Mechanische Vorgänge.

§ 10. Transport der Materie im Lichtbogen.

Wenn ein Gleichstromlichtbogen zwischen zwei Kohlen, deren Spitzen vor der Bildung des Lichtbogens gleiche Gestalt hatten, eine Zeitlang bestanden hat, so kann man eine Veränderung in der Gestalt der Spitzen wahrnehmen. Die Spitze, aus welcher der positive Strom trat (Anode), hat sich ausgehöhlt und gleicht in ihrem Aussehen dem Krater eines feuerspeienden Berges; man redet deshalb im Lichtbogen von einem positiven Krater oder besser kurzweg „Krater", da ein Krater nur an der Anode vorkommen kann. Die negative Spitze (Kathode) hingegen ist, nachdem der Lichtbogen eine Zeitlang bestanden hatte, spitzer geworden. Es ist also augenscheinlich, daß der Strom Partikelchen von der positiven Kohle losgerissen, mit sich geführt und einen Teil derselben auf der Kathode wieder niedergelegt hat.

Dieser Transport des Elektrodenmaterials in der Richtung des Stromes ist schon frühzeitig beobachtet worden. Schon Hare[1]) und Silliman[2]) stellten ihn bei Elektroden aus Holzkohle fest.

De la Rive[3]) verwendete als Anode eine Platinplatte. Nachdem der Lichtbogen einige Zeit bestanden hatte, zeigten sich auf der Platinplatte Vertiefungen, dadurch hervorgerufen, daß die Materie von der Platinplatte losgerissen worden war.

Herwig[4]) stellte eine Abnahme des Gewichtes von Kupferplatten und Eisenplatten fest, welche als Anode gedient hatten.

Violle[5]) führte in den Kohlelichtbogen ein Kohlenstäbchen ein. Auf der Seite, welche der Kathode gegenüberlag, zeigte das Kohlenstäbchen nach längerem Brennen des Lichtbogens eine Aushöhlung, während sich auf der Seite, welche der Anode gegenüberlag, Graphit ansetzte.

Das Losreißen des Elektrodenmaterials durch den Lichtbogen läßt sich gut erkennen, wenn man den Bogen unter Wasser herstellt. Schon Davy hatte mit Lichtbogen unter Wasser experimentiert. Bredig[6]) stellte einen Lichtbogen unter reinem Wasser zwischen Goldelektroden her; das Wasser färbte sich prächtig rot oder blau und enthielt Gold

---

1) Hare, Sill. Jour. 3, p. 105, 1821.
2) Silliman, Sill. Jour. 5, p. 108, 1822.
3) De la Rive, Arch. 1, p. 262, 1841.
4) Herwig, Pogg. Ann. 149, p. 521, 1873.
5) Violle, C. R. 117, p. 33, 1893; auch 119, p. 949, 1894.
6) Bredig, Z. f. Elch. 4, p. 514, 1898.

in feiner Zerstäubung. Ebenso gelang es Bredig bei Verwendung von Zink, Blei, Zinn, Silber und Platin als Elektroden durch den Lichtbogen in Wasser das Metall der Elektroden in Suspension zu erhalten.

Van Breda[1]) beobachtete, daß auch die Kathode Materie in den Bogen entsende und an Gewicht verliere. Er stellte eine isolierte Eisenplatte zwischen zwei Kupferkugeln und erzeugte den Bogen durch den Funken einer Leydener Flasche. Nach dem Versuch zeigte sich die positive Kupferkugel mit Eisen bedeckt. Ihre Gewichtszunahme betrug 0,063 g. Auch die negative Kupferkugel war mit Eisen bedeckt. Ihre Gewichtszunahme betrug 0,360 g. Die Eisenplatte hatte sich mit Kupfer bedeckt. Ihr Gewichtsverlust betrug 0,327 g.

Matteucci[2]) bestätigt die van Breda'schen Versuche, indem er auch von Kupfer-, Silber- und Messingkathoden einen Ausgang der Materie in den Lichtbogen feststellte. Auch Grove war schon der Ansicht, daß der Transport der Materie im Gleichstromlichtbogen in beiden Richtungen stattfindet. Nach den Untersuchungen von Herzfeld[3]) läßt sich der Transport der Materie im Kohlelichtbogen gut durch folgende Anordnung erkennen. Der Lichtbogen wird in ein elektrisches Feld gebracht, das zwischen zwei parallelen Messingplatten A und B (Fig. 2) gebildet wird. Bei den Herzfeld'schen Versuchen konnte der Plattenabstand zwischen 2 und 10 cm variiert werden; ihre Spannungsdifferenz betrug 1800 Volt. Die Platten konnten mit den Belegungen einer Leydener Flasche verbunden und entweder beide isoliert oder die eine von ihnen ebenso wie die zugehörige Belegung der Flasche zur Erde abgeleitet werden. Die vom Lichtbogen ausgesendeten ultravioletten Strahlen entluden die Flasche rasch, sodaß zur Erhaltung eines konstanten Feldes die Flasche durch eine Holtz'sche Influenzmaschine immer neu geladen werden mußte. Durch die Erregung des elektrischen Feldes änderten sich innerhalb des Empfindlichkeitsbereichs technischer Strom- und Spannungszeiger die Angaben der Meßinstrumente nicht. „Dagegen wurden die von der Anode zur Kathode geschleuderten Kohlenteilchen stets nach der isolierten Platte hingezogen, einerlei, ob diese positiv oder negativ geladen war, und schlugen sich dort strahlenförmig nieder. Waren beide Platten isoliert, so flogen die Teilchen gleichmäßig nach beiden Seiten. Auch die verhältnismäßig wenigen Kohlenteilchen, die den umgekehrten Weg von der Kathode zur Anode machten, wurden aus ihrer Bahn abgelenkt. Vielleicht stammen von ihnen die schwachen Ringe, die sich auf der Platte abzeichneten."

---

[1]) Van Breda, C. R. 23, p. 462, 1846.

[2]) Matteucci, C. R. 30, p. 201, 1850.

[3]) Herzfeld, Wied. Ann. 62, p. 439, 1897.

Es sei hier daran erinnert, daß in Geißlerschen Röhren die Bewegung der Materie nur von der Kathode ausgeht, ohne jedoch zur Anode zu gelangen.

Es fragt sich, in welcher Form die Materie im Lichtbogen von der einen Elektrode zur anderen übergeführt wird. Bekanntlich herrscht im Lichtbogen eine sehr hohe Temperatur. Dieselbe beträgt z. B. nach Violle für den Krater 3500°, für die Kathodenspitze 2700°. Es ist kein Zweifel, daß sich die von Metallelektroden in den Bogen geschleuderten Partikeln in Dampfform befinden. Für Metallelektroden ist vielfach beobachtet worden, daß zwischen ihnen ein Lichtbogen umso leichter zustande kommt, je leichter das Metall verflüchtigt werden kann. Man kann auch oft beim Experimentieren im Lichtbogen bemerken, daß die Spitzen von Metallelektroden infolge ihrer hohen Temperatur flüssig werden, und die Temperatur des Bogens ist ausreichend, die flüssigen Metalle in Dampfform zu verwandeln. Der Metalldampf im Lichtbogen selbst läßt sich spektroskopisch nachweisen und gerade infolge der Eigenschaft, die Metalle zu verdampfen, ist der Lichtbogen ein wichtiges Hilfsmittel bei spektroskopischen Arbeiten.

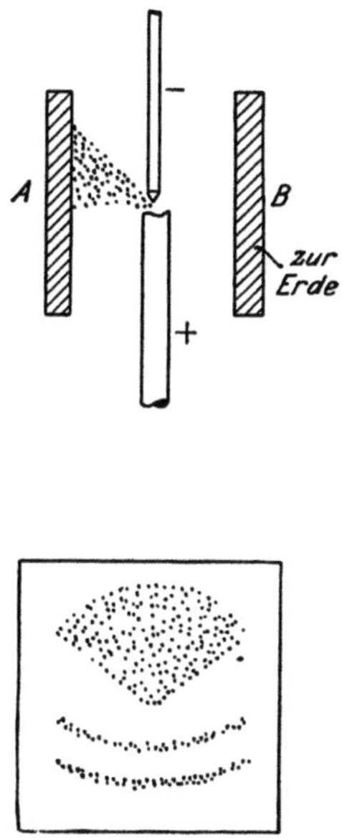

Fig. 2.

Die Verdampfungstemperatur der Kohle ist weit höher als die der Metalle. Wilson und Fitzgerald[1]) schließen auf Grund theoretischer Überlegungen, daß die Temperatur der positiven Kohle nicht ausreiche, die Kohle zu verdampfen. De la Rive (1849) ist der Ansicht, daß die Kohle ihrer molekularen Beschaffenheit die Eigenschaft verdankt, sich gut zur Bildung von Lichtbogen zu eignen. Er nahm an, daß die Kohle durch den elektrischen Strom zerstäubt wird. Sicherlich spielt die molekulare Beschaffenheit der Kohle und auch der Metalle beim Zustandekommen des Lichtbogens eine Rolle. In einem Kohlelichtbogen befinden sich auch glühende, vom Krater losgerissene Kohlenpartikelchen. Viele Forscher sind der Ansicht, daß die Kohle im Lichtbogen verdampft.

Despretz[2]) glaubt, daß der Kohlenstoff an der Anode verdampft und sich an der kälteren Kathode wieder kondensiert. Dem Verdampfen

---

1) Wilson and Fitzgerald, Proc. Roy. Soc. 60, p. 377, 1897.

2) Despretz, C. R. 28, p. 757, 1849; 29, p. 48, p. 709, 1849.

des Kohlenstoffs wollte er ein vorhergehendes Schmelzen der Kohlenelektroden bemerkt haben.

Abney fand, daß die Krateroberfläche stets die gleiche Helligkeit besäße, und Violle[1]) stellte fest, daß die Temperatur des Kraters konstant sei; sie stelle die Verdampfungstemperatur des Kohlenstoffs dar. S. P. Thompson[2]) erklärt diese Konstanz der Temperatur dadurch, daß die Temperatur des Kraters infolge des Verbrauchs der Kohle an latenter Wärme beim Übergang in den gasförmigen Zustand verhindert wird, sich über die Verdampfungstemperatur der Kohle zu erheben. Auch ist er der Ansicht, daß sich die Kohle vor der Verflüchtigung verflüssigt.

Doch hat Moissan[3]) gezeigt, daß selbst bei Verwendung von Strömen bis zu 2000 Ampere im Kohlelichtbogen die Kohle nicht schmilzt. Moissan hält das Verdampfen der Kohle für ein Sublimieren, d. h. ein direktes Übergehen aus dem festen in den gasförmigen Zustand. Die sublimierte Kohle setze sich als Graphit an der Kathode ab. Schon Fizeau und Foucault[4]) haben im Jahre 1844 darauf hingewiesen, daß die Kohle bei der Überführung im Lichtbogen eine Veränderung erleide. „Die an der Kathode abgeschiedene Kohle sei dem Graphit ähnlich.“ Nach Moissan ist also wohl mit Recht anzunehmen, daß im Kohlelichtbogen ein Überdestillieren der Kohle von dem heißen Krater zur weit weniger heißen negativen Spitze stattfindet. Auch Lehmann[5]) schließt sich dieser Ansicht an. Er meint, daß im ruhigen Kohlelichtbogen „keine Verdampfung der Kohlen im Sinne der Bildung eines reinen Dampfstroms stattfinde, sondern nur eine langsame Verdunstung und Oxydation des Dampfes durch die beigemischte sauerstoffhaltige Luft“.

§ 11. Aussehen des Lichtbogens und seiner Elektroden.

Die Gestalt der Elektroden und des Bogens ist von verschiedenen Umständen abhängig. Im allgemeinen läßt sich folgendes charakteristische Aussehen des Lichtbogens beobachten. Der Lichtbogen zwischen Kohlenelektroden (Fig. 3) besteht aus einem inneren violetten Kern a und einer äußeren Hülle b (Aureole) von grünlicher Färbung. Aureole und Kern sind durch ein schwarzes Band c getrennt. Der Kern des Bogens ist

---

[1]) Violle, C. R. 115, p. 1273, 1892.
[2]) S. P. Thompson, El. Rev. 37, p. 571, 1895.
[3]) Moissan, C. R. 119, p. 776, 1894.
[4]) Fizeau et Foucault, Ann. de Chim. et phys. [3], 11, p. 382, 1844.
[5]) O. Lehmann, Wied. Ann. 55, p. 367, 1895.

heißer als die Aureole. An der Spitze der positiven Kohle befindet sich der weißglühende Krater d, auf den, wie Frau Ayrton zuerst genau untersucht hat, eine gelbglühende Zone e folgt. Hieran schließt sich ein dunkelrotglühender Teil f, der häufig von einem Kranz von Kügelchen umgeben ist, die sich in der Hitze beim Brennen des Bogens aus dem Kohlenmaterial und seinen Beimengungen zu bilden scheinen. Die Spitze der negativen Kohle g ist weißglühend, an sie schließt sich eine etwas größere gelbglühende Fläche h und wieder eine dunkelrotglühende

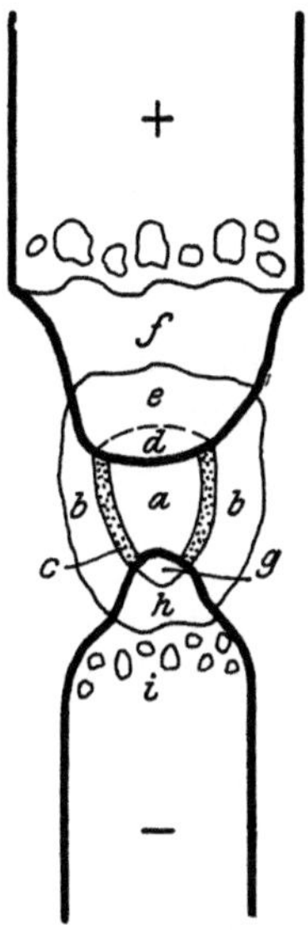

Fig. 3.

Fig. 4.

Zone i mit Kügelchen. Die weißglühende Fläche des Kraters ist größer als die weißglühende Spitze der negativen Elektrode. Die Flächen d und g nehmen mit wachsender Stromstärke, wie Frau Ayrton[1]) festgestellt hat, an Ausdehnung zu; die Kraterfläche wächst jedoch in einem größeren Verhältnis mit der Stromstärke als die weißglühende Fläche an der negativen Spitze. Die Oberflächen der Zonen e und h sind glatt, während die von f und i rauh sind.

Unter Bogenlänge versteht man den Abstand der durch die Krateröffnung gelegten Ebene von der Spitze der negativen Kohle. Unter Kratertiefe versteht man den Abstand dieser Ebene von der entferntesten Stelle im Inneren des Kraters.

---

[1]) Mrs. Hertha Ayrton, The Electr. 34, p. 335, 364, 399, 471, 541, 610, 1895; 35, p. 418, 635, 743, 1895; 36, p. 225, 1896.

Die Breite und Gestalt der einzelnen Zonen, die Kraterfläche, die Gestalt der negativen Spitze, der Bogenkern und die Aureole verändern sich mit der Stromstärke, Spannung und Bogenlänge. Frau Ayrton hat einige Gesetzmäßigkeiten dieser Veränderungen aufgefunden. Die schwarzen Bänder zwischen Bogenkern und Aureole verschwinden bei schwachen Strömen und kleinen Bogenlängen. Der Durchmesser des Kraters wächst mit wachsender Stromstärke und wachsender Bogenlänge. Bei konstanter Stromstärke wächst die Kraterfläche mit wachsender Bogenlänge. Bei konstanter Bogenlänge wächst die Kraterfläche mit wachsender Stromstärke. Andrews[1]) hatte schon 1880 beobachtet, daß die Kraterfläche der Stromstärke proportional sei. Bei seinen Messungen hatte er die Kratertiefe nicht mitberücksichtigt. Die Messungen der Kraterоberfläche sind schwierig und können nicht mit großer Genauigkeit ausgeführt werden.

Beim Brennen des Bogens spitzt sich sowohl die positive als auch die negative Kohle zu. Im allgemeinen spitzt sich die negative Kohle mehr zu als die positive. Wenn die Stromdichte in den Kohlen zu groß ist, so beginnen beide Kohlen schon in ziemlich großer Entfernung von der Spitze sich zu verjüngen. In Fig. 4 ist nach S. P. Thompson[2]) ein Kohlenpaar von schlechter Leitfähigkeit dargestellt, bei welchem die Stromdichte zu groß war. In diesem Falle bildet sich an der positiven Kohle kein Krater, sondern auch eine Spitze und der Bogen ist so unruhig, daß er zur Beleuchtung unbrauchbar ist. Ist anderseits die Stromdichte zu gering, also der Kohlendurchmesser zu groß für eine bestimmte Stromstärke, so wird der Krater zu tief und der Bogen auch unruhig.

Bei Wechselstrom müssen die Veränderungen an beiden Kohlen gleichartig sein, da während jeder Periode jede der beiden Kohlen einmal Anode und einmal Kathode ist. Das Aussehen beider Elektroden ist daher gleichartig, und zwar zeigen beide Kohlen ganz kleine Krater. Durch sekundäre Einflüsse kann das Aussehen der Kohlen des Wechselstrombogens verschieden werden. Wenn die Kohlen z. B. vertikal angeordnet sind, so wird die obere Kohle wegen des aufsteigenden warmen Luftstroms etwas spitzer als die untere Kohle. Bei Wechselstrom verwendet man in Bogenlampen für beide Kohlen Dochtkohlen, während man in Gleichstromlampen als positive Kohle eine Dochtkohle und als negative Kohle eine Homogenkohle verwendet.

Je kleiner die Bogenlänge ist und je größer die Stromstärke wird, desto spitzer wird die negative Kohle. Bei sehr kleiner Bogen-

---

[1]) Andrews, Journ. Tel. Eng. 9, p. 201, 1880.
[2]) S. P. Thompson, El. Rev. 37, p. 574, 1895.

länge trägt die negative Spitze (Fig. 5) einen Aufsatz, den „Pilz“. S. P. Thompson hielt ihn für eine charakteristische Erscheinung des zischenden Lichtbogens. Frau Ayrton zeigt, daß er auch bei ruhigem Bogen auftritt, wenn die Bogenlänge klein genug ist. Nach den Untersuchungen von Herzfeld[1]) ist die Ursache des Entstehens des Pilzes das Fehlen des zur Verbrennung der Kohle notwendigen Sauerstoffs. Die Kohle lagert sich dann auf der negativen Spitze dachförmig ab.

Genaue Gesetzmäßigkeiten über die Verkürzung der Kohlen und über die verschiedenartigen Gestalten, welche die Spitzen zeigen, lassen sich nicht angeben. Diese Erscheinungen hängen zu sehr von der molekularen Beschaffenheit der Kohle, dem Kohlendurchmesser, von dem Medium, von der Bogenlänge und den elektrischen Verhältnissen ab. Die Gestalt der Elektrodenspitzen reagiert in sehr empfindlicher Weise auf die Änderung einer der sie beeinflussenden Größen. Frau Ayrton konnte Kohlen, welche in einem Gleichstromlichtbogen von 10 Ampere, dem ein Wechselstrom von 0,5—1 Ampere von 100 Perioden pro Sekunde aufgelagert war, gebrannt hatten, infolge der durch die Stromänderungen hervorgerufenen Gestaltsveränderung dem bloßen Aussehen nach von Kohlen, die in einem gewöhnlichen Gleichstrombogen gebrannt hatten, unterscheiden. Duddell[2]) lagerte einem Gleichstromlichtbogen von 10 Ampere einen Wechselstrom von 0,1 Ampere auf, konnte aber bei so schwachen Stromvariationen keinen Einfluß der Stromvariationen auf die Gestalt der Elektroden wahrnehmen.

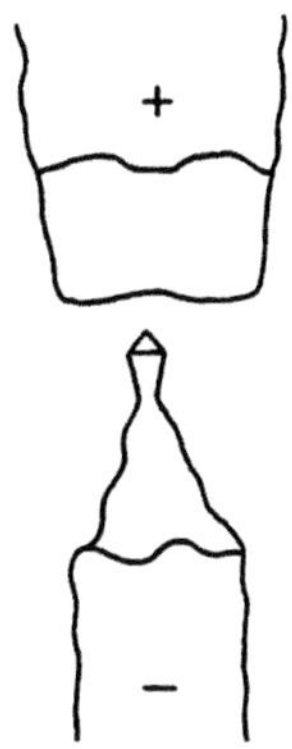

Fig. 5.

§ 12. Abbrand.

Den Gewichtsverlust, welchen die Kohlen während des Brennens in einer bestimmten Zeit erleiden, nennt man Abbrand. Brennt der Lichtbogen zwischen zwei Kohlen von gleichem Durchmesser, so ist der Abbrand der positiven Kohle größer als der Abbrand der negativen Kohle. Im allgemeinen ist bei Kohlen von gleichem Durchmesser der Abbrand der positiven Kohle ungefähr 2—2,5 mal größer als derjenige der negativen Kohle. Doch lassen sich keine allgemein gültigen Zahlen über die Größe des Abbrandes angeben, da derselbe bei konstanter Stromstärke zu sehr von dem Kohlenmaterial, der Bogenlänge, der Bogenspannung, dem Widerstande der Kohlen und dem umgebenden

[1]) Herzfeld, Wied. Ann. 62, p. 439, 1897.

[2]) Duddell, The Electr. 46, p. 270, 1900.

Medium abhängt. Deshalb untersuchen die meisten Bogenlampenfabriken, welche Kohlendurchmesser für eine bestimmte Bogenlampe bei bestimmter Stromstärke unter bestimmten Bedingungen am zweckmäßigsten sind.

Man verwendet heute in den Bogenlampen Kohlen von verschiedenen Durchmessern. Die obere Kohle ist gewöhnlich dicker als die untere; dies hat nicht nur den Zweck, die Schattenwirkung der negativen Kohle zu verringern, sondern auch hauptsächlich, bei beiden Kohlen in derselben Zeit gleichen Abbrand zu erzielen. Da infolge des Abbrandes die Bogenlänge mit der Brenndauer bei feststehenden Elektroden wächst und die Licht-, Spannungs- bezw. Stromverhältnisse an den Lampen ändert, ist zur Konstanthaltung der Bogenlänge ein Regulator notwendig, welcher denjenigen Teil einer Bogenlampe bildet, von welchem nächst dem Material der Kohlen die Güte einer Bogenlampe abhängt.

In der folgenden Tabelle ist eine Zusammenstellung über Kohlendurchmesser und Brenndauer gegeben, welche Gebr. Siemens & Co. nach ihren Erfahrungen mit Kohlen Marke A für Gleichstromlampen aufgestellt haben.

Strom-stärke	Spannung	Durchmesser der oberen Dochtkohle in mm	Durchmesser der unteren Homogenkohle in mm	Brenndauer in Stunden, bei einer Länge der Kohle von:		
				200 mm	250 mm	325 mm
1	30	6	4	6	—	—
1,5	32	8	5	7,5	—	—
2	34	9	6	7,5	—	—
3	36	11	7	8,5	11	15
4,5	37	13	8	10	13	18
6	38	16	10	10	13	18
9	40	18	12	10	13	18
12	41	20	13	10	13	18
15	43	20	13	9	11,5	16
20	44	22	14	10	13	18
35	45	25	18	10	13	18

Unter der Annahme, daß beide Kohlen sich in derselben Zeit um dieselbe Strecke verkürzen, ist der Abbrand der positiven Kohle in obiger Tabelle ungefähr 2, 4 mal größer als derjenige der negativen Kohle.

Bei Wechselstrom ist der Abbrand naturgemäß an beiden Kohlen gleich groß. Daher verwendet man beim gewöhnlichen Wechselstrombogen zwei Dochtkohlen von gleichem Durchmesser. Nun empfiehlt es sich mit Rücksicht auf eine bessere Lichtverteilung, beim Wechselstrombogen einen Reflektor an der oberen Kohle anzubringen. Bei Verwendung eines Reflektors ist der Abbrand der oberen Kohle etwas kleiner als der der unteren Kohle. Gebr. Siemens & Co. wählen folgende Durchmesser ihrer A-Kohle beim Wechselstrombogen mit Reflektor.

Stromstärke	Durchmesser der oberen Dochtkohle in mm	Durchmesser der unteren Dochtkohle in mm	Brenndauer in Stunden bei einer Länge der Kohle von: 200 mm	250 mm	325 mm
3	7	8	8,5	10,75	15
4,5	8	9	8,5	10,75	15
6	9	10	8,5	10,75	15
9	10	12	8,5	10,75	15
12	12	14	8,5	10,75	15
15	14	16	10,75	14	19
20	16	19	10,75	14	19
35	20	23	10,75	14	19

Einen der ersten Versuche, die Brenndauer der Kohlenstifte zu verlängern, machte Jehl[1]). Seine Vorrichtung soll die obere Kohle vor Abnutzung ihrer Oberfläche in der Nähe der Spitzen schützen. Sie besteht aus einem feuerfesten Ring, der die obere Kohle dicht über dem Lichtbogen umschließt. Der Ring ist durch einen Drahtrahmen mit einem Führungsring verbunden, der mittelst dreier kleiner Platinklammern auf dem konischen Ende der unteren Kohle aufsitzt. Nach 500—800 stündiger Brenndauer sollte der Schutzring erst ausgewechselt werden müssen. Die Vorrichtung hat sich nicht eingebürgert.

Hardtmuth[2]) schlug, um den Abbrand an den Seitenflächen der positiven Kohle zu vermindern, eine Büchse aus schwer schmelzbarem Material vor, welche auf die obere Kohle gesetzt wurde. Diese Einrichtung verminderte den Abbrand.

In der folgenden Tabelle sind einige Versuchsresultate für einen 6 Ampere-Bogen dargestellt:

	Abbrand der positiven Kohle cm	Abbrand der negativen Kohle cm
Mit Büchse	4,9	10,0
Ohne Büchse	14,1	15,5

[1]) Jehl, El. Anz., p. 1435, 1894.
[2]) Hardtmuth, E.T.Z. 15, p. 628, 1894.

Indessen konnte sich der Hardtmuth'sche „Sparer“ auch nicht einbürgern, da er unter dem Einfluß der hohen Temperatur am Krater litt, häufig ersetzt werden mußte und zu teuer war. Außerdem hatte er im Betriebe den Nachteil, daß es schwierig war, ihn immer auf der richtigen Höhe zu erhalten.

Um eine längere Brenndauer der Kohlenstifte zu erzielen, dachte man daran, längere Kohlenstäbe zu verwenden. Doch sind der Länge der Kohlenstifte aus konstruktiven und ästhetischen Rücksichten Grenzen gezogen, sodaß durch Verlängerung der Kohlenstifte keine wesentliche Erhöhung der Brenndauer zu erzielen ist.

Thompson-Houston und Brush ordneten in Bogenlampen zwei Kohlenpaare derart an, daß das eine nach dem Abbrennen des anderen selbsttätig eingeschaltet wurde. Man erreichte hierdurch doppelte Brenndauer, ohne einen Gewinn an Kohlenmaterial zu erzielen. Auch sind Lampen mit zwei Kohlenpaaren, die zwei Reguliermechanismen erfordern, teurer.

Die Größe des Abbrandes ist wesentlich durch den Sauerstoff der Luft hervorgerufen, welcher sich mit der Kohle verbindet. In weit geringerem Maße wird er durch den aufsteigenden warmen Luftstrom vergrößert. In den Dauerbrandlampen brennt der Bogen in einem Glasgefäß, das gegen das Eindringen frischer Luft verschlossen ist. In der Glocke entsteht nach kurzem Brennen des Bogens ein indifferentes Gasgemisch, und der Abbrand der Kohlen ist sowohl bei Gleichstrom als auch bei Wechselstrom bedeutend geringer als beim Bogen in freier Luft. In Dauerbrandlampen sind beide Kohlen homogen und haben gleichen Durchmesser. In der folgenden Tabelle sind die Durchmesser und Brenndauern von Kohlen angegeben, welche Körting & Mathiesen in Leutzsch-Leipzig für ihre Dauerbrandlampen verwenden.

Stromstärke in Ampere	Durchmesser in mm	Brenndauer in Stunden bei einer Länge der oberen Kohle von 300 mm und einer Länge der unteren Kohle von 145 mm
3	11	110—130
4	13	140—160
5	13	120—140
6	15	150—170
7	15	130—150

Die Brenndauer der Kohlen ist hier also ungefähr 12 mal so groß als beim offenen Lichtbogen. Die Kohlen in Dauerbrandlampen dürfen nicht rußen und sollen möglichst wenig Brennrückstände hinterlassen. Der Vorteil dieser Dauerbrandlampen ist der, daß die Kosten für Bedienung und Kohlen im Betriebe geringer sind als bei gewöhnlichen Bogenlampen, weil seltener Kohlen eingesetzt zu werden brauchen und nicht so viel Kohle verzehrt wird. Zur Erzielung derselben Lichtstärke brauchen die Dauerbrandlampen jedoch mehr Energie. Die Dauerbrandlampen sind in § 118 und 119 besprochen.

Drittes Kapitel.

Elektrische Erscheinungen im Lichtbogen.

I. Bei Gleichstrom.

A. Kohleelektroden.

§ 13. Potentialgefälle.

Wenn man ein Voltmeter an die Elektroden des Gleichstromlichtbogens legt und die Spannung mißt, welche an den Elektroden aus Homogenkohle herrscht, so zeigt das Voltmeter ungefähr 46 Volt an. Dieses Spannungsgefälle verteilt sich nun nicht gleichmäßig über die ganze Leiterstrecke, für welche es gemessen wurde, sondern hat an verschiedenen Stellen verschiedene Größen. Die Leiterstrecke setzt sich zusammen aus der positiven Kohle, der Gassäule des Lichtbogens selbst und aus der negativen Kohle. Lecher[1]) nahm einen 1,2 mm dicken Kohlenstift als Prüfstäbchen und verband ihn mit der einen Klemme des Voltmeters; die andere Klemme des Voltmeters war mit der positiven Elektrode verbunden. Die Bogenlänge betrug 2,5 mm. Hielt Lecher das Prüfstäbchen auf die negative Kohle, so ergab sich als Gesamtspannungsunterschied der beiden Elektroden 46 Volt. Hielt er aber das Prüfstäbchen in den Lichtbogen selbst, ganz nahe an die positive Elektrode, so zeigte das Voltmeter nur 36 Volt Spannungsverlust an. Bewegte Lecher das Prüfstäbchen von der positiven Elektrode hinweg durch den Lichtbogen zur negativen Elektrode hin, so fand er, daß sich die Voltmeterangabe von 36 Volt nur wenig änderte. Zwischen der positiven Elektrode und dem Lichtbogen fand also ein großer Sprung in der Spannung statt. Einen kleineren Sprung in der Spannung stellte er beim Übergang von Lichtbogen zur negativen Elektrode fest.

---

[1]) Lecher, Wien. 95 II, p. 992, 1887.

Das Spannungsgefälle setzt sich im Bogen aus drei Teilen zusammen:

1. Einem großen Spannungsabfall an der Grenze der positiven Kohle und der Gassäule des Lichtbogens.

2. Einem kleinen Spannungsabfall an der Grenze der Gassäule und der Kathode.

3. Einem Spannungsabfall in der Gassäule selbst, der gleichmäßig erfolgt.

In Fig. 6 ist die Verteilung des Spannungsgefälles in einem Gleichstromlichtbogen zwischen Homogenkohlen nach S. P. Thompson[1]) dargestellt. Thompson erhielt als Spannungsabfall beim Übergang von positiver Elektrode zum Lichtbogen — auch Anodenhindernis genannt — den Betrag von 39 Volt; sodann folgt ein kleiner Spannungsabfall von etwa 3 Volt in der Gassäule selbst und ein Spannungsabfall von etwa 3 Volt beim Übergang von Gassäule zur Kathode (Kathodenhindernis). Der Wert von 10 Volt bei Lecher für das Kathodenhindernis ist so hoch, weil in diesem Betrage auch der Spannungsverlust in der Gassäule eingeschlossen ist. Uppenborn[2]) fand bei Bögen von 6—16 mm Länge für das Anodenhindernis 32,5 Volt und für das Kathodenhindernis 5,5 Volt. Auffallend ist die Beobachtung Lechers, daß er die Spitze seines Prüfstäbchens eine ziemlich große Strecke senkrecht zum Lichtbogen herausziehen konnte, ohne daß sich die Spannung wesentlich geändert hätte. Es scheint demnach außer der sichtbaren Hülle des Lichtbogens noch eine nicht leuchtende Hülle zu geben, welche an der Elektrizitätsleitung teilnimmt.

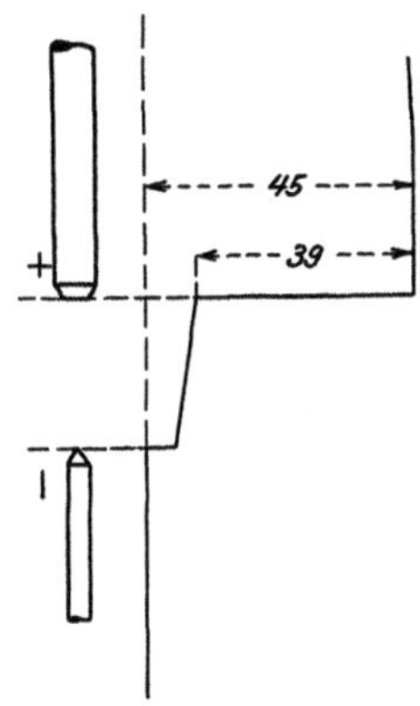

Fig. 6.

Die eingehendsten Untersuchungen über die Verteilung des Spannungsgefälles im Lichtbogen in allen seinen Teilen machte Frau Ayrton[3]). Sie fand, daß das Anodenhindernis nicht etwa konstant sei, sondern von der Bogenlänge uud von der Stromstärke abhänge. Das Anodenhindernis wächst mit wachsender Bogenlänge bei konstantem Strom und wird für dieselbe Bogenlänge kleiner, wenn der Strom stärker wird. Das Kathodenhindernis ist von der Bogenlänge unabhängig; es wird wie das Anodenhindernis mit wachsender Strom-

---

[1]) S. P. Thompson, El. Rev. 37, p. 572, 1895.

[2]) Uppenborn, Centr. f. El. 10, p. 102, 1888.

[3]) Mrs. Ayrton, The Electr. 41, p. 720, 1898.

stärke kleiner. Der Spannungsverlust in der Gasstrecke des Bogens selbst wächst mit wachsender Bogenlänge.

Luggin[1]) fand zuerst, daß sich verschiedene Größen für den Spannungsverlust in den einzelnen Bogenteilen ergeben, wenn die Kohlen aus verschiedenem Material bestehen. Er maß den Spannungsunterschied zwischen der positiven Elektrode und einem Punkte der Gassäule V_1, ferner den Spannungsunterschied zwischen diesem Punkte der Gasstrecke und der negativen Elektrode V_2 für gewöhnliche Homogenkohlen bei 6,8 Ampere und für Kohlen, die mit Soda getränkt waren (bei 8,9 Ampere). E stellt die gesamte Spannungsdifferenz an den Elektroden $= V_1 + V_2$ dar.

Bogenlänge in mm	Homogenkohlen			Sodagetränkte Kohlen		
	V_1	V_2	E	V_1	V_2	E
2,9	25,9	13,9	39,8	0,43	17,47	17,9
3,0	27,1	15,4	42,5	1,76	17,64	19,4
3,9	26,9	19,4	46,3	0,69	19,31	20,0
4,0	32,2	16,5	48,7	3,77	17,63	21,4
5,0	31,0	18,3	49,3	2,89	19,71	22,6
6,8	33,3	18,4	51,7	7,0	21,0	28,0

Bei sodagetränkten Kohlen ist die Gesamtspannungsdifferenz an den Elektroden bedeutend kleiner als bei gewöhnlichen Homogenkohlen. Auffallend gering ist der Abfall der Spannung an der positiven Elektrode bei sodagetränkter Kohle. Aus Luggin's Untersuchungen geht nicht hervor, welchen Anteil jede der Elektroden und welchen Anteil die Gassäule an der Erniedrigung des Spannungsabfalls bei Anwesenheit von Salzen in der Kohle hat. Frau Ayrton untersuchte daher diese Verhältnisse bei zwei Dochtkohlen. Es ergab sich, daß die Verringerung der Gesamtspannung an den Elektroden teils am Krater, teils in der Gasstrecke erfolgt. Die negative Kohle nimmt nur einen ganz geringen Anteil an der Verringerung der Gesamtspannung an den Elektroden.

§ 14. Einbrennen.

Es wurden viele Versuche gemacht, dic Beziehungen zwischen Bogenlänge, Stromstärke im Bogen und Spannung an den Kohlen zu ergründen. Doch gelangte man vor Frau Ayrton nicht zu allgemein gültigen Gesetzmäßigkeiten. Der Grund liegt darin, daß sofort nach der Erzeugung des Bogens zwischen den Kohlenelektroden mit den

[1]) Luggin, Wien. 98 IIa, p. 1192, 1889.

Messungen begonnen wurde. Hierin liegt aber eine große Fehlerquelle, denn wie Frau Ayrton gefunden hat, muß man erst eine unter Umständen geraume Zeit verstreichen lassen, bis sich die Kohlen richtig „eingebrannt“ haben. Für einen Bogen von gegebener Stromstärke und gegebener Länge nimmt nämlich die Spannung an den Elektroden nicht sofort den zur Stromstärke und Bogenlänge gehörigen konstanten Wert an, sondern ist, je nach der Natur der Kohlen, mehr oder weniger großen Schwankungen während eines Zeitraums unterworfen, bis sie endlich für die betreffende Bogenlänge und Stromstärke einen konstanten Wert erreicht. Es entspricht nach den äußerst sorgfältigen Untersuchungen von Frau Ayrton jeder Bogenlänge und Stromstärke eine bestimmte Gestalt der Kohlenspitzen besonders des Kraters und bevor diese Gestalt nicht erreicht ist, ist die Spannung an den Kohlen nicht konstant. Die Zeit, welche verstreicht, bis die Spannung für eine gegebene Bogenlänge und Stromstärke konstant wird, ist um so geringer, je mehr die Gestalt der Kohlenspitzen beim Entstehen des Bogens der für die betreffende Bogenlänge und Stromstärke charakteristischen Gestalt nahekommt. Bei einem Versuche von Frau Ayrton brauchte die Spannung 50 Minuten, bis sie nach Erzeugung eines Bogens von 3 mm Länge und 10 Ampere Stromstärke bei einer neuen positiven Homogenkohle von 18 mm Durchmesser konstant wurde. Hierbei war die negative Elektrode eine Kohle, welche schon früher unter denselben Verhältnissen gebrannt hatte, also schon die richtige Gestalt angenommen hatte. Bei Verwendung einer positiven Dochtkohle von denselben Abmessungen dauerte es in demselben Falle 60 Minuten, bis die Spannung konstant wurde. Je größer die Bogenlänge und je größer die Stromstärke ist, desto schneller nehmen die Kohlen die richtige Gestalt an und desto schneller wird die Spannung konstant. Bei Homogenkohlen tritt die Konstanz der Spannung schneller ein als bei Dochtkohlen.

Die Beziehungen zwischen der Bogenlänge L und den elektrischen Größen Stromstärke J und Spannung an den Elektroden E sind durch die unbekannte Relation verknüpft

$$f(J, E, L) = 0.$$

Um diese Beziehungen zu untersuchen, ist es notwendig, eine der drei variabeln Größen konstant zu halten. Man kann dann von den beiden anderen Größen die eine als unabhängige Variable wählen, sodaß sich die dritte Größe als abhängige Variable ergibt.

Betreffs der Wahl der Konstanten sind folgende Fälle möglich:

1. Bogenlänge konstant. Stromstärke und Spannung variabel.
2. Spannung konstant. Bogenlänge und Stromstärke variabel.
3. Stromstärke konstant. Spannung und Bogenlänge variabel.

§ 15. Bogenlänge konstant.

a) Homogenkohlen. Nachdem Frau Ayrton bei ihren Untersuchungen abgewartet hatte, bis sich die Kohlen richtig eingebrannt hatten, nahm sie die Beziehungen zwischen Stromstärke und Spannung bei konstanter Bogenlänge auf. Ihre Beobachtungen für Homogenkohlen sind in Fig. 7 dargestellt. In dieser Figur sind die unabhängigen Variabeln die Stromstärken, welche als Abscissen aufgetragen sind, und die abhängigen Variabeln sind die Spannungen, welche als Ordinaten

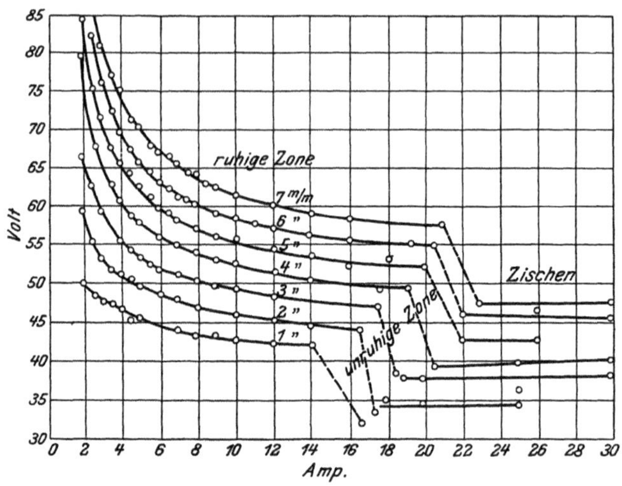

Fig. 7.

aufgetragen sind. Indem der konstanten Bogenlänge verschiedene Werte gegeben wurden, ergab sich die in Fig. 7 dargestellte Kurvenschar. Die Beobachtungen sind sehr sorgfältig ausgeführt worden; die in der Fig. 7 dargestellten Werte sind Mittelwerte, die aus Beobachtungen während sieben verschiedener Tage an verschiedenen Kohlenpaaren von demselben Durchmesser und derselben Kohlensorte gewonnen wurden. Die positive Homogenkohle hatte einen Durchmesser von 11 mm, die negative Homogenkohle einen Durchmesser von 9 mm.

Man ersieht aus der Figur, daß es für den Gleichstromkohlebogen verschiedene Zonen gibt, in denen er sich verschiedenartig verhält; nämlich eine ruhige Zone, in welcher der Bogen normal und ohne Geräusch brennt und gut Messungen zugänglich ist, und eine unruhige Zone, in welcher der Bogen zu zischen beginnt und so unruhig ist, daß keine Messungen der elektrischen Größen ausgeführt werden können.

Wird die Stromstärke über die unruhige Zone hinaus gesteigert, so zischt der Bogen weiter, ist jedoch wieder Messungen zugänglich. Die punktierten Linien in der unruhigen Zone sind eingezeichnet, damit man ersehen kann, welche Kurven zusammengehören. Die elektrischen Verhältnisse des zischenden Lichtbogens sind in § 49 besprochen. Die Betrachtungen im folgenden beziehen sich, wenn nicht anders bemerkt, stets auf den ruhigen Bogen.

Aus Fig. 7 ergeben sich folgende Gesetzmäßigkeiten.

Für eine und dieselbe Bogenlänge ist die Spannung für geringere Stromstärken höher, als für größere Stromstärken. Erhöht man bei konstanter Bogenlänge die Stromstärke, so fällt die Spannung an den Elektroden mit wachsender Stromstärke zuerst schnell, dann mit wachsender Stromstärke langsamer, bis zu einem Punkte, von welchem an bei weiterer Erhöhung der Stromstärke der Bogen zu zischen beginnt.

Die Kurven für größere Bogenlängen sind steiler als die für niedere Bogenlängen. Deshalb fällt für eine bestimmte Stromerhöhung die Spannung bei größerer Bogenlänge um einen größeren Betrag. Der Betrag der Änderung der Spannung ist also um so größer, je länger der Bogen und je geringer die Stromstärke ist. Bei den Kurven für kleine Bogenlängen, z. B. 2 mm und 1 mm, fehlt in Fig. 7 der steile Teil. Dies hat seinen Grund darin, daß Frau Ayrton mit Strömen gearbeitet hat, die größer als 2 Ampere waren. Wenn man mit schwächeren Strömen arbeitet, muß der steile Teil der Kurve auch für die kleinen Bogenlängen hervortreten.

Bei einem Bogen von 5 mm Bogenlänge steigt bei Frau Ayrtons Versuch die Spannung bei einer Erniedrigung der Stromstärke von 4 Ampere auf 2 Ampere von 60 Volt auf 83 Volt, also um 23 Volt. Bei einer Bogenlänge von 1 mm steigt die Spannung bei derselben Erniedrigung der Stromstärke nur um 5 Volt. Daß aber die Kurve für den 1 mm Bogen bei Stromstärken, die kleiner als 2 Ampere sind, recht steil in die Höhe steigt, zeigt ein Versuch von Guye und Monasch, welche für einen Bogen von 1 mm Länge zwischen zwei Homogenkohlen von 4 mm Durchmesser bei einer Stromstärke von 0,03 Ampere (Wechselstrom) eine Spannung von 350 Volt erhielten.

b) Positive Kohle gedochtet, negative homogen. Eine Beobachtungsreihe von Frau Ayrton zwischen einer gedochteten positiven Kohle von 9 mm Durchmesser und einer negativen Homogenkohle von 8 mm Durchmesser ist in Fig. 8 dargestellt. Die variabeln Stromstärken sind als Abscissen und die sich bei konstanter Bogenlänge ergebenden Spannungen an den Elektroden als Ordinaten aufgetragen worden. Aus Fig. 8 ergibt sich, daß, wenn man die Stromstärke erhöht, die Spannung bei einer konstanten Bogenlänge auf einen Minimalwert fällt. Bei weiterer Erhöhung der Stromstärke steigt die Spannung wieder mit wachsender Stromstärke für dieselbe Bogenlänge bis zu dem Punkte, bei welchem der Bogen zu zischen beginnt. Je länger der Bogen ist, bei desto höherer Stromstärke tritt das Spannungsminimum auf. Bei Bogenlängen höher als 4 mm tritt das Spannungsminimum nicht so ausgesprochen auf. So ist bei der Kurve für 8 mm Bogenlänge die Spannung von 16 Ampere an bis 22 Ampere praktisch konstant, anstatt bei 22 Ampere höher zu sein als bei 16 Ampere. Hieraus erklärt sich auch, weshalb Ayrton und Perry[1]) zu der Ansicht kamen, daß für eine bestimmte Bogenlänge die Spannung an den Elektroden

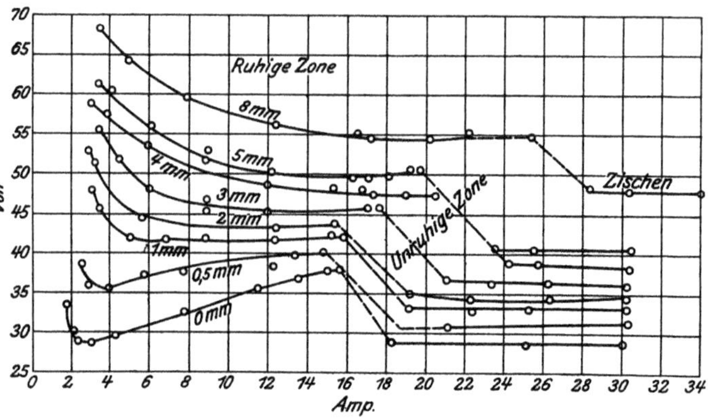

Fig. 8.

unabhängig vom Betriebsstrom sei. Auch die Dicke der Dochtkohlen hat auf das Eintreten des Spannungsminimums einen Einfluß. So fand Frau Ayrton, daß das Spannungsminimum für eine Bogenlänge von 2 mm bei einer Stromstärke von ungefähr 15 Ampere auftrat, wenn der Durchmesser der positiven Dochtkohle 18 mm und der Durchmesser der negativen Kohle 15 mm betrug. Waren jedoch die Kohlendurchmesser geringer, z. B. derjenige der positiven Dochtkohle 9 mm und derjenige der negativen Kohle 8 mm, so trat für dieselbe Bogenlänge von 2 mm das Spannungsminimum schon bei einer Stromstärke von 7 Ampere auf.

Wenn man die Kurven von Fig. 8 mit denen von Fig. 7 vergleicht, so findet man, daß in allen Fällen bei Verwendung von Dochtkohlen bei derselben Bogenlänge und derselben Stromstärke die Spannung an den Dochtkohlen geringer ist als an den Homogenkohlen. Das Material

[1]) Ayrton and Perry, Proc. Phys. Soc. 5, p. 197, 1882.

des Dochtes der Dochtkohlen scheint sich leichter zu verflüchtigen als das Material der Homogenkohlen und auch die Leitfähigkeit der Gassäule im Bogen zu erhöhen.

§ 16. Spannung konstant.

Man kann aus Fig. 7 die Beziehungen zwischen Bogenlänge und Stromstärke bei konstanter Spannung ableiten, indem man eine Parallele zur Abscissenachse, z. B. durch den Punkt für 60 Volt, zieht. Diese Parallele schneidet jede Kurve in einem Punkt. Tragen wir die Ordinaten dieses Schnittpunkts, die Bogenlängen und die dazu gehörigen Stromstärken für diese konstante Spannung von 60 Volt in einem rechtwinkligen Koordinatensystem auf, so ergibt sich eine Kurve, aus welcher man sieht, daß bei konstanter Spannung die Stromstärke größer wird, wenn der Bogen länger wird. Dies gilt nur für Homogenkohlen. Bei einer positiven Dochtkohle sind die Verhältnisse verwickelter. In Fig. 9 ist eine Schar von Kurven dargestellt, welche Frau Ayrton auf die geschilderte Weise für eine positive Dochtkohle von 13 mm Durchmesser und eine negative Homogenkohle von 11 mm Durchmesser konstruiert hat. Man ersieht aus der Fig. 9, daß hier die Bogenlänge nicht wie bei zwei Homogenkohlen mit wachsender Stromstärke steigt, sondern daß sie bei wachsender Stromstärke entweder steigt, oder konstant bleibt, oder sogar kleiner wird. Wenn z. B. für die konstante Spannung von 46,5 Volt die Stromstärke von 5 auf 30 Ampere erhöht wird, so steigt die Bogenlänge von 2 auf 4 mm. Für eine konstante Spannung von 45 Volt entspricht den Stromstärken zwischen 15 und 30 Ampere eine konstante Bogenlänge von 3 mm. Bei einer konstanten Spannung von 41,5 Volt erfolgt, wenn die Stromstärke von 15 auf 26 Ampere erhöht wird, eine Erniedrigung der Bogenlänge von 1,5 auf 1,0 mm. Diese Verhältnisse beziehen sich auf den ruhigen Bogen. Frau Ayrton prüfte dieses aus den Kurven abgeleitete Verhalten des Bogens experi-

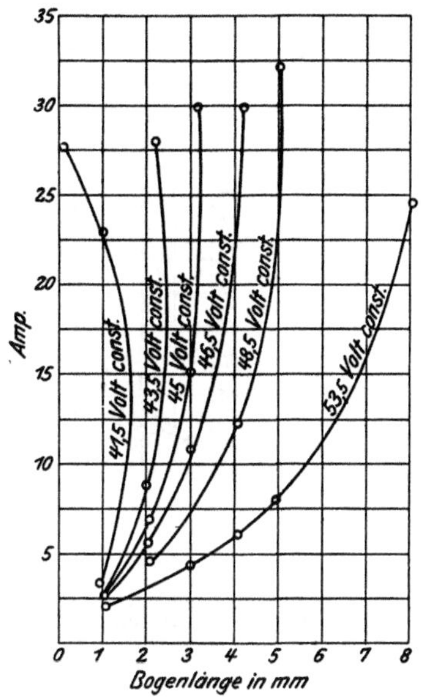

Fig. 9.

mentell bei verschiedenen konstanten Spannungen und fand es bestätigt. Bei Dochtkohlen von verschiedenen Durchmessern treten diese Erscheinungen in verschiedenem Umfang auf.

§ 17. Stromstärke konstant.

a) Beide Kohlen homogen. In Fig. 10 sind für eine positive Homogenkohle von 11 mm Durchmesser und für eine negative Homogenkohle von 9 mm Durchmesser nach Frau Ayrton die Beziehungen zwischen Bogenlänge und Spannung bei konstanter Stromstärke dargestellt. Diese Beziehungen lassen sich durch gerade Linien ausdrücken. Je stärker die konstante Stromstärke ist, desto kleiner

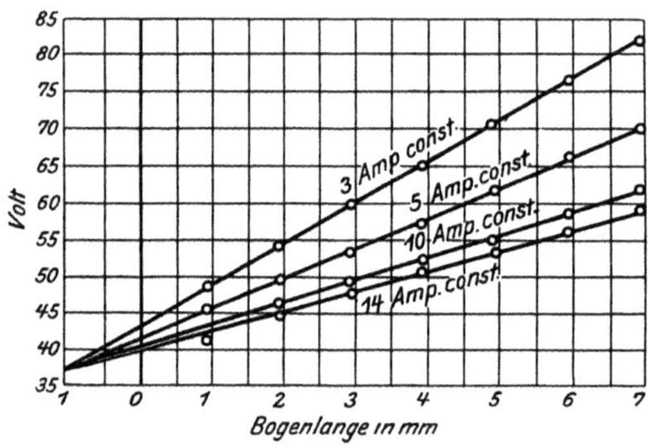

Fig. 10.

ist der Winkel, welchen die Geraden mit der Abszissenachse bilden. Wenn man diese Geraden über ihre Schnittpunkte mit der Ordinatenachse hinaus verlängert, so treffen sie sich in einem Punkte, für welchen die Bogenlänge negativ ist. Diese negative Bogenlänge stellt die Kratertiefe dar. Unter Bogenlänge war der vertikale Abstand der durch die Kraterkante gelegten Ebene von der Spitze der negativen Kohle verstanden worden. Versuche von Frau Ayrton auch die Spannung und Stromstärke zu messen, wenn die Spitze der negativen Kohle in den Krater hineinragte, also für negative Bogenlängen, gelangen nicht, weil in diesem Falle der Bogen sehr unruhig war. Bei Homogenkohlen gibt es also keine Bogenlänge, für welche die Spannung bei verschiedenen Stromstärken konstant ist. Aus Fig. 10 ist als Gesetzmäßigkeit zu ersehen, daß bei konstanter Stromstärke die Spannung an den Kohlen mit wachsender Bogenlänge wächst. Je größer die Stromstärke ist, desto kleiner ist der Zuwachs der Spannung bei der Erhöhung der Bogenlänge um einen gewissen Betrag.

b) Positive Kohle gedochtet, negative homogen. In Fig. 11 sind die Beziehungen zwischen Bogenlänge und Spannung bei konstanter Stromstärke für eine positive Dochtkohle von 9 mm Durchmesser und eine negative Homogenkohle von 8 mm Durchmesser dargestellt. Es ist dasselbe Kohlenpaar, für welches auch Fig. 8 galt. Die Spannung wächst in Fig. 11 mit wachsender Bogenlänge bei konstanter Stromstärke. Für dieselbe Stromstärke und dieselbe Bogenlänge ist hier die Spannung kleiner als zwischen zwei Homogenkohlen. Dieser Unterschied verschwindet bei höheren Bogenlängen. Auffallend ist, daß in Fig. 11 sich die Kurven für Stromstärken höher als 6 Ampere in der Nähe der Bogenlänge 2 mm zusammendrängen und schneiden, und daß auch die

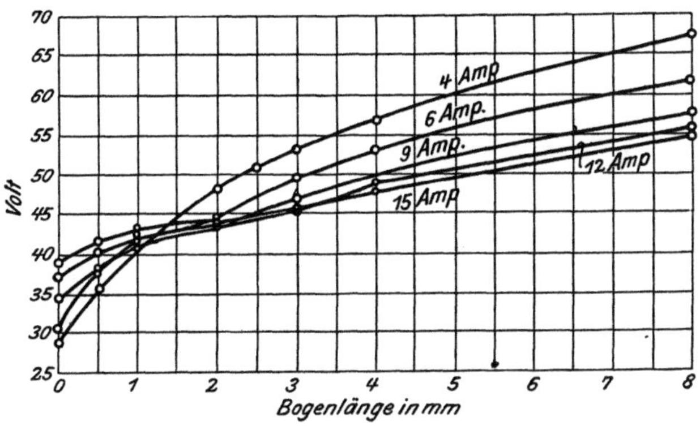

Fig. 11.

Kurven für die niedrigeren Stromstärken als 6 Ampere bei noch kleineren Bogenlängen die anderen Kurven schneiden. Daher hat sich für die Bogenlängen unterhalb 1 mm das oben ausgesprochene Gesetz umgekehrt. Bei konstanter Bogenlänge, die kleiner als 1 mm ist, entspricht der höheren Stromstärke eine höhere Spannung.

Die Spannungszunahme bei konstanter Stromstärke für eine bestimmte Erhöhung der Bogenlänge ist größer bei kleineren Bogenlängen und kleiner bei größeren Bogenlängen.

Die Spannungszunahme bei einer bestimmten Erhöhung der Bogenlänge ist kleiner, je größer die Stromstärke ist; bei Stromstärken von 12 Ampere aufwärts scheint das Verhältnis Spannungszunahme pro Verlängerung der Bogenlänge um 1 mm unabhängig von der Stromstärke zu sein.

Nach Frau Ayrton entspricht einer bestimmten Stromstärke und Bogenlänge eine bestimmte Krateroberfläche. Das abweichende Verhalten einer positiven Dochtkohle gegenüber dem einer positiven Homogenkohle hängt von dem Verhältnis ab, in welchem sich im Krater weiche Kohle (Dochtmasse) und harte Kohle (Masse des Mantels) vorfinden. Für dieselbe Stromstärke ist bei größerer Bogenlänge der Krater so gestaltet, daß die Krateroberfläche aus einem geringeren Teil Dochtmasse besteht als bei kleiner Bogenlänge. Je mehr harte Kohle des Mantels und je weniger weiche Kohle des Dochtes die Krateroberfläche bilden, umsomehr nähert sich das Verhalten der Dochtkohlen dem der Homogenkohlen.

§ 18. Scheinbarer Widerstand.

Der Widerstand des Lichtbogens läßt sich nicht direkt durch das Ohm'sche Gesetz ausdrücken, da der Widerstand des Lichtbogens von den elektrischen Größen abhängig ist. So ändert sich z. B. der Quer-

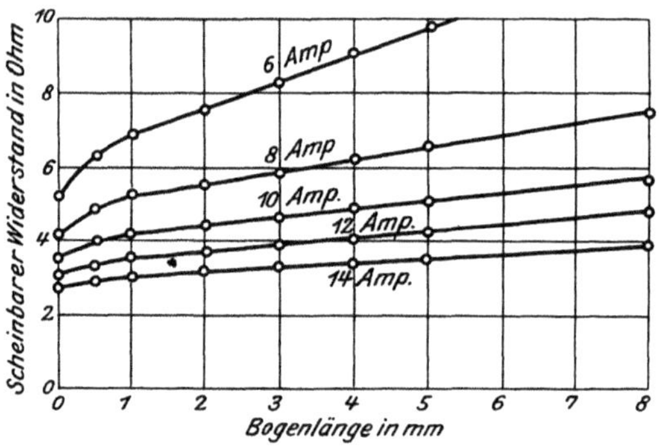

Fig. 12.

schnitt des Lichtbogens mit der Stromstärke. Man nennt das Verhältnis

$$\frac{\text{Spannung an den Elektroden (E)}}{\text{Stromstärke im Bogen}\quad\text{(J)}}$$

scheinbaren Widerstand des Lichtbogens. Aus den Fig. 10 und 11 kann man den Verlauf des scheinbaren Widerstandes in Abhängigkeit von der Bogenlänge konstruieren, indem man die Ordinaten der Spannung durch die Stromstärke dividiert. Man erhält dann für verschiedene konstante Stromstärken bei Homogenkohlen als Widerstandskurven von 1 mm Bogenlänge ab gerade Linien, welche mit wachsender Bogenlänge höher ansteigen. In Fig. 12 sind die Widerstandskurven für Homogenkohlen nach Frau Ayrton dargestellt. Man kann eine solche gerade Linie, welche die Beziehung zwischen Bogenlänge und scheinbarem Widerstand des Lichtbogens bei konstanter Stromstärke darstellt, analytisch durch den Ausdruck

$$W = a + bL$$

darstellen, wobei W den scheinbaren Widerstand des Lichtbogens, L die Bogenlänge und a und b Konstanten bedeuten. Die Konstante a entspricht dem Abschnitt auf der Ordinatenachse für die Bogenlänge null; die Konstante b wächst mit wachsender Bogenlänge.

Edlund[1]) stellte diese Formel im Jahre 1867 auf. Demnach besteht der scheinbare Widerstand des Lichtbogens aus 2 Teilen, von denen der eine von der Bogenlänge unabhängig ist, der andere mit der Bogenlänge wächst.

Croß und Shepard[2]) fanden die Edlund'sche Formel bei ihren Beobachtungen an Homogenkohlen gültig; auch für den zischenden Lichtbogen fanden sie diese Formel gültig, wobei a kleiner als beim ruhigen Lichtbogen war.

Edlund erklärte die Konstanz der Konstante a durch die Annahme einer gegenelektromotorischen Kraft im Lichtbogen, wie solche durch Polarisation in Zellen auftritt. Er berechnete diese konstante gegenelektromotorische Kraft, indem er beide Seiten der Formel für den scheinbaren Widerstand mit der Stromstärke multiplizierte. Es entspann sich in der Folge ein lebhafter Streit über das Wesen der von Edlund angenommenen elektromotorischen Gegenkraft. Eine Übersicht über diese Frage ist in § 53, 54 und 55 gegeben.

Die Edlund'sche Formel entspricht den Verhältnissen nicht genau und ist insofern nicht allgemein genug, als sie nur für eine konstante Stromstärke gilt. Sowohl a als auch b nehmen mit wachsender Stromstärke ab. Nebel[3]) zeigte, daß a bei konstanter Stromstärke mit zunehmendem Durchmesser der Kohlen abnehme. Für jede andere Stromstärke nehmen die Konstanten a und b andere Werte an. Man versuchte deshalb allgemeinere Formeln aufzustellen. Da der scheinbare Widerstand des Lichtbogens nicht direkt bestimmt werden kann, sondern aus einer Spannungs- und einer Strommessung berechnet wird, so wollen wir die vorgeschlagenen Formeln nach der Elektrodenspannung aufgelöst betrachten. In diesen Formeln für die Elektrodenspannung stellt die Konstante a direkt die Größe der „gegenelektromotorischen Kraft“ dar. Will man aus den Formeln für die Elektrodenspannung den

---

[1]) Edlund, Pogg. Ann. 131, p. 595, 1867.

[2]) Croß and Shepard, Proc. Amer. Acad., p. 2, 1886.

[3]) Nebel, Centr. f. El. 8, p. 619, 1887.

scheinbaren Widerstand des Lichtbogens berechnen, so hat man die Formeln für die Elektrodenspannung nur durch die Stromstärke auf beiden Seiten zu dividieren.

§ 19. Formeln für die Elektrodenspannung.

Die zur Darstellung der Beziehungen zwischen Elektrodenspannung, Stromstärke im Lichtbogen und Bogenlänge aufgestellten Formeln sind folgende, wobei E die Elektrodenspannung in Volt, J die Stromstärke in Ampere und L die Bogenlänge in Millimetern bedeuten; a und b sind Konstanten.

1. Edlund[1] $E = aJ + b \cdot J \cdot L.$
2. Fröhlich[2] $E = a + b\,L.$
3. S. P. Thompson[3] $E = a + \frac{b\,L}{J}.$
4. Duncan, Rowland, Todd $E = a + a' + \frac{b \cdot L}{J^{0,7}}.$
5. Freedman $E = a + a' + J \cdot R.$
6. Frau Ayrton $E = \alpha + \beta\,L + \frac{\gamma + \delta L}{J}.$

In Formel 4 und 5 bedeutet a' eine kleine gegenelektromotorische Kraft, die durch thermoelektrische Wirkung hervorgerufen ist, a die große elektromotorische Gegenkraft der Polarisation. In Formel 5 stellt R den Ohm'schen Widerstand des Bogens dar, der von der Bogenlänge und von der Stromstärke abhängt.

Von diesen Formeln ist diejenige, welche den Vorgängen im Lichtbogen am genauesten Rechnung trägt, die Formel von Frau Ayrton, welche weiter unten besprochen ist. Vorerst seien die aus Formel 1 bis 3 berechneten Werte der Konstanten a und b erwähnt, welche in der folgenden von S. P. Thompson[4] aufgestellten und vom Verfasser vervollständigten Tabelle zusammengestellt sind.

---

[1] Edlund, Pogg. Ann. 131, p. 586, 1867.
[2] Fröhlich, E.T.Z. 4, p. 150, 1883.
[3] S. P. Thompson, The Electr. 29, p. 460, 1892.
[4] S. P. Thompson, El. Rev. 37, p. 540, 1895.

Beobachter	Zeit der Beobachtung	a	b
Edlund	1867	41	—
Latschinoff	1879	23	—
Joubert.	1880	30	—
Ayrton und Perry. . .	1882	63	2,1
Fröhlich	1883	39	1,8
Peukert.	1885	35	1,9
V. v. Lang.	1885	38,6	—
Nebel	1886	39	—
Croß und Shepard . .	1886	37—39,7	1,9
Arons	1887	39,6	1,6
V. v. Lang.	1887	37	—
Luggin	1887	40,04	1,77
Uppenborn	1888	40,1	2,24
S. P. Thompson . . .	1892	35—39	—
Duncan und Rowland .	1892	40,6	1,6
Frith[1])	1895	39	—

Auffallend ist der Wert für $a = 63$ Volt bei Ayrton und Perry. Es ist anzunehmen, daß das Voltmeter, welches sie verwendeten, nicht richtig zeigte. Die anderen Werte für die Konstante a schwanken um den Wert 39 Volt. Diese Schwankungen sind nicht nur durch die verschiedenen Stromstärken hervorgerufen, welche die einzelnen Beobachter anwendeten, sondern auch durch die Verschiedenheit des Kohlenmaterials, der Kohlendurchmesser und durch die Verschiedenheiten in der Messung der Bogenlänge; einige Beobachter zählten nämlich die Kratertiefe zur Bogenlänge mit. Häufig war auch nicht abgewartet worden, bis die Elektrodenspannung konstant geworden war.

Einwandsfreier sind die Messungen von Frau Ayrton, auf Grund deren sie zur Aufstellung der Formel (6) gelangte. Sie konstruierte aus Fig. 10 eine Kurvenschar Fig. 13, welche die Beziehungen zwischen Effektverbrauch im Gleichstromlichtbogen bei Homogenkohlen und Bogenlänge bei konstanter Stromstärke darstellt. Diese Beziehungen lassen sich durch gerade Linien darstellen. Bezeichnet A den Effektverbrauch bei der Bogenlänge L allgemein, A_0 den Effektverbrauch bei der Bogenlänge null und derselben Stromstärke und A_7 den Effektverbrauch bei der Bogenlänge 7 mm bei derselben Stromstärke, so folgt aus ähnlichen Dreiecken in Fig. 13 für dieselbe Stromstärke:

[1]) Frith, Memoirs and Proceedings of the Manchester Lit. and Phil. Soc. 9 IV, p. 139, 1895.

$$\frac{A - A_0}{L} = \frac{A_7 - A_0}{7} \quad \ldots\ldots\ldots \quad (1)$$

Bei einer bestimmten Stromstärke erhalten A_0 und A_7 bestimmte Werte. Für jede Stromstärke erhalten sie einen anderen Wert. Für die Stromstärke von 6 Ampere z. B. wird $A_0 = 245$ Watt und $A_7 = 406$ Watt. Es wird also für 6 Ampere

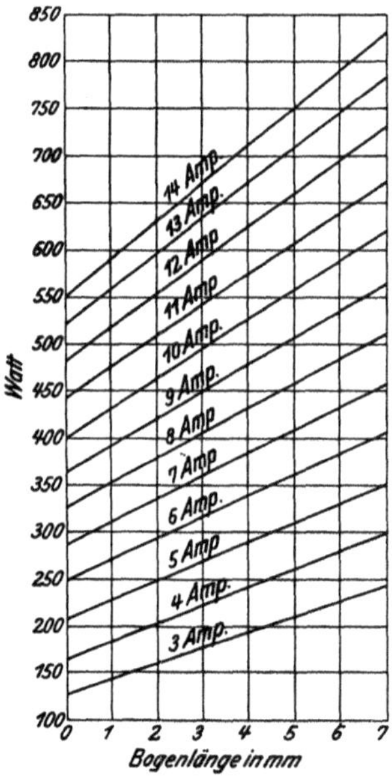

Fig. 13.

$$\frac{A - 245}{L} = \frac{406 - 245}{7}$$

$$\frac{A - 245}{L} = 23.$$

$$A = 245 + 23\,L. \quad \ldots\ldots \quad (2)$$

Gleichung (2) stellt also die Beziehungen zwischen Effektverbrauch und Bogenlänge bei der konstanten Stromstärke 6 Ampere dar. Für jede andere Stromstärke nehmen die Konstanten andere Werte an. Diese Gleichung (2) ist die Edlund-Fröhlichsche, nach Watt aufgelöst. Das Verdienst von Frau Ayrton ist es, diese Gleichung verallgemeinert zu haben, indem sie die Beziehungen zwischen den einzelnen Konstanten bei verschiedenen Stromstärken festgestellt hat. In Fig. 14 sind die Beziehungen zwischen Effekt und Stromstärke bei konstanter Bogenlänge für dasselbe Kohlenpaar, für das auch Fig. 13 gilt, nach Frau Ayrton dargestellt. Diese Linien sind Gerade. Die Linie für die konstante Bogenlänge 7 mm schneidet die Abscissenachse im Punkte — 1,6 Ampere. Für die Linie bei 7 mm Bogenlänge konstant ergibt sich aus ähnlichen Dreiecken in Fig. 14:

$$\frac{A_7 = \text{Ordinate der Wattzahl allgemein}}{J + 1{,}6 \text{ Ampere}} = \frac{\text{Ordinate der Watt bei } J = 14 \text{ Ampere}}{14 + 1{,}6 \text{ Ampere}}$$

$$\frac{A_7}{J + 1{,}6} = \frac{833}{15{,}6}$$

$$A_7 = 53{,}397\,J + 1{,}6 \cdot 53{,}397$$

$$A_7 = 53{,}397\,J + 85{,}435. \quad \ldots\ldots\ldots \quad (3)$$

Gleichung (3) stellt also die Gleichung der Linie für 7 mm Bogenlänge konstant in Fig. 14 dar. Die Linie für 0 mm Bogenlänge konstant in Fig. 14 schneidet die Abscissenachse im Punkte — 0,3 Ampere. Es ergibt sich für diese Linie aus ähnlichen Dreiecken die Beziehung:

$$\frac{A_0}{J + 0{,}3} = \frac{\text{Ordinate der Watt bei 14 Ampere}}{14 + 0{,}3}$$

$$A_0 = 38{,}881\,J + 0{,}3 \cdot 38{,}881$$

$$A_0 = 38{,}881\,J + 11{,}664 \quad \ldots \ldots \ldots \ldots \quad (4)$$

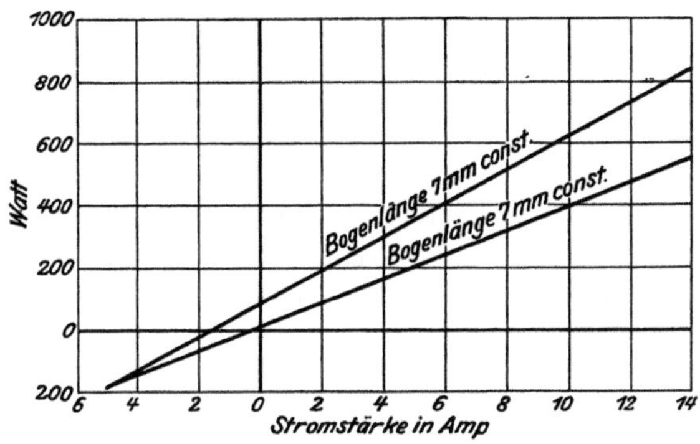

Fig. 14.

Setzt man die Werte von A_7 aus Gleichung (3) und A_0 aus Gleichung (4) in Gleichung (1) ein, so erhält man

$$\frac{A - 38{,}881\,J - 11{,}664}{L} = \frac{53{,}397\,J + 85{,}435 - 38{,}881\,J - 11{,}664}{7}$$

$$A = 38{,}881\,J + 11{,}664 + (2{,}074\,J + 10{,}54)\,L \quad \ldots \ldots \quad (5)$$

Da nun beim Gleichstromlichtbogen $A = E \,.\, J$ ist, so ergibt sich, wenn beide Seiten der Gleichung (5) durch J dividiert werden,

$$E = 38{,}881 + 2{,}074\,L + \frac{11{,}66 + 10{,}54\,L}{J} \quad \ldots \ldots \quad (6)$$

Die Zahlenkonstanten in Gleichung (6) beziehen sich auf das von Frau Ayrton zu ihren Untersuchungen verwendete Homogenkohlenpaar, von denen die positive Kohle einen Durchmesser von 11 mm und die negative einen Durchmesser von 9 mm hatte. Allgemein läßt sich die Formel (6) schreiben:

$$E = \alpha + \beta L + \frac{\gamma + \delta L}{J}.$$

Die Konstanten α, β, γ, δ hängen nur von der Beschaffenheit der Kohlen ab, sowohl hinsichtlich ihres Materials, als auch hinsichtlich ihres Durchmessers. Sie sind für jede Kohlensorte besonders zu bestimmen; hauptsächlich ist dies, wie Bermbach[1]) bemerkt, bei dicken Elektroden notwendig.

Die Bedeutung der einzelnen Konstanten ist nach Frau Ayrton folgende: α ist derjenige Betrag der Spannung, unterhalb deren der Bogen nicht bestehen kann. α stimmt mit dem Wert a der Tabelle in diesem Paragraphen ziemlich gut überein. α setzt sich aus zwei Teilen zusammen, einem Spannungsabfall von $^4/_5\,\alpha$ an der positiven Elektrode und einem Abfall von $^1/_5\,\alpha$ an der negativen Elektrode, die beide unabhängig von der Stromstärke und von der Bogenlänge sind.

β, welches von der Stromstärke unabhängig ist und mit der Bogenlänge wächst, ist der Spannungsabfall in der Gassäule des Lichtbogens selbst.

γ und δ haben ihren Sitz an den Kohlen, und zwar gehört δ dem Krater an, bei welchem der Spannungsverlust mit wachsender Bogenlänge und mit verminderter Stromstärke größer wird. γ stellt den Spannungsverlust an der negativen Spitze dar. Er ist von der Bogenlänge unabhängig, wird aber größer, wenn die Stromstärke im Bogen kleiner wird.

Frau Ayrton bewies die Übereinstimmung ihrer Formel mit den Beobachtungsresultaten von Edlund, Fröhlich, Peukert, Cross und Shepard.

Frau Ayrton machte darauf aufmerksam, daß ihre Formel sich auch in der Form

$$J\,[E - (\alpha + \beta L)] = \gamma + \delta L$$

darstellen lasse und als Asymptotengleichung einer rechtwinkligen Hyperbelschar betrachtet werden kann, deren eine Asymptotenachse die Ordinate der Spannung, und deren andere Asymptote eine Parallele zur Abscissenachse (Stromstärke) ist, welche für jede andere Hyperbel um einen Betrag, der von der Bogenlänge abhängt, von der anderen verschoben ist.

B. Metallelektroden.

§ 20. Elektrodenspannung.

Davy hatte in einer größeren Beobachtungsreihe dasjenige Material festzustellen versucht, welches unter denselben elektrischen Verhältnissen den hellsten Lichtbogen gebe. Er hatte gefunden, daß die Kohle weit

---

[1]) Bermbach, E.T.Z. 22, p. 441, 1901.

hellere Lichtbogen als die verschiedenen Metalle gebe. Grove (1840) ordnete die Metalle in folgender Reihe an, bei welcher jedes folgende Metall einen kürzeren und lichtschwächeren Bogen geben sollte, als das vorhergehende.

K Na Zn Hg Fe Sn Pb Bi Cu Ag Au Pt.

Es lassen sich Zweifel an dieser Reihenfolge aufstellen. Besonders auffallend ist es, daß Grove mit Wismut bei den von ihm verwendeten verhältnismäßig hohen Stromstärken einen Lichtbogen erhielt. Bei den Versuchen von Guye und Monasch schmolzen Wismutelektroden sofort ab, wenn sie von einem Strom von 0,06 Ampere durchflossen wurden; bei Arons[1]) schmolzen Zinnelektroden.

Der Bogen zwischen Metallelektroden ist im allgemeinen unruhig. Die Metallelektroden werden infolge der Wärme des Lichtbogens an den Spitzen leicht weich; häufig schmelzen beim Experimentieren mit Metallelektroden die Spitzen ab. Auch ist die Oxydbildung beim Metalllichtbogen in Luft der Ruhe des Bogens hinderlich. Manche Metalle, besonders Aluminium, bilden sehr schlecht leitende Oxyde und der Bogen klettert dann über die oxydierten Spitzen der Elektroden hinweg auf die noch blanken Metallteile.

Als Edlund[2]) $^1/_{80}$ Sekunde nach dem Verlöschen eines Silberbogens ein Galvanometer von hohem Widerstande an die Silberelektroden legte, erhielt er keine Ablenkung der Galvanometernadel, während er bei Kohlenelektroden in demselben Falle eine beträchtliche Ablenkung feststellte. Lecher[3]) konnte keine Verschiedenheit von Anodenhindernis und Kathodenhindernis bei Platin-, Eisen-, Silber- und Kupferelektroden feststellen. Er fand, daß die Potentialdifferenz zwischen einer Elektrode und einem Punkte der Gassäule des Bogens ungefähr die Hälfte der Potentialdifferenz an den beiden Elektroden betrug. Als Grund dieser Erscheinung führt er die Möglichkeit an, daß die Temperatur der beiden Elektrodenspitzen sich weniger von einander unterscheide, als bei Kohlenelektroden. Child[4]) erhielt folgende Werte:

Metall	Anoden-hindernis	Kathoden-hindernis
Zink	12 Volt	14 Volt
Eisen	13 -	15 -
Kupfer	11 -	14 -

[1]) Arons, Drud. Ann. 1, p. 702, 1900.
[2]) Edlund, Pogg. Ann. 134, p. 250, 1868.
[3]) Lecher, Wien. 95, IIa, p. 992, 1887.
[4]) Child, Phys. Rev. 10, p. 151, 1900; 12, p. 149, 1901.

Lecher stellte beim Gleichstromlichtbogen zwischen Eisen- und Platinelektroden, Arons[1]) beim Quecksilberlichtbogen eine Diskontinuität in der Entladung fest.

V. v. Lang[2]) bestimmte die Spannung an verschiedenen Metallelektroden und drückte sie durch die Fröhlichsche Formel aus. Die Konstante a dieser Formel, welche v. Lang gegenelektromotorische Kraft des Lichtbogens nannte, stellt diejenige Spannung dar, unterhalb deren sich kein Lichtbogen bilden kann. V. Langs Messungen an den verschiedenen Metallbögen sind in folgender Tabelle zusammengestellt:

Metall	Konstante a
Platin	27,41 ± 1,16 Volt
Nickel	26,18 ± 2,95 -
Eisen	25,03 ± 2,16 -
Kupfer	23,86 ± 1,33 -
Zink	19,86 ± 2,27 -
Silber	15,23 ± 0,45 -
Kadmium	10,28 ± 3,38 -

Aus dieser Tabelle läßt sich ersehen, daß die Konstante a für jedes Metall einen anderen Wert hat. v. Lang bemerkte, daß a für die schwerer schmelzbaren Metalle größer ist als für die leichter schmelzbaren. Für die am schwersten schmelzbare Kohle liegt a am höchsten, nämlich bei 40 Volt. Eine Ausnahme macht das Silber, welches, seinem Schmelzpunkt zufolge, einen höheren Wert für a zeigen müßte, als sich bei v. Langs Untersuchungen ergeben hat. Im Jahre 1897 fand v. Lang[3]) eine neue Ausnahme in der Proportionalität von Schmelzpunkt und der Konstante a im Aluminium, für welches er a = 39 Volt fand.

Arons[4]) erhielt eine andere Aufeinanderfolge der Größe von a, wenn der Bogen in einer Stickstoffatmosphäre brannte, als wenn er in Luft brannte. In der folgenden Tabelle sind die Arons'schen Werte für a in Stickstoff zusammengestellt.

---

[1]) Arons, Wied. Ann. 58, p. 73, 1896.
[2]) V. v. Lang, Wied. Ann. 31, p. 384, 1887.
[3]) V. v. Lang, Wied. Ann. 62, p. 569, 1897.
[4]) Arons, Drud. Ann. 1, p. 700, 1900.

Metall	Konstante a
Kupfer	29—32
Platin	29—31
Aluminium	26—29
Magnesium	21—23
Zink	21—22
Kadmium	21—22
Eisen	19—22
Blei	18.

Im allgemeinen ist also für dasselbe Metall a in Stickstoff kleiner als in Luft. Nur Kupfer zeigte in Stickstoff eine höhere Spannung als in Luft. Auffallend ist, daß Arons in Stickstoff bei Atmosphärendruck und einer Spannung der Stromquelle von 105 Volt keinen Lichtbogen zwischen Silberelektroden erhalten konnte.

Nach Feußner besteht eine Proportionalität zwischen der Konstante a und dem Siedepunkt der Metalle. Doch kennt man die Siedepunkte von Au, Pt, Ag, Cu, Fe, Ni nicht, um die Feußnersche Ansicht experimentell prüfen zu können.

Guye und Monasch[1]) fanden, daß bei konstanter Bogenlänge die Elektrodenspannung, wenn die Stromstärke konstant gehalten wurde, umso höher war, je größer das Atomgewicht des betreffenden Stoffes war. In der folgenden Tabelle ist eine ihrer Beobachtungsreihen dargestellt, welche für die konstante Bogenlänge von 5 mm und die konstante Stromstärke von 0,04 Ampere (Wechselstrom von 47 Perioden pro Sekunde) gilt.

Körper	C	Mg	Fe	Ni	Cu	Ag	Cd	Pt	Au
Atomgewicht	12	24	55,9	58,6	63,2	107,7	115,5	194,3	196,7
Spannung	640	700	850	850	870	900	725	1000	1040

Die einzige Ausnahme zeigte das Kadmium. Das Verhalten des Kadmiums mag daher bedingt sein, daß das zu den Versuchen verwendete Kadmium nicht rein war und daß Kadmium sehr leicht oxydierbar und leicht flüchtig ist.

Es mag bei der von Guye und Monasch beobachteten Beziehung zwischen Elektrodenspannung und Atomgewicht darauf hingewiesen werden, daß Schuster und Hemsalech, welche gezeigt haben,

---

[1]) Guye et Monasch, Archives (4), 15, 15. III. 1903.

daß die Spektrallinien des Elektrodenmaterials sich über die ganze Länge eines Funkens verteilt finden, gefunden haben, daß die Materie der Elektroden sich mit verschiedener Geschwindigkeit im Funken bewegt, und zwar ist die Geschwindigkeit derjenigen Metallpartikeln größer, deren Atomgewichte kleiner sind.

Auch Schulze[1]), welcher den Gleichstrombogen zwischen verschiedenen Metallen untersuchte, fand, daß diejenige Gruppe des periodischen Systems, welche höheres Atomgewicht und höheren Schmelzpunkt hat, auch einen größeren Spannungsabfall im Bogen und besonders ein höheres Anodenhindernis aufweist. Innerhalb einer chemischen Gruppe nimmt nach Schulze der Spannungsverlust in der Gassäule des Bogens selbst mit zunehmendem Atomgewicht bei den Erdalkalien ab. Im übrigen bestehe eine gewisse Ähnlichkeit im Verhalten des Spannungsverlustes in der Gassäule mit dem Gange der Leitfähigkeit der Metalle im festen Zustande.

§ 21. Quecksilberbogen und Quecksilberlampen.

Die eingehendsten Untersuchungen über den Lichtbogen zwischen Quecksilberelektroden wurden von Arons[2]) gemacht.

Der Quecksilberlichtbogen unterscheidet sich vor allem dadurch von den anderen Metalllichtbögen, daß er intensiv leuchtet und nicht so leicht verlöscht, wie die meisten übrigen Metalllichtbögen. Arons erhielt mit Quecksilberelektroden bei Niederspannung unerwartet lange Bögen. So gelang es ihm, einen Quecksilberlichtbogen von 60 cm Länge bei einer Stromstärke von 13,4 Ampere und einer Elektrodenspannung von 61,6 Volt zu erzeugen. Da die Quecksilberelektroden flüssig sind, müssen sie sich in einem Gefäße befinden. Arons benutzte zu seinen Versuchen eine ∩-förmige Glasröhre von 2 cm Durchmesser. Die Schenkel waren unten geschlossen und mit eingeschmolzenen Platindrähten versehen. An der Biegung der Röhre befand sich eine Verbindung zu einer Luftpumpe. Der Lichtbogen wurde erzeugt, indem die Röhre geneigt oder geschüttelt wurde, sodaß für einen Augenblick metallischer Kontakt stattfand. Arons untersuchte den Quecksilberlichtbogen in einer Atmosphäre, deren Druck nur Bruchteile eines Millimeters betrug. Die Beziehung zwischen Spannung und Stromstärke bei konstanter Bogenlänge ist in folgender Tabelle dargestellt:

Ampere	11	9	7	5,5	3	2	1,4	0,8	0,5
Volt	17,5	17	16,5	16	15,3	14	20	28	40

[1]) Günther Schulze, Dissertation Hannover 27. XI. 02, p. 25, 31.

[2]) Arons, Wied. Ann. 47, p. 767, 1892; desgl. 58, p. 73, 1896.

Bei allen Stromstärken bis herab zu 1,4 Ampere wird der ganze Querschnitt der Röhre von einem außerordentlich intensiven grauweißen Lichte erfüllt. Bei den geringen Stromstärken treten bisweilen unregelmäßige Schichtungen auf. Die Entladung ist diskontinuierlich. Das Spannungsgefälle zwischen den Elektroden ist bei ruhigem Bogen von der Stromstärke nahezu unabhängig; je länger der Bogen wird, umso weniger darf man sich der unteren Grenze der Stromstärke nähern, ohne ein plötzliches Verlöschen des Bogens befürchten zu müssen.

Arons konstruierte auf Grund seiner Beobachtungen über den Quecksilberlichtbogen die erste brauchbare Quecksilberbogenlampe. Nach Fabry und Perot[1]) eignet sich die Aronssche Quecksilberlampe gut zu gewissen optischen Versuchen, bei welchen man eine monochromatische Lichtquelle von starker Leuchtkraft braucht. Da bei der Aronsschen Lampe der Lichtbogen im Vakuum erzeugt wird, brennt er geräuschlos.

Der erste Versuch, eine Quecksilberbogenlampe herzustellen, wurde von Way 1860 gemacht. Way ließ den Quecksilberlichtbogen in Luft brennen; er büßte bei seinen Versuchen mit den giftigen Quecksilberdämpfen sein Leben ein.

Die Quecksilberbogenlampe wurde 1901 von Cooper Hewitt vervollkommnet. Hewitt hatte untersucht, wie der Widerstand der Gassäule des Quecksilberlichtbogens von den Dimensionen der Röhre abhänge, und benutzte seine Erfahrungen bei der Konstruktion seiner Lampe. Die Hewittsche Lampe besteht aus einer geschlossenen Gasröhre, an deren beiden Enden sich die Elektroden befinden. Die positive Elektrode hat Hewitt, worauf schon Arons hingewiesen hat, durch eine Eisenelektrode ersetzt. Hierdurch ergibt sich ein konstruktiver Vorteil. Die Länge der Gasstrecke der Lampe wird durch die beabsichtigte Lichtstärke bedingt. Wie von Recklinghausen[2]) bemerkt, hatten die längsten bisher hergestellten Lampen eine Gasstrecke von ungefähr 3 m Länge bei ungefähr 5 cm Durchmesser. Die kleinsten (100 voltigen) Lampen waren 20 cm lang und hatten einen Durchmesser von 2,5 cm. Ein weiterer wesentlicher Teil der Hewittschen Lampe ist die Kühlkammer, welche den Zweck hat, die Gasspannung im Innern der Lampe zu regulieren. Der Gasdruck im Innern der Lampe ist gleich der Quecksilberdampfspannung bei der betreffenden Temperatur.

Bei der brennenden Lampe ist die Spannung der Länge der Gasstrecke direkt und dem Durchmesser der Röhre umgekehrt proportional, wenn die Lampe unter den günstigsten Verhältnissen brennt. Um die

---

[1]) Fabry et Perot, C. R. 128, p. 1156, 1899.

[2]) v. Recklinghausen, E.T.Z. 23, p. 492, 1902.

Lampen nicht durch Schütteln in Gang setzen zu müssen, hat Hewitt einen Zünder konstruiert, der einen „hohen Potentialstoß" bewirkt. Die Lebensdauer der Hewittschen Lampe soll der einer guten Glühlampe gleichkommen. Die Lichtausbeute soll ungefähr 3 Kerzen pro 1 Watt aufgewendete Energie betragen. Dem Lichte der Quecksilberbogenlampe fehlen fast jegliche roten Strahlen; es ist chemisch sehr wirksam. v. Recklinghausen bemerkt, daß das Licht der Quecksilberbogenlampe für die Augen sehr angenehm sei und die Augen weniger ermüde, als das Licht einer anderen künstlichen Lichtquelle.

§ 22. Metalloxyde. (Elektrolytbogenlicht.)

Rasch[1]) erzeugte den Lichtbogen zwischen Elektroden aus Magnesia, Kalk, Thoroxyd, Zirkonoxyd und ist der Ansicht, daß der Lichtbogen zwischen solchen Elektroden eine überaus große Lichtausbeute besitzt. Die von Rasch verwendeten Elektroden gehören zu den Leitern zweiter Klasse, welche bekanntlich in kaltem Zustande den elektrischen Strom nicht leiten. Mit zunehmender Temperatur sinkt ihr Widerstand. Der Lichtbogen kann sich zwischen solchen Elektroden erst bilden, wenn die Elektroden genügend vorgewärmt sind, sodaß sie den Strom leiten können. Rasch schlägt vor, diese Elektroden in Bogenlampen zu verwenden und sie durch einen gewöhnlichen Hilfslichtbogen zwischen Kohlenelektroden vorzuwärmen. Die Temperatur an den Elektrodenspitzen im Lichtbogen ist sehr groß, entsprechend der hohen Schmelz- und Verdampfungstemperatur der zur Verwendung kommenden Metalloxyde, Metallsilicide und Metallboride.

Das Spektrum des Elektrolytbogenlichtes enthält wenig ultrarote, dagegen überwiegend lichtwirksame gelbgrüne Strahlen. Der Lichtbogen zwischen Magnesia- oder Zirkonelektroden soll dem Sonnenlicht im Tone gleichkommen. Man kann durch die Wahl der Elektroden die Färbung des Lichtes beeinflussen. So erscheint ein Lichtbogen, in dessen Elektroden sich Nickeloxyd und Chromoxyd befindet, im Vergleich zum Kohlelichtbogen ausgesprochen gelblich. Rasch unterscheidet Elektrolytelektroden mit sehr hohem Kaltwiderstande und hoher Anlaßtemperatur — harte Elektroden — und solche mit mäßigem Leitungsvermögen in kaltem Zustande und verhältnismäßig niedriger Anlaßtemperatur — weiche Elektroden. Zwischen den weichen Elektroden ist der Lichtbogen äußerst unstätig, wie zwischen Metallelektroden. Bei konstanter Stromstärke konnte Rasch bei weichen Elektroden ein Wachsen der Elektrodenspannung mit wachsender Bogenlänge nicht feststellen, wohl

---

[1]) E. Rasch, E.T.Z. 22, p. 155, 1901.

weil wegen der Verflüssigung der Elektrodenspitzen überhaupt keine sorgfältigen elektrischen Messungen möglich waren, da bei verflüssigten Elektrodenspitzen keine Konstanz in der Spannung eintrat. Für harte Elektroden stellte Rasch die Beziehungen zwischen Stromstärke, Elektrodenspannung und Bogenlänge nach der Thompsonschen Formel dar

$$E = a + \frac{b\,L}{J},$$

wobei sich a zu 31,35 Volt ergab.

Zum genauen Vergleich der Lichtausbeute der Elektrolytbogenlampen mit Kohlenbogenlampen sind Bestimmungen der mittleren sphärischen Lichtstärke unter gleichen Bedingungen anzustellen. Die photometrischen Messungen sind wegen der Färbung des Elektrolytbogenlichtes schwierig.

Nernst[1]) fand bei seinen Versuchen mit weichen Elektroden einen großen Abbrand, und was besonders bemerkenswert ist, daß der Abbrand bei Elektrolytelektroden am negativen Pole größer ist, als am positiven Pole, während es bei Kohlenelektroden umgekehrt ist. Bei den von Rasch verwendeten harten Elektroden ist der Abbrand nicht so groß.

§ 23. Metalle, die keinen Bogen bilden.

Wurts[2]) untersuchte das Verhalten der verschiedenen Metalle bei der Bildung eines Lichtbogens und fand, daß sich zwischen Zink, Wis-

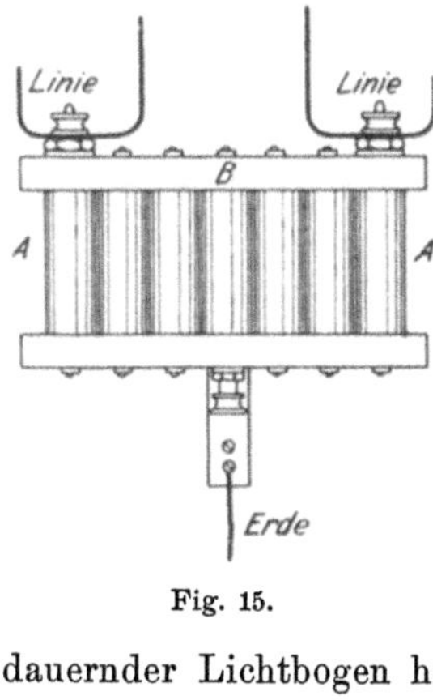

Fig. 15.

mut und Antimon kein dauernder Lichtbogen herstellen läßt (non-arcing metals). Er ist der Ansicht, daß ein nichtleitender Metalloxyddampf das Fortbrennen des Bogens bei diesen Metallen verhindere. Er ver-

[1]) Nernst, E.T.Z. 22, p. 256, 1901.

[2]) Wurts, Am. Inst. El. Eng. 9, p. 102, 1893.

wendete diese Beobachtung zur Konstruktion eines Blitzableiters für Wechselstromanlagen bis 3000 Volt. Fig. 15 stellt eine Skizze des Wurtsschen Blitzableiters dar. Zwei Messingcylinder A mit hohem Zinkgehalt sind mit der Linie verbunden. Zwischen denselben ist eine Reihe solcher Cylinder angeordnet, welche sich fast berühren. Der mittelste dieser Cylinder B ist mit der Erde verbunden. Die Cylinder zwischen A und B sind in einem isolierenden Rahmen befestigt. Wenn nun ein Blitzschlag die Linie trifft, so bildet sich ein Funken zwischen den Messingcylindern und die Entladung wird zur Erde abgeleitet; ein Bogen bleibt nicht bestehen.

C. Einflufs des Drucks und der Temperatur.

§ 24. Änderung der Elektrodenspannung durch Druck.

Dewar[1]) bildete einen Lichtbogen in Luft zwischen zwei Kohlenröhren, von denen jede mit einem Manometer verbunden war. Beim ruhigen Lichtbogen stieg der Druck am Manometer der positiven Kohlenröhre um 1—2 mm (Wassersäule), während er an dem Manometer, das mit der negativen Kohlenröhre verbunden war, fiel. Dieselbe Erscheinung trat in einer Atmosphäre von Stickstoff oder Kohlendioxyd auf. Beim zischenden Lichtbogen fiel der Druck am Manometer der positiven Kohlenröhre, während er an dem der negativen stieg.

Duncan, Rowland und Todd[2]) untersuchten des Einfluß des Drucks auf die Elektrodenspannung in Luft sowie in Kohlendioxyd. Beide Kohlen wurden durch Stopfbüchsen in einen Eisencylinder eingeführt, an welchem zur Beobachtung des Lichtbogens zwei Glasfenster, sowie zur Kühlung ein äußerer Mantel angebracht waren. In Fig. 16 sind nach Duncan, Rowland und Todd die Beziehungen zwischen Bogenlänge und Elektrodenspannung bei verschiedenen konstanten Drucken in Luft dargestellt. Der Bogen brannte zwischen Kohlenelektroden. Man ersieht aus der Fig. 16, daß die Konstante a der Fröhlichschen Formel mit wachsendem Druck größer wird. Wenn die Temperatur am Krater die Verdampfungstemperatur der Kohle ist, so muß eine Druckerhöhung eine Erhöhung der Verdampfungstemperatur bedingen. Wilson und Fitzgerald versuchten festzustellen, ob eine Druckerhöhung der Atmosphäre, in welcher der Bogen brennt, auch die Temperatur des Kraters erhöht. Da die experimentellen Schwierigkeiten bei dieser Untersuchung zu groß waren und sich zuviel sekundäre Er-

[1]) Dewar, Proc. Roy. Soc. 32, p. 262, 1882.
[2]) Duncan, Rowland, Todd, E.T.Z. 14, p. 603, 1893.

scheinungen im Bogen abspielten, konnten sie diese Frage nicht entscheiden.

Die Linie für Vakuum in Fig. 16 schneidet die Linie für 1 Atmosphäre. Demnach würde im Vakuum der Energieverbrauch mit der Bogenlänge in viel schnellerem Verhältnisse wachsen, als bei höheren Drucken. Man muß jedoch die Linie für Vakuum mit einigem Miß-

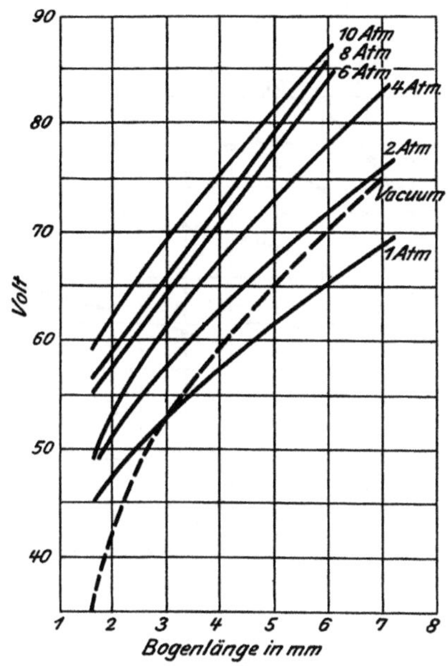

Fig. 16.

trauen betrachten, da Duncan, Rowland und Todd nicht angeben, welchen Grad von Vakuum sie erreicht haben und es gerade auf ihn ankommt, da in der Nähe des Vakuums noch andere Entladeerscheinungen neben dem Lichtbogen auftreten und je nach dem Grade des Vakuums wechseln, sodaß die Messungen bei Vakuum nicht mehr gut mit denjenigen bei höheren Drucken vergleichbar sind, bei welchen nur Bogenentladung stattfindet.

In Fig. 17 sind die Beobachtungen von Duncan, Rowland und Todd zur Konstruktion von Kurven benutzt worden, welche die Beziehungen zwischen Druck und Elektrodenspannung bei konstanter Stromstärke und konstanter Bogenlänge darstellen. Man ersieht aus Fig. 17, daß die Elektrodenspannung oberhalb 1 Atmosphäre mit wachsendem Druck stetig zunimmt. Die Werte, welche Duncan,

Rowland und Todd für die Spannungen bei konstanter Stromstärke für die betreffenden Bogenlängen bei „Vakuum“ fanden, liegen höher als die Werte für 1 Atmosphäre, mit Ausnahme der Kurve für 1,6 mm Bogenlänge, bei welcher der stetige Abfall der Spannung in der Nähe des Vakuums durch Zischen hervorgerufen sein kann. Man begegnet häufig der Ansicht, daß für den Kohlelichtbogen die Elektrodenspannung bei 1 Atmosphäre Druck ein Minimum sei. Ein Minimum erreicht die Elektrodenspannung allerdings, doch nicht bei 1 Atmosphäre, sondern

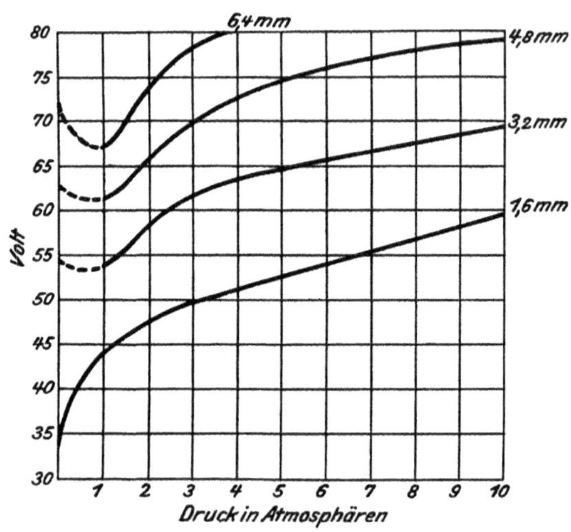

Fig. 17.

ganz in der Nähe des Vakuums. Die höheren Spannungswerte für Vakuum bei Duncan, Rowland und Todd erklären sich dadurch, daß es bei Gasen großer Verdünnung einen „kritischen“ Druck gibt. Die Elektrodenspannung fällt mit vermindertem Druck. Beim „kritischen“ Druck ändert sich das Verhalten der Spannung. Wird nämlich der Druck über den „kritischen“ Druck hinaus vermindert, so steigt die Elektrodenspannung mit weiter vermindertem Druck. Dieser „kritische“ Druck liegt ganz nahe am Vakuum. Duncan, Rowland und Todd haben keine Zwischenwerte über den Verlauf der Druck- und Spannungswerte zwischen 1 Atmosphäre und Vakuum aufgenommen. Daher ist die Verbindungslinie von 1 Atmosphäre und Vakuum in Fig. 17 gestrichelt.

Arons[1]) hat in einer Stickstoffatmosphäre das Fallen der Spannung

[1]) Arons, Drud. Ann. 1, p. 700, 1900.

mit fallendem Druck unterhalb 1 Atmosphäre bei verschiedenartigen Elektroden gemessen. Er erhielt z. B.

Für Kadmiumelektroden.

Konstante Bogenlänge 1,5 mm, konstante Stromstärke 1,6 Ampere.

Druck in mm Hg .	10	60	100	220	380	600	750
Volt	12	16	17	21	22	23	23

Für Magnesiumelektroden.

Konstante Bogenlänge 1,4 mm, konstante Stromstärke 4,5 Ampere.

Druck in mm Hg . .	90	220	360	490	660
Volt	17	17	20	20	22

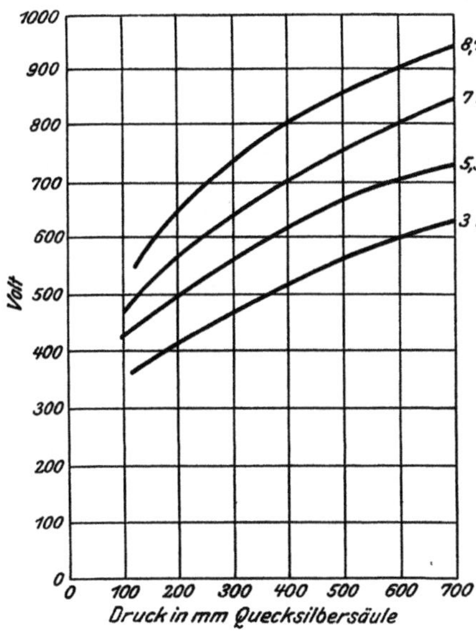

Fig. 18.

Man sieht also, daß die Elektrodenspannung ständig fiel, wenn der Druck bis 10 mm Quecksilbersäule vermindert wurde.

Guye und Monasch untersuchten die Verringerung der Elektrodenspannung mit fallendem Druck unterhalb 1 Atmosphäre im hochgespannten Wechselstromlichtbogen zwischen Kupferelektroden bei verschiedenen konstanten Bogenlängen und einer konstanten Stromstärke von 0,058 Ampere. Ihre Beobachtungen sind in Fig. 18 dargestellt. Man sieht, daß die Elektrodenspannung mit fallendem Drucke fällt. Der kritische Punkt konnte nicht erreicht werden, da bei weiterer Luftverdünnung der hochgespannte Wechselstromlichtbogen vollständig sein Aussehen ändert und an seine Stelle Entladungserscheinungen treten, wie sie in verdünnten Gasen auftreten. Der Bogen selbst verschwindet, und die Elektroden bedecken sich mit einer violetten Leuchterscheinung, die einen um so größeren Teil der Elektroden bedeckt, je mehr der Druck vermindert ist. Der Raum zwischen den Elektroden, in welchem bei höheren Drucken der Lichtbogen brannte, wird von zwei von den Elektrodenspitzen ausgehenden violett bis karminroten Glüherscheinungen erfüllt, welche durch einen dunkeln Raum in der Mitte der Luftstrecke von einander getrennt sind.

Schwankt der Druck im Lichtbogen periodisch, so ruft jede Druckänderung bei konstanter Stromstärke eine periodische Schwankung der Bogenspannung und bei konstanter Spannung eine periodische Schwankung der Stromstärke hervor. Daher gibt ein Telephon im Lichtbogenkreis die in die Gassäule des Lichtbogens gesprochenen Töne wieder (siehe § 41).

§ 25. Änderung der Elektrodenspannung durch Temperatur.

De la Rive[1]) erhitzte verschiedenartige Elektroden durch eine Weingeistflamme und fand, daß hierdurch ihre „Zerteilung“ erleichtert und der Lichtbogen länger erhalten werden kann. Tommasi[2]) bildete den Lichtbogen zwischen zwei horizontal gestellten U-förmigen Kupferröhren. Er beobachtete den Lichtbogen zwischen diesen Röhren, wenn sie infolge eines sie durchfließenden Wasserstromes abgekühlt wurden und wenn der Lichtbogen ohne künstliche Kühlung der Kupferröhren brannte. Wurden die Elektroden abgekühlt, so war die Leuchtkraft des Bogens bedeutend gesunken, der Bogen war sehr unruhig und in seiner äußeren Erscheinung glich er vielmehr einem leuchtenden Punkte als einem Lichtbogen. Der leiseste Lufthauch konnte den Bogen ausblasen. Trotz der Abkühlung der Kupferröhren zeigte der Bogen eine grünliche Färbung, woraus zu schließen ist, daß ein Teil des Kupfers verdampfte.

Die ersten Messungen über den Einfluß einer künstlichen Temperaturveränderung der Elektroden auf die Elektrodenspannung wurden von Croß und Shepard[3]) ausgeführt. Sie hatten gefunden, daß die Konstante a der Fröhlichschen Formel = 39 Volt sei. Wurde die Temperatur der positiven Kohle durch Einschließen in einen feuerfesten Tonmantel und durch Anbringen eines die Luftströmungen abhaltenden

---

[1]) A. de la Rive, Arch. 1, p. 262, 1841.

[2]) Tommasi, C. R. 93, p. 716, 1881.

[3]) Croß and Shepard, Proc. Amer. Acad. 22 (1), p. 227, 1886.

Schirmes an der Kathode gesteigert, so wuchs die Konstante a und somit die Spannung zwischen den Elektroden auf 46,9 Volt. Wurde umgekehrt die obere positive Kohle durch einen von Wasser durchflossenen Hohlcylinder aus Messing abgekühlt, so sank die Konstante a auf 5,6 Volt.

Lecher[1]) schlägt folgende Methoden zur künstlichen Erzeugung von Temperaturunterschieden an den Elektroden vor:

1. Die Elektroden stehen sich horizontal gegenüber; die eine wird mittels Gasgebläse erwärmt.

2. Die Elektroden stehen sich horizontal gegenüber; beide sind bis knapp an ihre Spitze sehr dick mit dünnem Kupferdraht umwickelt, um durch die Wärmeleitfähigkeit desselben eine Abkühlung der Elektroden zu erzielen.

3. Die Elektroden stehen senkrecht übereinander und die untere taucht bis auf ihre Spitze in ein großes Quecksilberbad, wodurch sie beträchtlich gekühlt wird. Das Quecksilber wird mit einer dünnen Wasserschicht bedeckt, um die schädliche Wirkung aufsteigender Quecksilberdämpfe zu vermeiden.

Bei den Versuchen Lechers betrug die Stromstärke konstant 5 Ampere. Er beobachtete folgendes.

Kohlenelektroden. Durchmesser 5,5 mm.

Stehen die Kohlen einander in einer Entfernung von 2 mm horizontal gegenüber, so ist die Elektrodenspannung ungefähr 42 Volt; beim Erwärmen der negativen kälteren Elektrode steigt die Elektrodenspannung auf 52 Volt, beim Erwärmen der positiven Elektrode hingegen auf 48 Volt. Stellt man die Kohlen senkrecht übereinander, so ist, da jetzt die untere Kohle die obere stets erwärmt, die Elektrodenspannung von vornherein eine größere und zwar, wenn die positive Kohle oben ist, etwa 47 Volt, wenn sie unten ist, 46 Volt. Am auffallendsten zeigt sich die Wirkung der Abkühlung, wenn man beide Elektroden dick mit Kupferdraht umwickelt, sodaß nur die brennenden Spitzen hervorsehen; die Spannung sinkt dann bis auf 35 Volt herunter. Dickere Kohlenstäbe, welche sich weniger stark erwärmen, als dünne, zeigen eine geringere Elektrodenspannung.

Platinelektroden. Durchmesser 5 mm.

Horizontale Platinelektroden zeigen bei der Distanz von 2 mm ungefähr 35 Volt Spannung; sind sie beide sorgfältig mit Kupferdraht umwickelt, welcher zwar in der Nähe der Spitzen mit den Elektroden

---

[1]) Lecher, Wien. 95 II, p. 992, 1887.

zusammenschmilzt, dieselben aber doch einige Millimeter frei vorstehen läßt, so sinkt die Elektrodenspannung auf 26 Volt.

Kupferelektroden. Durchmesser 4,4 mm.

Die Temperatur ist hier schon eine so tiefe, daß nur der Einfluß der Erwärmung untersucht wurde. Die Elektrodenspannung bei 2 mm Distanz ist etwa 26 Volt und steigt beim Erwärmen der einen Elektrode auf etwa 28 Volt und zwar wahrscheinlich etwas mehr beim Erwärmen der negativen als beim Erwärmen der positiven Elektrode.

Silberelektroden. Durchmesser 4,9 mm.

Bei 2 mm Elektrodendistanz ist die Spannung zweier horizontaler Silberstäbe ungefähr 20 Volt und steigt beim Erhitzen des positiven Pols auf 23 Volt, beim Erhitzen des negativen Pols auf 28 Volt.

Im Gegensatz hierzu stehen die Untersuchungen von Arons[1]), aus welchen sich ergab, daß der Spannungsverlust auf der Bogenstrecke bei wachsender Temperatur der Umgebung abnimmt. Herzfeld[2]) bezweifelt, daß bei den Versuchen von Lecher die Umwicklung der Elektroden mit Kupferdraht eine bedeutende Abkühlung der Elektroden hervorgebracht hat. Herzfeld entnahm einem Gefäß mit flüssiger Kohlensäure, die unter einem Drucke von 38 Atmosphären stand, einen Strahl gasförmiger Kohlensäure und richtete ihn gegen die Elektrodenspitze oder gegen den Lichtbogen selbst; hierbei mußte die Temperatur des betreffenden Teiles, der von dem Gasstrahl getroffen wurde, bedeutend sinken. Es ergab sich, daß durch die Abkühlung der Kohlenspitzen die Elektrodenspannung zunahm, während die Stromstärke abnahm. Die Spannungszunahme durch Abkühlung an der Anode war größer, „wenn die Anode oben lag und der von ihr aufsteigende Luftstrom der Erkaltung durch die Kohlensäure nicht entgegenwirkte.“

Herzfeld führte einen Graphitprüfstift in den Bogen und fand, daß durch die Abkühlung das kleine Potentialgefälle von 6 Volt an der Kathode um 2,8 Volt = 46,7% zugenommen hatte, während das große Gefälle an der Anode von 35 Volt nur um 2,1 Volt = 6% gestiegen war. „Die Wirkung der Abkühlung erstreckte sich aber ein wenig auch auf den Potentialsprung an der anderen nicht direkt abgekühlten Elektrode; derselbe nahm um etwa 1 Volt zu.“

Herzfeld bespricht auch die Möglichkeit, daß die Spannungszunahme nicht durch die abkühlende Wirkung des Kohlensäurestrahls, sondern durch chemische Vorgänge hervorgerufen sei. Denn bei der

---

[1]) Arons, Wied. Ann. 58, p. 81, 1896.

[2]) R. Herzfeld, Wied. Ann. 62, p. 442, 1897.

Einwirkung eines Luftstromes, der allerdings nicht unter so hohem Druck stand und nicht so kalt wie die Kohlensäure war, gelang es ihm nicht, eine Änderung von Spannung oder Stromstärke zu beobachten, wenn der Bogen ruhig brannte.

Die Resultate von Arons und Herzfeld über den Einfluß einer Temperaturänderung auf die Elektrodenspannung stehen im Widerspruch mit den Resultaten von Lecher und Croß und Shepard. Die ganze Frage bedarf noch genauerer experimenteller Erforschung. Besonders scheint sich die Elektrodenspannung einer Temperaturänderung gegenüber anders zu verhalten, als die Spannung an der Gassäule des Bogens selbst. Ferner wäre festzustellen, inwiefern das Material der Elektroden eine Rolle spielt, da bei Metallen einer Temperaturerhöhung eine Widerstandsvergrößerung entspricht, während bei reinen Kohlenelektroden auf eine Temperaturerhöhung eine Widerstandsverkleinerung erfolgt. Es ist noch nicht festgestellt, ob sich der Metalldampf in Bezug auf die Veränderung seiner elektrischen Leitfähigkeit durch Temperaturänderungen ebenso wie das Metall selbst verhält. Bei den Untersuchungen von Schulze[1]) wurde, was frühere Beobachter unterlassen hatten, verhindert, daß Dämpfe des Kühl- oder Heizmaterials in den Bogen gelangten. Schulze fand, daß sowohl Anodenhindernis als auch Kathodenhindernis des Metalllichtbogens steigen, wenn dem Bogen durch Kühlung Wärme entzogen wird; daß sie fallen, wenn die Wärmeableitung aus dem Bogen an die Elektroden künstlich verringert wird. Schulze konnte die Abhängigkeit von Anoden- und Kathodenhindernis von der Wärmeentziehung nur bei den besten Wärmeleitern Kupfer und Silber messen.

II. Bei Wechselstrom.

A. Kohlenelektroden.

§ 26. Einfluß der Art des Stromkreises auf die Momentanwerte.

Wenn man einen Lichtbogen zwischen Kohlenelektroden mit Wechselstrom speist, so erhebt sich in jeder halben Periode die Spannungskurve von einem Werte null zu einem Maximalwerte und sinkt von diesem wieder auf null. Da zur Aufrechterhaltung des Lichtbogens aber eine gewisse Höhe der Spannung notwendig ist, so wird, sobald dieser Betrag unterschritten ist, das Entsenden von leitenden Kohlenteilchen in die Bogenstrecke aufhören und der Bogen verlöschen. Während der Bogen erloschen ist, kann doch bis zur Wiederbildung des

---

[1]) Günther Schulze, Dissertation Hannover, 27. XI. 02, p. 33.

Bogens Elektrizität von der einen Elektrode zur anderen fließen, da die Gase im Lichtbogen, je nach ihrer Zusammensetzung, ihre Leitfähigkeit nicht ganz verlieren. Das vom Lichtbogen ausgesendete Licht folgt den periodischen Variationen der Stromstärke und es müssen sich also, wenn der Bogen wirklich am Ende jeder halben Periode ausgelöscht wird, diese Auslöschungen durch das Verschwinden des Leuchtens des Bogens feststellen lassen. Blondel[1]) photographierte im Jahre 1891 auf eine sinnreiche Weise diese Variationen des vom Wechselstromlichtbogen ausgesendeten Lichtes und fand in der Mitte jeder halben Periode Leuchtmaxima und an den Enden jeder halben Periode dunkle Stellen, welche leicht erkennen lassen, daß der Bogen während des Stromdurchgangs durch null kein Licht ausgesendet hat.

Um einen Einblick in die Natur des Wechselstromlichtbogens zu erhalten, ist es notwendig, den Verlauf der Strom- und Spannungswerte im Bogen in jedem Zeitmomente zu kennen. Wenn durch einen induktionsfreien Widerstand unter dem Einfluß einer nach dem Sinusgesetz veränderlichen elektromotorischen Kraft ein Strom fließt, so erfolgt die Änderung der Stromstärke nach demselben Gesetz in derselben Periode; Strom- und Spannungskurve sind beide sinusförmig. Ersetzt man aber den induktionsfreien Widerstand durch einen Lichtbogen, an dessen Klemmen eine nach dem Sinusgesetze veränderliche Spannung zur Verfügung steht, so wird der Bogen von einem Strom durchflossen, dessen Veränderungen nicht mehr nach demselben Gesetz wie die der Spannung erfolgen. Ist also beim Wechselstromlichtbogen die Spannungskurve sinusförmig, so ist die Stromkurve deformiert; und umgekehrt, ist die Stromkurve sinusförmig, so ist die Spannungskurve deformiert. Die erste diesbezügliche Beobachtung hat Joubert[2]) im Jahre 1880 gemacht. Er maß mit einem Elektrometer die Wechselspannung und die Stromstärke mit einem Galvanometer. Er nahm die Werte von Strom und Spannung zu verschiedenen Phasen einer Periode punktweise auf und erhielt so ein Bild über den Verlauf der Strom- und Spannungskurve während einer Periode. Für die Stromkurve erhielt er nur geringe Abweichung von der Sinuslinie. Die Spannungskurve hingegen zeigte sich stark deformiert. Joubert beschreibt den Verlauf der Spannung folgendermaßen: „In dem Augenblick, in welchem die Stromstärke null ist, ist auch die Potentialdifferenz zwischen den zwei Kohlen gleich null; aber nach einer unschätzbar kleinen Zeit erreicht diese Potentialdifferenz einen Wert von 40—50 Volt, welchen sie ohne Veränderung beibehält bis zu dem Augenblick, wo der Strom wieder einen kleinen Wert er-

[1]) Blondel, Lum. El. 42, p. 551, 1891.
[2]) Joubert, C. R. 91, p. 161, 1880.

reicht hat; der Abfall der Spannungskurve ist sehr steil am Ende der Periode."

Diese Beobachtung Jouberts wurde im Jahre 1890 experimentell durch Tobey und Walbridge[1]) bestätigt. Die Stromkurve hatte wieder angenähert Sinusform, die Spannungskurve an den Klemmen des Bogens zeigte vor und nach jedem Durchgang durch null eine hohe Spitze; während des übrigen Teils einer halben Periode verlief die Spannungskurve sattelförmig eingesenkt zwischen den beiden hohen Spitzen. Die Maschine, welcher Tobey und Walbridge den Strom entnahmen, war nach Steinmetz eine Westinghousesche Wechselstrommaschine mit sehr hoher Ankerrückwirkung. Hätte man eine Maschine mit verschwindend kleiner Ankerrückwirkung benutzt, so würde die Spannungskurve Sinusgestalt behalten haben, während die Stromwelle eine scharfe Spitze gezeigt hätte.

Es führten dann fernerhin Kurvenaufnahmen am Lichtbogen aus: Fröhlich[2]) 1892, Rößler und Wedding[3]) 1894, Oehlschläger, Michalke und Queißner[4]) 1895, Fleming und Petavel[5]) 1896, Frith[6]) 1896, Ch. F. Smith[7]) 1897, Beckit Burnie[8]) 1897, Eichberg und Kallir[9]) 1898.

Die punktweise Aufnahme der Spannungs- und Stromkurven hat jedoch den Nachteil, daß die aufgenommenen Kurven nicht die Werte einer und derselben Periode darstellen, sondern Mittel einer Reihe von aufeinander folgenden Perioden sind. Ein genaues Studium der Strom- und Spannungswerte im Bogen ist erst möglich geworden, seitdem die Oscillographen von Blondel[10]) und später nach einem von Blondel zuerst ausgesprochenen Prinzip von Duddell und Marchant vervollkommnet worden sind. Die Oscillographen geben den genauen Verlauf der Strom- und Spannungskurven während ein und derselben Periode wieder.

In Fig. 19 ist der Verlauf der Strom- und Spannungskurve, welche Duddel und Marchant[11]) an den Klemmen eines induktionsfreien

[1]) Tobey and Walbridge, Am. Inst. El. Eng. 7, p. 367, 1890.

[2]) Fröhlich, E.T.Z. 13, p. 568, 1892.

[3]) Rößler und Wedding, E.T.Z. 15, p. 315, 1894.

[4]) Oehlschläger, Michalke, Queißner, E.T.Z. 16, p. 548, 1895.

[5]) Fleming and Petavel, Phil. Mag. 41, p. 315, 1896.

[6]) Frith, Phil. Mag. 41, p. 507, 1896.

[7]) Ch. F. Smith, The Electr. 22 oct. 1897.

[8]) Beckit Burnie, The Electr. 39, p. 849, 1897.

[9]) Eichberg und Kallir, Wien. 107 IIa, p. 658, 1898.

[10]) Blondel, C. R. 127, p. 1016, 1898; C. R. 128, p. 727, 1899.

[11]) Duddel und Marchant, Inst. El. Eng. 28, p. 86, 1899.

Widerstandes von 3,04 Ohm aufgenommen haben, dargestellt. Die Selbstinduktion des Stromkreises war so klein, daß der Stromkreis als induktionsfrei betrachtet werden kann. Die gestrichelte Kurve stellt die elektromotorische Kraft des Generators dar, die ausgezogene Kurve

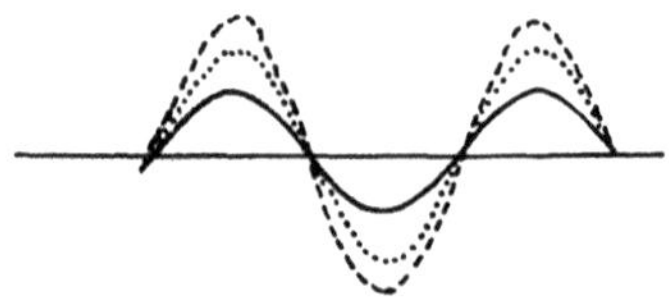

Fig. 19.

die Spannung an den Klemmen des induktionsfreien Widerstandes und die punktierte Kurve den Strom; eine wesentliche Abweichung der drei Kurven von der Sinusform ist nicht zu bemerken. Ersetzt man den induktionsfreien Widerstand durch einen Lichtbogen zwischen Homogenkohlen von 13 mm Durchmesser, und läßt die sonstigen Verhältnisse

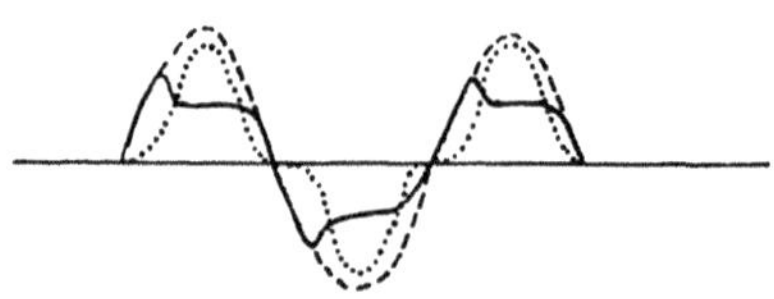

Fig. 20.

des Stromkreises konstant, speist also auch den Bogen mit derselben effektiven Stromstärke, so erhalten die Kurven ein Aussehen, wie es in Fig. 20 dargestellt ist. Der Bogen bewirkt also ein Abflachen der Klemmenspannungskurve, welche am Anfang jeder halben Periode die schon von Joubert beschriebene Spitze trägt. Außerdem ist zu be-

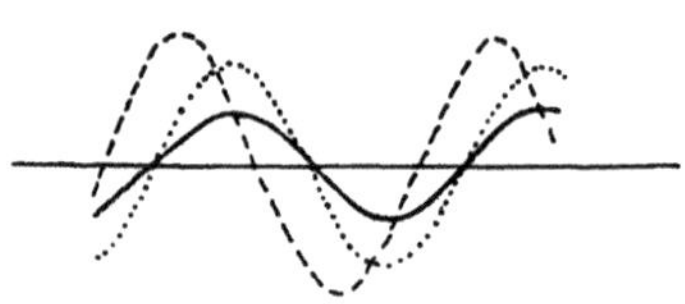

Fig. 21

merken, daß die Stromkurve während eines geraumen Teils einer Periode null ist. Der Bogen ist sehr unruhig; der Leistungsfaktor klein. Hatte der Stromkreis einen Selbstinduktionskoeffizienten von 0,0076 Henry, so gibt Fig. 21 die Kurven für Strom und Spannung an den Klemmen des induktionsfreien Widerstandes. Die Kurven sind wieder angenähert sinusförmig und Strom und Spannung am induktionsfreien Widerstand sind infolge der Selbstinduktion des Stromkreises gegen die elektromotorische Kraft des Stromerzeugers in Nacheilung. Wird bei derselben Selbstinduktion im Stromkreis der induktionsfreie Widerstand durch einen Lichtbogen zwischen Homogenkohlen von demselben Durchmesser und derselben Entfernung wie bei Fig. 20 ersetzt und der Bogen mit derselben effektiven Stromstärke betrieben, so ergeben sich Kurven, welche in Fig. 22 dargestellt sind. Die Spannungskurve an den Klemmen des Bogens ist also deformiert im Vergleich zu Fig. 21 und hat für das verwendete Kohlenpaar angenähert rechteckige Gestalt. Der Bogen ist viel ruhiger, wenn der Stromkreis Selbstinduktion enthält, und der

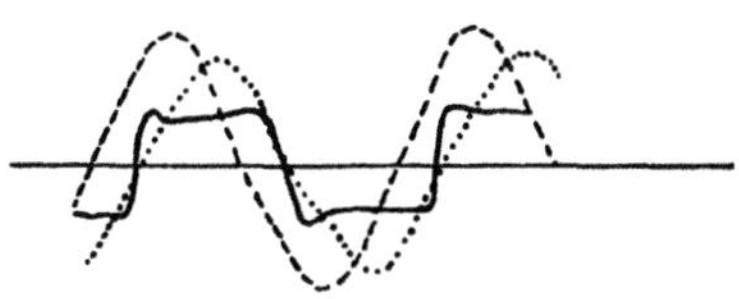

Fig. 22.

Leistungsfaktor höher als im Falle eines induktionsfreien Stromkreises. Auch sieht man, daß die Stromkurve in Fig. 22 sofort nach dem Richtungswechsel sich von der Nulllinie erhebt, während sie beim Bogen im induktionsfreien Kreise längere Zeit in der Nähe von null verweilt. Wie Blondel[1]) zuerst bemerkt hat, läßt sich diese Erscheinung dadurch erklären, daß infolge der durch die Selbstinduktion hervorgerufenen Nacheilung des Stromes gegenüber der elektromotorischen Kraft die Spannung Zeit hat, einen genügend hohen Wert anzunehmen, um nach dem Stromdurchgang durch null den Bogen sofort zu entzünden, während bei dem induktionsfreien Stromkreise die Spannungskurve nach der Auslöschung des Bogens der Kurve der elektromotorischen Kraft eine Zeitlang folgt bis zu einem genügend hohen Werte, bei welchem die Entzündung des Bogens erfolgt und somit der Strom sich wieder von der Nulllinie erheben kann. Deshalb ist auch die hohe vordere Spitze an der Klemmenspannungskurve charakteristisch für den Bogen zwischen Homogenkohlen in einem induktionsfreien Stromkreise.

---

[1]) Blondel, Lum. El. 49, p. 566, 1893.

§ 27. Einfluß der Elektrodendistanz auf die Momentanwerte.

Duddell und Marchant untersuchten auch den Einfluß der Elektrodendistanz auf die Deformation der Spannungskurve. In Fig. 23 bis 27 ist eine ihrer Versuchsreihen für Homogenkohlen von 13 mm Durchmesser bei 97 Perioden pro Sekunde dargestellt. Bei sämtlichen Versuchen wurden alle variabeln Größen im Stromkreise, mit Ausnahme der Bogenlänge, konstant gehalten. Man sieht aus diesen Figuren, daß

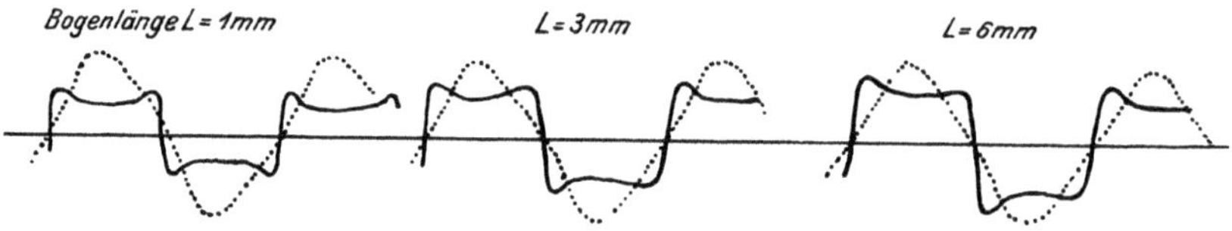

Fig. 23—25.

die vordere Spitze an der Klemmenspannungskurve proportional mit der Bogenlänge wächst; die hintere Spitze scheint mit wachsender Bogenlänge zu verschwinden.

Im allgemeinen fanden Duddell und Marchant, daß bei Homogenkohlen mit wachsender Bogenlänge zuerst beide Spitzen der

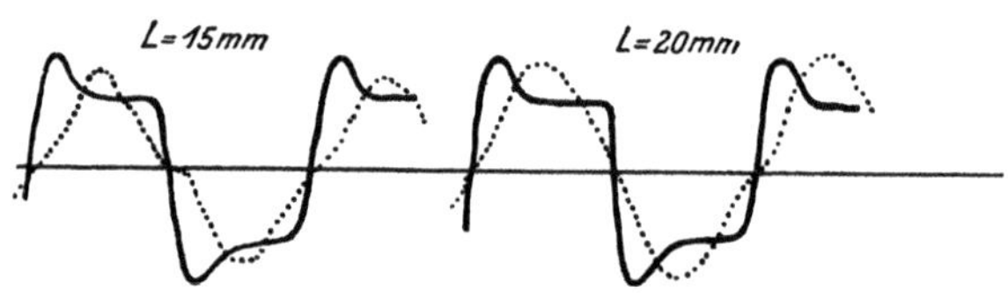

Fig. 26 und 27.

Spannungskurve, die vordere und die hintere Spitze, wachsen, bis zu einem Punkte, bei welchem der Bogen zu zischen beginnt. Ein weiteres Vergrößern der Bogenlänge erzeugt eine hohe vordere Spitze, während die hintere Spitze verschwindet. Sehr lange Bögen geben bei allen Kohlensorten hohe vordere Spitzen. Der Leistungsfaktor wird bei Homogenkohlen mit wachsender Bogenlänge kleiner bis zum Eintritt des Zischens; von da an wächst er mit wachsender Bogenlänge. Für Dochtkohlen ist der Leistungsfaktor im allgemeinen höher bei größeren Bogenlängen. Duddell und Marchant untersuchten auch, bei welcher maximalen Bogenlänge unter sonst gleichen Verhältnissen, also gleicher Periodenzahl, gleichem Widerstand im Stromkreis, gleicher effektiver Stromstärke, verschiedenartige Kohlen noch ruhig brannten. Es ergab sich für den Bogen zwischen zwei Homogenkohlen die Bogenlänge 20 mm, für den Bogen zwischen einer Homogen- und einer Dochtkohle die Bogenlänge von 30 mm und für den Bogen zwischen zwei Dochtkohlen die Bogenlänge von 40 mm. In allen untersuchten Fällen war der Leistungsfaktor am niedrigsten, wenn der Bogen zischte; der Leistungsfaktor wuchs vom Zischpunkt an bei allen Kohlen mit wachsender Bogenlänge. Bei der großen Anzahl der Kurven, die Duddell und Marchant über den Einfluß der Bogenlänge aufgenommen haben, zeigte sich stets das schroffere Ansteigen der Spannungskurve beim Beginne einer halben Periode, also wenn der Strom durch Null ging, mit wachsender Bogenlänge. Dieses Wachsen der Spitze mit wachsender Bogenlänge scheint durch den bei großen Bogenlängen größeren Widerstand der Gassäule zwischen den Elektroden hervorgerufen zu sein.

§ 28. Verteilung der Momentanwerte des Spannungsgefälles.

Die Momentanwerte der Verteilung des Spannungsverlustes in der Bogenstrecke während einer Periode sind zuerst von Blondel[1]) 1893 untersucht worden. Er führte zwei dünne Prüfstäbchen aus Kohle in den Bogen ein. Seine Versuche bezogen sich auf Dochtkohlen. Es fand für den Wechselstromlichtbogen eine ähnliche Verteilung des Spannungsgefälles statt, wie sie beim Gleichstrombogen besteht. Man kann beim Wechselstrombogen auch drei verschieden große Spannungsverluste unterscheiden. Der größte Spannungsverlust findet beim Übergang von der positiven Kohle zur Bogenstrecke statt. Dann folgt ein geringer Spannungsverlust in der Bogenstrecke selbst und dann ein etwas größerer Spannungsverlust beim Übergang von der Bogenstrecke zur negativen Elektrode. Letzterer ist aber bedeutend kleiner als der Spannungsverlust beim Übergang von der positiven Elektrode zum Bogen. Im Jahre 1899 fanden Duddell und Marchant diesen Verlauf des Spannungsverlustes im Lichtbogen und an den Elektroden auch für Homogenkohlen gültig. Fig. 28 ist eine ihrer oscillographischen Aufnahmen für einen 6 mm Bogen zwischen Homogenkohlen von 13 mm Durchmesser bei 97 Perioden pro Sekunde. a d bedeutet den gesamten Spannungsverlust gemessen an den Klemmen des Bogens; a b ist der Spannungsverlust zwischen der einen Elektrode und dem Bogen, c d der Spannungsverlust zwischen der anderen Elektrode und dem Bogen und b c der Spannungsverlust in der Gasstrecke des Bogens selbst. Man ersieht aus der Fig. 28, daß a b oberhalb der Nulllinie größer ist als unterhalb der Nulllinie; umgekehrt ist es bei c d. Wenn nämlich a b

[1]) Blondel, Lum. El. 49, p. 612, 1893.

oberhalb der Nulllinie liegt, so ist die Elektrode, für welche der Spannungsverlust a b gemessen wurde, die positive; bei der nächsten halben Periode ist sie die negative Elektrode, daher ist unterhalb der Nulllinie der Wert von a b kleiner als der von c d. Daß der Spannungsverlust des Bogens in der Gassäule selbst mit wachsender Bogen-

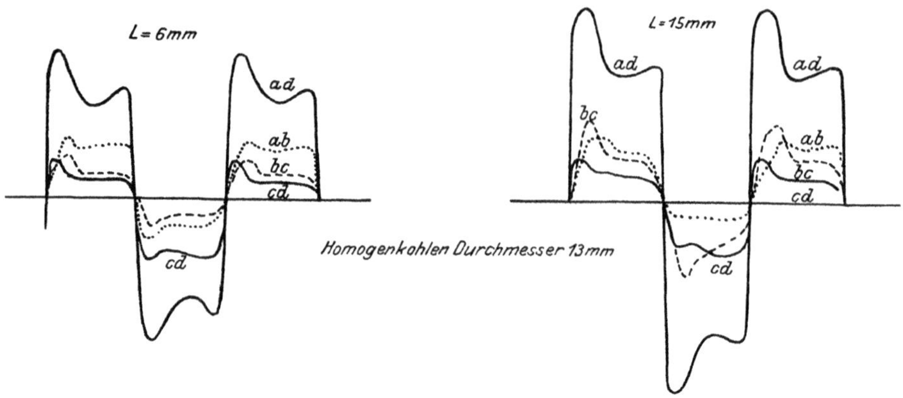

Fig. 28 und 29.

länge größer wird, also der Widerstand der Gassäule selbst mit wachsender Bogenlänge wächst, läßt sich aus Fig. 29 erkennen, welche von Duddel und Marchant für einen Bogen von 15 mm Bogenlänge unter denselben Verhältnissen wie Fig. 28 aufgenommen wurde.

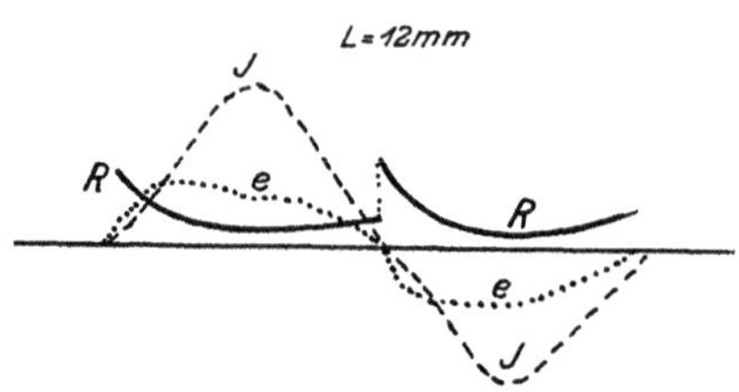

Fig. 30.

Man sieht, daß a b und c d in Fig. 29 nicht wesentlich in ihrer Größe von a b und c d in Fig. 28 abweichen, daß hingegen b c in Fig. 29 bedeutend größer ist als in Fig. 28. Da man auch in jedem Augenblicke die Stromstärke aufnehmen kann, so kann man aus der Kurve für den Spannungsverlust in der Gasstrecke die momentanen Werte des Widerstandes der Gasstrecke konstruieren, da für die Momentanwerte die Beziehung gilt

$$R = \frac{E}{J}.$$

Auf diese Weise konstruierte Blondel (Fig. 30) die Widerstandskurve R aus der Stromkurve J und der Kurve für den Spannungsverlust in der Gassäule E. Die Kurve R für den Widerstand hat, wie Fig. 30 zeigt, ein Minimum in der Mitte jeder halben Periode, während die Stromstärke ein Maximum aufweist. Während des Durchgangs des Stromes durch null zeigt die Widerstandskurve R eine Diskontinuität. Sowie der Strom null ist, nimmt der Widerstand der Gassäule seinen Maximalwert an. Infolge dieses Anwachsens des Widerstandes erscheint auch die Spitze an den Spannungskurven für Homogenkohlen am Anfang jeder halben Periode.

§ 29. Einfluß des Dochts auf die Momentanwerte.

Wenn der Bogen zwischen Dochtkohlen brennt, so ist die Gasstrecke zwischen den Elektroden ganz anders zusammengesetzt als beim Bogen zwischen Homogenkohlen. Der Docht besteht im allgemeinen

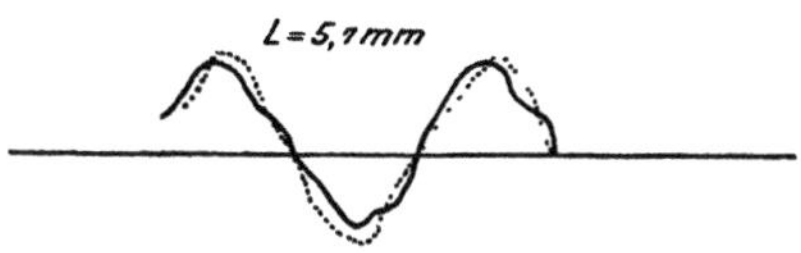

Fig. 31.

aus Kohlenstaub, dem verschiedenartige Mineralsalze beigemengt sind. Diese Salze gelangen beim Brennen des Bogens in die Bogenstrecke und erhöhen deren Leitfähigkeit bedeutend. Diese gesteigerte Leitfähigkeit der Bogenstrecke bewirkt, daß die Deformation der Klemmenspannungskurve nicht mehr so ausgesprochen wie bei Homogenkohlen ist. Wie Fig. 31 von Blondel zeigt, nähert sich hier für eine im Handel erhältliche gewöhnliche Dochtkohle die Klemmenspannungskurve mehr der Form der Stromkurve. Die charakteristische vordere Spitze, die bei Homogenkohlen immer auftritt, ist hier nicht zu bemerken. Aus den zahlreichen Kurven von Blondel und Duddell-Marchant ersieht man, je salzreicher der Docht ist, desto weniger werden die Kurven deformiert. Duddell und Marchant entfernten den Docht einer gewöhnlichen Dochtkohle und ersetzten ihn durch verschiedene Substanzen; für die so bereiteten Dochtkohlen nahmen sie Strom- und Spannungswerte auf. In den Fig. 32 und 33 sind zwei extreme Fälle aus ihren Versuchsreihen dargestellt. Bei Fig. 32 bestand der Docht aus einem Stab metallischen Kupfers. Die Klemmenspannungskurve zeigt eine hohe vordere Spitze und der Strom ist während eines längeren Teils einer Periode null. Bestand jedoch der Docht aus gewöhnlichem Kochsalz,

Fig. 33, so ist die Spannungskurve rund. Je salzreicher der Docht ist, desto größer wird der Leistungsfaktor; er weicht bei gewöhnlichen Dochtkohlen im allgemeinen nur wenig von der Einheit ab. Der Einfluß der durch den Salzgehalt besser leitenden Bogenstrecke macht sich besonders bei den Auslöschungen des Bogens, also beim Durchgang des Stromes durch null bemerkbar. Die Widerstandsänderung der Gasstrecke scheint hier nicht beim Stromdurchgang durch null, wie in Fig. 30 dargestellt ist, diskontinuierlich zu erfolgen, sondern die salzhaltige Gassäule verliert während der Dauer der Auslöschung wenig von ihrer

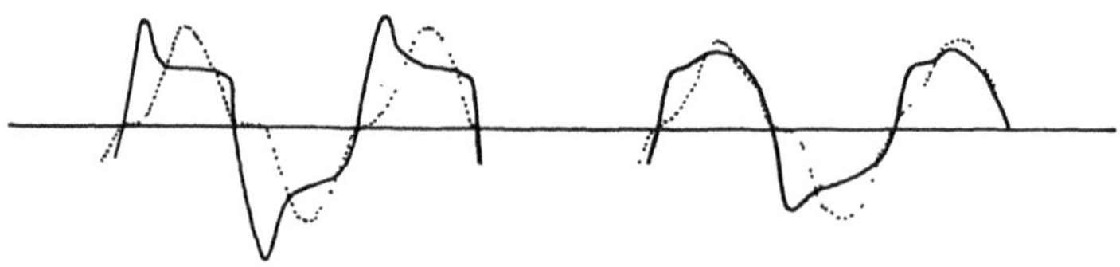

Fig. 32 und 33.

Leitfähigkeit. Deshalb fehlt auch in Fig. 31 und 33 bei jedem Wiederentfachen des Lichtbogens am Anfang jeder halben Periode die vordere Spitze der Spannungskurve.

§ 30. Einfluß der Periodenzahl auf die Momentanwerte.

Duddell und Marchant untersuchten den Einfluß der Periodenzahl auf den Verlauf der Momentanwerte der Strom- und Spannungskurven. Wenn man für einen Bogen zwischen Homogenkohlen die Periodenzahl erniedrigt, so wächst die vordere Spitze an der Spannungskurve; die Deformation der Spannungskurve wird also stärker mit fallender Periodenzahl. Infolgedessen fällt auch der Leistungsfaktor mit fallender Periodenzahl. Außerdem vergrößert ein Erniedrigen der Periodenzahl die Zeitdauer, während welcher der Strom klein ist. Hält man nun bei verschiedenen Periodenzahlen alle anderen Variabeln konstant, also auch den Effektivwert des Stromes, so bemerkt man ein starkes Ansteigen des Maximalwertes der Stromstärke bei niedrigerer Periodenzahl. Dieses starke Ansteigen der Stromstärke während jeder halben Periode bei niedrigerer Periodenzahl brachte den Bogen zwischen Homogenkohlen von 13 mm Durchmesser zum Zischen und machte ihn so unruhig, daß Duddell und Marchant bei 57 Perioden pro Sekunde keine Ablesungen der elektrischen Größen mehr für ihn machen konnten. Der Bogen zwischen einer Dochtkohle und einer Homogenkohle wurde erst bei 46 Perioden pro Sekunde unruhig und der Bogen zwischen 2 Dochtkohlen erst bei 29,2 Perioden pro Sekunde. Man sieht also auch hier den

Einfluß der Leitfähigkeit, welche der Docht der Gasstrecke verleiht und welche während des Durchgangs des Stromes durch null erhalten bleibt. Eine Erniedrigung der Periodenzahl erhöht unter gleichen Umständen die Lichtausstrahlung des Wechselstromlichtbogens. Diese Verhältnisse sind in § 87 besprochen.

§ 31. Einfluß der Elektrodendistanz auf die Effektivwerte.

Über die Beziehungen zwischen Elektrodendistanz und den Effektivwerten der Spannung am Lichtbogen bei konstanter effektiver Stromstärke, ebenso zwischen Elektrodendistanz und Effekt, sowie zwischen Stromstärke und Spannung bezw. Effekt bei konstanter Elektrodendistanz, liegen nicht so zahlreiche Beobachtungen vor wie für den Gleichstromlichtbogen. Trotzdem kann man erkennen, daß die Beziehungen dieselben sind wie beim Gleichstromlichtbogen. Die einzigen bis jetzt veröffentlichten Untersuchungen über den Kohle-Wechselstromlichtbogen machte Heubach[1]) im Jahre 1892. Doch scheint nicht bei allen seinen Beobachtungen der von Frau Ayrton und von Duddell später betonten Notwendigkeit des Abwartens völlig konstanter Verhältnisse am Bogen Rechnung getragen zu sein. Heubach selbst erwähnt in seiner Abhandlung das unruhige Brennen des Bogens bei der Aufnahme einzelner Werte und daher erklären sich auch wohl einzelne Unregelmäßigkeiten im Verlaufe der von ihm aufgenommenen Kurven. Heubach stellte über die Beziehungen zwischen Elektrodendistanz (Bogenlänge), Effektivwert der Stromstärke und Effektivwert der Spannung folgende Sätze auf, die auch für den Gleichstrombogen zwischen Kohlenelektroden gelten.

1. Bei konstanter Stromstärke steigt die Spannung mit wachsender Bogenlänge.

2. Bei konstanter Bogenlänge nimmt die Spannung mit wachsender Stromstärke ab.

Auch Heubach beobachtete, was Frau Ayrton später für den Gleichstromlichtbogen bei Kohle bewiesen hat, daß bei konstanter Bogenlänge die „Spannung beim Eintritt des Zischens bedeutend sinkt". Untersuchungen, ob die Spannung während der Zischperiode bei fortdauernd gesteigerter Stromstärke auch beim Wechselstromkohlelichtbogen konstant bleibt, wurden nicht ausgeführt.

Für den Wechselstromlichtbogen zwischen Dochtkohlen geben die Heubachschen Kurven bei konstanter Stromstärke für die Beziehung zwischen Spannung und Bogenlänge angenähert gerade Linien; ebenso

[1]) J. Heubach, E.T.Z. 13, p. 460, 1892.

für den Bogen zwischen einer oberen Dochtkohle und einer unteren Homogenkohle. Für den Bogen zwischen zwei Homogenkohlen jedoch weichen die Heubach'schen Werte stark von der Geraden ab, besonders bei kleinen Bogenlängen. Es läßt sich dies dadurch erklären, daß einerseits der Bogen zwischen Homogenkohlen viel unruhiger als der Bogen zwischen Dochtkohlen ist und für eine Ablesung das Abwarten völliger Konstanz der Stromverhältnisse unerläßlich ist, anderseits bei der Messung kleiner Bogenlängen die nicht zu vermeidenden Ungenauigkeiten in der Messung weit mehr ins Gewicht fallen als bei höheren Bogenlängen.

Ein Versuch, die allgemeine Formel von Frau Ayrton auch für den Wechselstromlichtbogen zwischen Kohlenelektroden umzuformen, wurde von Guye und Monasch gemacht. Doch läßt sich diese Umformung wegen der Deformation der Strom- bezw. Spannungskurven im Lichtbogen nicht ausführen, da man keine äquivalenten Sinuskurven beim Lichtbogen einführen darf. Man kann deshalb von den zur Darstellung der Spannung in Abhängigkeit von der Bogenlänge aufgestellten Formeln keine solchen für den Wechselstromlichtbogen verwenden, bei welchen der Einfluß der Stromstärke berücksichtigt ist, da Stromstärke und Spannung sich nicht nach demselben periodischen Gesetze verändern.

Für den Wechselstromlichtbogen zwischen Kohlenelektroden kommt nur die Fröhlichsche Formel

$$E = a + b L$$

in Betracht, welche den Nachteil hat, daß sie nur für konstante Stromstärke gilt, also nur bei ein und derselben Stromstärke die Abhängigkeit der Spannung von der Bogenlänge für dasselbe Kohlenpaar darstellt. Bei der Konstanten b macht sich wie bei Gleichstrom auch bei Wechselstrom der Einfluß der Stromstärke bemerkbar; aber die Gesetzmäßigkeiten dieses Einflusses sind für den Wechselstromlichtbogen noch nicht aufgeklärt worden. Heubach fand für a keine ausgesprochene Abhängigkeit von der Stromstärke. Hingegen wurde b mit wachsender Stromstärke kleiner. Bezüglich des Einflusses des Kohlenmaterials auf die Konstante a fand Heubach, daß a am größten ist (45 Volt), wenn beide Kohlen homogen sind (bei ruhigem Bogen); a ist kleiner (25 Volt), wenn der Bogen zwischen einer oberen Dochtkohle und einer unteren Homogenkohle brennt; a wird noch kleiner (22 Volt), wenn die Homogenkohle oben und die Dochtkohle unten brennt; a ist am kleinsten (20 Volt), wenn beide Kohlen Dochtkohlen sind.

§ 32. Einfluß der Elektrodendistanz auf den Effekt.

Für die Beziehungen zwischen Elektrodendistanz und Effekt im Lichtbogen (gemessen mit einem Wattmeter) fand Heubach gerade Linien, welche mit wachsender Bogenlänge ansteigen. In Fig. 34 ist eine Effektmessung von Heubach dargestellt. Heubach sprach für den Wechselstromlichtbogen bei Kohle die auch für den Gleichstromlichtbogen bei Kohle gültigen Sätze aus:

1. Bei konstanter Stromstärke nimmt der Effekt mit wachsender Bogenlänge zu.

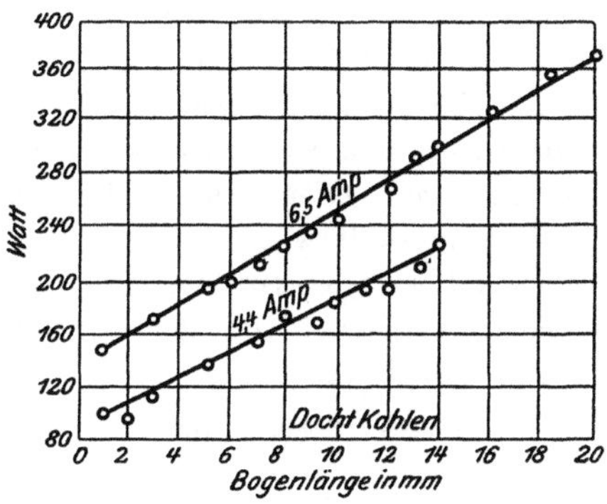

Fig. 34.

2. Bei konstanter Bogenlänge nimmt der Effekt mit wachsender Bogenlänge zu. Der Effektverbrauch beträgt für die verschiedenen Kohlensorten bei gleicher effektiver Stromstärke (6 Ampere) und gleicher Bogenlänge (2 mm) bei:

2 Homogenkohlen	266 Watt
Dochtkohle oben, Homogenkohle unten .	168 -
Homogenkohle oben, Dochtkohle unten .	159 -
2 Dochtkohlen	142 -

§ 33. Leistungsfaktor.

Als Heubach im Jahre 1892 bei Dochtkohlen den mit dem Wattmesser gemessenen Effekt in Watt, A_W, mit dem Produkte der Effektivwerte der Spannung und der Stromstärke J . E verglich, fand er eine vollständige Übereinstimmung dieser beiden Ausdrücke.

Bei Wechselstrom bezeichnet man bekanntlich das Produkt aus den Effektivwerten der Stromstärke und Spannung als scheinbaren

Effekt und den mit dem Wattmeter gemessenen Effekt als tatsächlichen Effekt. Wenn Stromstärke und Spannung beide sinusförmig und phasengleich sind und gleiche Perioden haben, so ist der tatsächliche Effekt gleich dem scheinbaren Effekt. Ist jedoch eine der Kurven oder beide deformiert, oder findet eine Phasenverschiebung zwischen der Strom- und Spannungskurve statt, so ist der tatsächliche Effekt nicht mehr gleich dem scheinbaren Effekt. Der Quotient tatsächlicher Effekt dividiert durch scheinbaren Effekt weicht dann von der Einheit ab. Es ist

$$\frac{A_w}{J \cdot E} = c,$$

wobei c als Leistungsfaktor bezeichnet wird.

Bei Dochtkohlen war also bei Heubach $c = 1$, und wie sich aus den Blondelschen und Duddell-Marchantschen Kurvenaufnahmen ergeben hat, waren die Strom- und Spannungskurven bei Dochtkohlen wenig deformiert und nur unbedeutende Abweichungen des Leistungsfaktors von der Einheit festgestellt worden.

Beim Bogen zwischen Homogenkohlen fand Heubach eine Verschiedenheit der tatsächlichen Watt von den scheinbaren Watt. Es ergab sich für den zischenden Bogen

$$c = 0{,}715 \text{ bis } 0{,}775$$

und für den ruhigen Bogen

$$c = 0{,}793 \text{ bis } 0{,}846.$$

Heubach schloß aus diesem Abweichen von c von der Einheit, daß eine Phasenverschiebung im Lichtbogen stattfinde.

Würde sich der Wechselstromlichtbogen wie ein induktiver Widerstand verhalten, so wäre

$$c = \cos \varphi,$$

wenn φ den Winkel der Phasenverschiebung zwischen Strom und Spannung bedeutet. Nun muß aber φ bei einem induktiven Widerstande mit wachsender Periodenzahl wachsen. Duddell und Marchant untersuchten den Einfluß der Periodenzahl auf die elektrischen Größen des Wechselstromlichtbogens; ihre Versuchsresultate sind in folgender Tabelle zusammengestellt. Die Bogenlänge war bei den hier mitgeteilten Versuchen konstant 3 mm und die effektive Stromstärke betrug konstant 14,8 Ampere.

Kohlen Obere	Kohlen Untere	Periodenzahl	Effektive Spannung am Bogen	Tatsächliche Watt	c
Homogen	Homogen	127	53,6	688	0,870
		97	53,9	688	0,865
		70	54,3	650	0,805
		57	54,7	606	0,750
Homogen	Docht	127	38,4	553	0,975
		97	38,6	550	0,965
		70	38,6	535	0,935
		46	38,6	522	0,915
Docht	Docht	127	33,0	480	0,985
		97	33 3	483	0,980
		70	33,0	472	0,970
		46	32,4	461	0,960

Aus diesen Versuchen ergibt sich, daß c mit wachsender Periodenzahl wächst. Wäre demnach eine Phasenverschiebung im Lichtbogen vorhanden, so wäre $c = \cos \varphi$, und $\cos \varphi$ wächst in diesem Falle mit wachsender Periodenzahl. Demnach wird φ mit wachsender Periodenzahl kleiner. Würde aber der Lichtbogen sich wie ein induktiver Widerstand verhalten, so müßte gerade umgekehrt φ mit wachsender Periodenzahl wachsen. Aus dieser Untersuchung geht also hervor, daß im Wechselstromlichtbogen keine Phasenverschiebung stattfindet, sondern daß das Abweichen von c von der Einheit durch die Deformation der Strom- und Spannungskurven zu erklären ist. Es ist deshalb auch nicht zulässig, wie es eine Zeitlang in der Literatur üblich war, beim Wechselstromlichtbogen von einer „scheinbaren Phasenverschiebung" zu sprechen, sondern man muß c den Leistungsfaktor nennen.

Zur Zeit, als Heubach das Abweichen von c von der Einheit durch eine Phasenverschiebung im Wechselstromlichtbogen zu erklären versuchte, war die einzige veröffentlichte Aufnahme der Kurven des Wechselstromlichtbogens die von Tobey und Walbridge, die in Deutschland wenig beachtet war. Denn aus ihr hätte man ersehen können, daß zwischen Strom und Spannung im Wechselstromlichtbogen keine Phasenverschiebung besteht.

Später erfolgten zahlreiche Aufnahmen der Strom- und Spannungskurven, die schon in § 26 aufgezählt worden sind. Aus ihnen läßt sich unzweideutig ersehen, daß eine Phasenverschiebung zwischen Stromstärke und Spannung im Wechselstromlichtbogen nicht stattfindet.

Görges glaubte aus den Kurvenaufnahmen von Oehlschläger, Michalke und Queißner auf eine kleine Phasenverschiebung schließen zu dürfen. Görges[1]) sagt: „Was die Phasenverschiebung zwischen Stromstärke und Spannung anbelangt, so ist sie in der Gegend der Nulllinie entschieden positiv, d. h. so, wie sie durch Selbstinduktion hervorgerufen wird. Ebenso deutlich ist erkennbar, daß die Stromstärke bei hohen Werten eine negative Verschiebung hat." Görges erklärt diese Phasenverschiebung unter der Annahme einer thermoelektrischen Gegenkraft im Lichtbogen. Er warnt jedoch selbst davor, aus den von ihm beurteilten Kurven Oehlschlägers, Michalkes und Queißners definitive Schlüsse zu ziehen, da eine Kurvenaufnahme über eine Stunde dauerte. Die Phasenverschiebung, von der Görges spricht, kann sich einerseits dadurch in den Kurven zeigen, daß Strom- und Spannungskurve nicht gleichzeitig aufgenommen sind, anderseits ist es möglich, daß eine Verschiebung der Strom- und Spannungskurve durch die Selbstinduktion der Regulierspule hervorgerufen ist.

Bei der oscillographischen Aufnahme werden die Stromkurve sowohl als auch die Spannungskurve gleichzeitig aufgenommen. Die zahlreichen Kurven von Blondel aus dem Jahre 1898 und von Duddell und Marchant aus dem Jahre 1899 sind einwandsfrei. In diesen Kurven sah man für den Bogen zwischen Homogenkohlen bei induktionsfreiem Stromkreis den Strom längere Zeit in der Gegend der Nulllinie beim Richtungswechsel verweilen, bis bei der geringen Leitfähigkeit der Bogengase die Spannung einen genügend hohen Wert erreicht hat, um den Bogen wieder zu entzünden. Der Leistungsfaktor c hatte auch bei den Blondelschen Versuchen ähnliche Werte wie bei Heubach. Bei induktivem Stromkreis erhebt sich für Homogenkohlen die Stromkurve sofort nach dem Richtungswechsel von der Nulllinie, weil die Spannung, wenn der Strom durch Null geht, schon einen genügend hohen Wert erreicht hat, um den Bogen zu entzünden. Der Leistungsfaktor c nähert sich in diesem Falle mehr der Einheit. Beim Bogen zwischen Dochtkohlen, wo die Dochtsubstanz eine künstliche Leitfähigkeit der Bogenstrecke auch während des Stromdurchgangs durch null erzeugt, sind die Kurven wenig deformiert und c weicht kaum von der Einheit ab. Das lange Verweilen der Stromkurve in der Gegend der Nulllinie beim Richtungswechsel zwischen Homogenkohlen beruht auf der geringen Leitfähigkeit der Gassäule, wie Blondel nachgewiesen hat. Die Stromkurve erhebt sich später von der Nulllinie als die Spannungskurve und erreicht die Nulllinie wieder früher als die Spannungskurve während jeder halben Periode. Wäre die Erscheinung des späteren Ansteigens

[1]) Görges, E.T.Z. 16, p. 552, 1895.

der Stromkurve bei Homogenkohlen eine durch Selbstinduktion hervorgerufene Phasenverschiebung, so müßte die Stromkurve auch später als die Spannungskurve die Nulllinie wieder erreichen, da bei einer durch Selbstinduktion hervorgerufenen Phasenverschiebung kein Grund für eine Veränderung der Schwingungsdauer der Stromwelle vorhanden ist.

Eine Phasenverschiebung findet im Wechselstromlichtbogen nicht statt. Das Abweichen von c von der Einheit ist vielmehr durch die Deformation der Strom- bezw. Spannungskurven hervorgerufen.

Die Tatsache, daß im Wechselstromlichtbogen keine Phasenverschiebung besteht, ist ein indirekter Beweis dafür, daß im Lichtbogen keine gegenelektromotorische Kraft besteht. Denn bestände eine solche im Lichtbogen, so könnten die Strom- und Spannungskurve nicht gleichzeitig durch null gehen, es müßte denn sein, daß die elektromotorische Gegenkraft sofort während des Stromdurchgangs durch null verschwindet, was aber ihrem Wesen widerspricht.

Steinmetz[1]) hat übrigens schon im Jahre 1892 bewiesen, daß im Wechselstromlichtbogen keine Phasenverschiebung stattfinden kann, und daß das Abweichen des Leistungsfaktors von der Einheit durch die Kurvendeformation zu erklären sei, da Stromstärke und Spannung im Wechselstromlichtbogen nicht gleichzeitig Sinuswellen sein können. „Denn da der scheinbare Widerstand des Lichtbogens von der Stromstärke abhängig ist, muß im Wechselstromlichtbogen der scheinbare Widerstand periodisch variieren und zwar mit der doppelten Periodizität der Wechselstromwelle. Eine analytische Untersuchung zeigt, daß, wenn ein Wechselstrom einen mit doppelter Periodizität variierenden Widerstand durchfließt, über die einfache Sinuswelle entweder der elektromotorischen Kraft oder der Stromstärke oder beider sich eine Welle mit dreifacher Periodenzahl legen muß, sodaß nicht gleichzeitig Stromstärke und Spannung Sinuswellen sein können.“ Wegen des Abweichens des Leistungsfaktors im Wechselstrombogen von der Einheit hat man bei photometrischen Untersuchungen über den Wechselstromlichtbogen außer der effektiven Stromstärke und effektiven Spannung auch den tatsächlichen Effekt zu bestimmen.

---

[1]) Steinmetz, E.T.Z. 13, p. 567, 1892; siehe auch Steinmetz, Theorie und Berechnung der Wechselstromerscheinungen, Berlin 1900, p. 370—375.

B. Metallelektroden.

§ 34. Bei Niederspannung.

Während mit Gleichstrom bei Niederspannung für die meisten Metalle ein Lichtbogen ohne Schwierigkeit erzeugt werden kann, gelingt dies bei Wechselstrom nicht. Zuchristian[1]) schreibt die Unmöglichkeit zwischen Metallelektroden bei Niederspannung einen Wechselstromlichtbogen zu erzeugen der guten Wärmeleitfähigkeit der Metalle zu, die sich abkühlen, während der Strom in jeder halben Periode niedrige Werte hat. Wenn Zuchristian Kohlenspitzen von 17 mm Länge in Messinghaltern als Elektroden verwendete, so erhielt er mit Wechselstrom einen unruhigen Bogen. Zwischen reinen Metallelektroden konnte er keinen Wechselstromlichtbogen herstellen. Sahulka[2]) bestätigte die Versuche von Zuchristian. Arons[3]) versuchte zwischen Metallelektroden einen Wechselstromlichtbogen zu erzeugen und sagt: „Dagegen kann ich feststellen, daß man mit Wechselstrommaschinen selbst bei 200 Zeichenwechseln in der Sekunde und bei mittleren Spannungen, die zehn- bis zwölfmal größer sind als die zur Erzeugung nötigen konstanten Spannungen, zwischen 2 Metallelektroden keinen Bogen zu erzeugen vermag, obgleich bei Ersatz der Metallelektroden durch Kohlenstücke von ungefähr gleichen Dimensionen ein äußerst intensiver Lichtbogen von mehr als 1 cm Länge mit Leichtigkeit zu stande kommt. Es ist merkwürdig, daß diese Tatsache erst in jüngerer Zeit festgestellt wurde.“

Zur Erklärung dieser Erscheinung führt er an, daß die Metalle in den Lichtbogen nur ihre eigenen Dämpfe entsenden, die leicht in den festen Zustand zurückkehren; die Kohle hingegen entsendet in den Bogen eine Reihe von Gasen, die möglicherweise eine längere Zeit ihre Leitfähigkeit beibehalten als die Metalldämpfe. Auch weist Arons darauf hin, daß die Oxydation der Metallelektroden im Lichtbogen die Neubildung des Bogens erschwert. In § 5 sind schon Versuche besprochen worden, welche zeigen, wie schnell ein Gleichstromlichtbogen zwischen Metallelektroden bei Niederspannung seine Leitfähigkeit verliert. Die Unmöglichkeit, einen Wechselstromlichtbogen bei Niederspannung zwischen Metallelektroden zu erzeugen, scheint wohl hauptsächlich in der Wärmeleitfähigkeit zu liegen. Die Wärmeleitfähigkeit der Kohle ist ungefähr 37 mal schlechter als die des schlechtesten Wärmeleiters

[1]) Zuchristian, Wien. 102, II a, p. 567, 1893.
[2]) Sahulka, Wien. 103, IIa, p. 925, 1894.
[3]) Arons, Wied. Ann. 57, p. 185, 1896.

unter den Metallen. Der Wechselstromlichtbogen verlöscht, wie Blondel gezeigt hat, am Ende jeder halben Periode. Die Wiedererzeugung des Lichtbogens erfolgt durch eine Entladung, welche von der negativen Elektrode ausgeht. Die Kohle wird nun beim Durchgang des Stromes durch null, also während des Verlöschens des Lichtbogens am Ende jeder halben Periode, wegen ihrer schlechten Wärmeleitfähigkeit eine viel höhere Temperatur beibehalten als die Metallelektroden, die sich schnell abkühlen. Von einer wärmeren Elektrode geht aber eine Entladung durch eine Gasstrecke viel leichter und bei geringerer Spannung aus, wie Becquerel[1]) bewiesen hat, als von einer kälteren Elektrode. Daher kann man wohl bei Niederspannung mit Wechselstrom einen Kohlebogen, nicht aber einen Metallbogen erzeugen. Um einen Wechselstromlichtbogen zwischen Metallelektroden zu erzeugen, muß man, wie Arons bemerkt, eine genügend hohe Spannung zur Verfügung haben, um nach jedem Verlöschen des Lichtbogens denselben durch einen Funken wiederentzünden zu können.

§ 35. Bei Hochspannung. Unruhige Zone.

Wenn man einen Wechselstromlichtbogen bei Hochspannung bei einer Stromstärke von 0,04 Ampere zwischen Kupferelektroden von einer Bogenlänge von 10 mm erzeugt, so ist der Bogen in seiner äußeren

Fig. 35.

Erscheinung sehr ruhig. Seine Flamme (Fig. 35) umgibt beide Elektrodenspitzen gleichmäßig. Erzeugt man aber einen Wechselstrombogen von derselben Stromstärke zwischen denselben Kupferelektroden bei 12 mm Elektrodendistanz, so brennt der Bogen sehr unruhig. In Fig. 36 ist ein solcher Bogen nach Guye und Monasch[2]) dargestellt. Das eine Ende der Bogenflamme hebt sich von der Spitze des Kegels an der Elektrode empor und springt auf dem Mantel umher. Es klettert manchmal bis auf den cylindrischen Teil der Elektrode. Häufig spaltet sich die so verlängerte Flamme oben auf dem Zylinder in mehrere Zweige (Fig. 37). Der Bogen wechselt bei Kupferelektroden für Distanzen,

[1]) E. Becquerel, Ann. Chim. Phys. (3), 39, p. 355, 1853.

[2]) Guye und Monasch, Ecl. El. 34, p. 305, 1903.

die höher als 11 mm liegen, jeden Augenblick seine Stellung. Das unstäte Wandern der Flammenspitzen auf den Elektroden scheint ganz unregelmäßig stattzufinden. Es ist nicht etwa, wie in Fig. 36 und 37 dargestellt, die eine Elektrode für das Klettern bevorzugt. Nachdem

Fig. 36.

der Bogen einige Zeit auf der einen Elektrode geklettert hatte, schlug die Erscheinung plötzlich um, das ruhige Ende erhob sich von der Kegelspitze und kletterte, das früher kletternde Ende trat an die Kegelspitze zurück. Oftmals kletterten auch beide Enden.

Eine Gesetzmäßigkeit über das Klettern des Bogens konnte nicht festgestellt werden. Wenn der Bogen klettert, befindet er sich in der unruhigen Zone. Er ändert beim Klettern stets seine Länge. Die Elektrodendistanz ist in der unruhigen Zone nicht gleich der Bogen

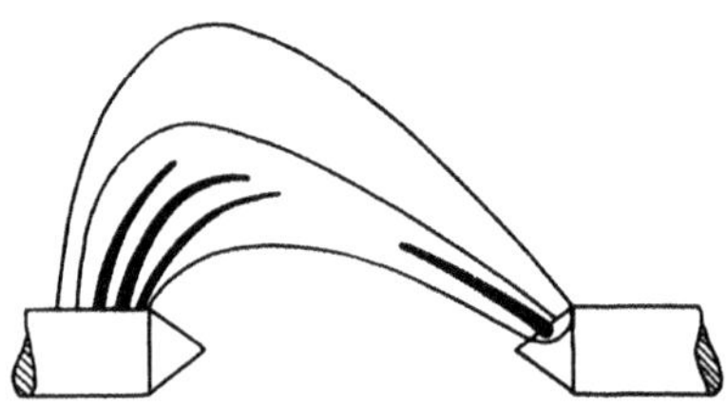

Fig. 37.

länge, sondern letztere ist größer als die Elektrodendistanz. Da jede Änderung in der Bogenlänge bei konstanter Stromstärke auch eine Änderung der Elektrodenspannung bewirkt, ist die Nadel eines an den Bogen in der unruhigen Zone gelegten Voltmeters in ständiger Bewegung und pendelt um einen bestimmten Wert der Spannung. Es ist unmöglich, in der unruhigen Zone Voltmeterablesungen zu machen.

Das in Fig. 35 dargestellte Aussehen des Lichtbogens bezieht sich auf die normale Zone, d. h. denjenigen Bereich der Elektrodendistanzen, in welchem sich der hochgespannte Metallwechselstrombogen ruhig und in Bezug auf die Verbindung der variabeln Größen untereinander ähnlich wie ein Wechselstromlichtbogen zwischen Kohlenelektroden bei Niederspannung verhält. Jeder normale Lichtbogen wird unruhig, wenn die

Elektrodendistanz genügend groß wird. Die Elektrodendistanz, bei welcher die Unruhe des Lichtbogens eintritt, ist im allgemeinen von der Natur der Elektroden abhängig. Bei den Versuchen von Guye und Monasch wurden bei einer konstanten Stromstärke von 0,04 Ampere die Bogen unruhig, wenn man die Elektrodendistanzen über folgende Beträge hinaus verlängerte:

Magnesium	15 mm
Kadmium	13 -
Silber	11 -
Kupfer	10,5 -
Nickel	9,5 -
Chemisch reines Eisen .	8 -
Platin	6 -
Aluminium	5 -
Gold	4,5 -

§ 36. Bei Hochspannung. Normale Zone.

In der normalen Zone lassen sich sorgfältige Messungen der elektrischen Größen des Lichtbogens ausführen. Es ergeben sich für den Metalllichtbogen bei hochgespanntem Wechselstrom in der normalen Zone dieselben Gesetzmäßigkeiten, wie für den Kohlelichtbogen bei niedriggespanntem Wechselstrom. Bei konstanter effektiver Stromstärke wächst die effektive Spannung an den Metallelektroden des hochgespannten Wechselstrombogens mit wachsender Bogenlänge. Bei konstanter Bogenlänge entspricht der höheren Stromstärke eine niedrigere Spannung. In Fig. 38 sind die Beziehungen zwischen Bogenlänge und Elektrodenspannung bei 5 verschiedenen konstanten Stromstärken für Silberelektroden nach Guye und Monasch dargestellt. Die Beziehungen lassen sich durch gerade Linien darstellen. Guye und Monasch untersuchten den hochgespannten Metallwechselstromlichtbogen bei Silber, Kupfer, Platin, Gold, Nickel, Eisen, Aluminium, Magnesium und Kadmium. Bei allen Metallen waren bei konstanter Stromstärke die Beziehungen zwischen Bogenlänge und Elektrodenspannung linear. Nur bei Aluminium war der Bogen bei denjenigen Bogenlängen, bei welchen er für die anderen Metalle normal und ruhig brannte, unruhig, weil die Elektroden sich mit einer dicken, erdigen, nichtleitenden Oxydschicht bedeckt hatten, über welche hinaus der Bogen auf die noch blanken metallischen Elektrodenteile kletterte.

Die Fröhlichsche Formel läßt sich für den hochgespannten Metallwechselstromlichtbogen benutzen. Doch ist ihre Bedeutung gering, da sie nur für eine konstante Stromstärke gilt und die Konstanten a und b sich für jede andere Stromstärke ändern. Ein Versuch, die allgemeinere Formel von Frau Ayrton für den Wechselstromlichtbogen umzuformen, ließ sich nicht ausführen, da es nicht zulässig ist, die deformierten Strom- und Spannungskurven des Wechselstromlichtbogens durch äquivalente Sinuswellen zu ersetzen. In Fig. 39 sind nach Guye und Monasch für einen Kupferlichtbogen bei Hochspannung die Beziehungen zwischen Bogenlänge und Effekt bei konstanter Stromstärke in der

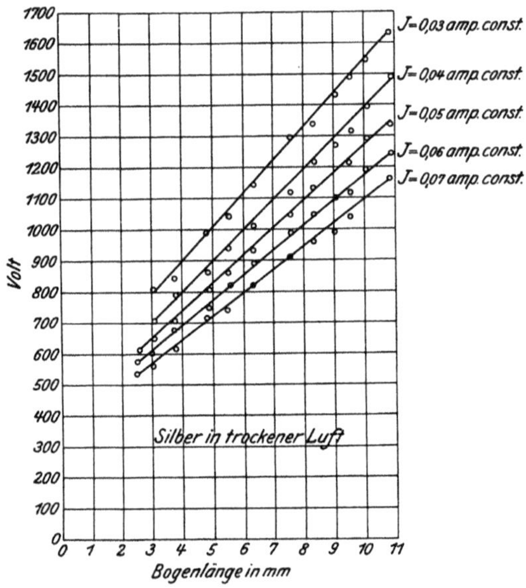

Fig. 38.

normalen Zone dargestellt. Die Beziehungen sind linear, ebenso wie sie Heubach in Fig. 34 für den Kohlewechselstromlichtbogen bei Niederspannung erhalten hat.

Betrachtet man den Metallwechselstromlichtbogen bei Hochspannung in der normalen Zone im rotierenden Spiegel, so sieht man bei geeigneter Winkelgeschwindigkeit des Spiegels im Spiegel mehrere Perioden des Wechselstromes. In der Mitte jeder halben Periode sieht man ein leuchtendes Maximum, das nach den Enden der halben Periode hin an Intensität abnimmt. Bei Kupferelektroden war die Leuchterscheinung gelblichrot bis violett. Zwischen zwei halben Perioden herrschte ein dunkler Raum, in dessen Mitte ein weißblaues Sternchen zu erblicken war. Dieses Sternchen ist also der Funke, welcher den am Ende jeder halben Periode erlöschenden Metallwechselstromlichtbogen wieder entzündet. Wurde bei derselben Winkelgeschwindigkeit des rotierenden

Spiegels und unter denselben Verhältnissen der Kupferbogen durch einen Kohlebogen ersetzt, so trat wieder das Leuchtmaximum in der Mitte jeder halben Periode auf, das allmählich nach den Enden der halben Periode hin abnahm. Zwischen zwei halben Perioden konnte beim Kohlebogen das Fünkchen, welches bei Metall auftrat, nicht bemerkt werden. Die zuerst von Blondel ausgesprochene Ansicht ist hierdurch also bestätigt, daß zur Wiederentzündung des Kohlewechselstrombogens nicht eine so hohe Spannung notwendig ist, wie beim Metallwechsel-

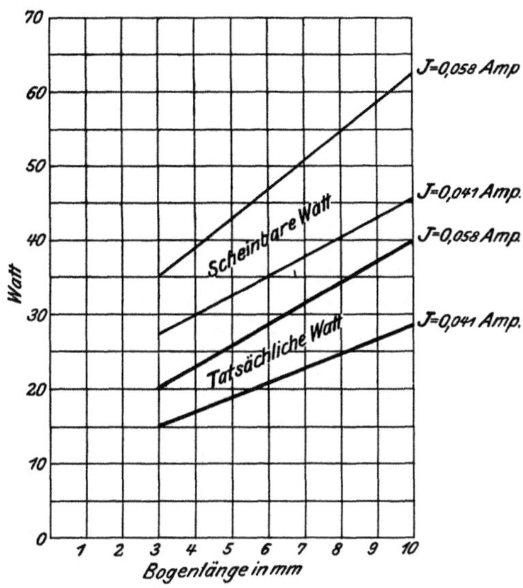

Fig. 39.

stromlichtbogen. In den Kurven der Momentanwerte des Stroms und der Spannung des Kohlelichtbogens (Fig. 23—27) zeigt die Spannungskurve, während der Strom null ist, am Anfang jeder halben Periode eine Spitze von einigen Volt, welche verschwindet, sobald der Bogen wieder entzündet ist. Zur Entzündung des Metallwechselstromlichtbogens ist aber eine weit höhere Spannung notwendig, daher das im rotierenden Spiegel sichtbare Fünkchen, das schon von Arons vermutet wurde. Jamin und Roger[1]) hatten schon im Jahre 1868 den Kohlewechselstrombogen im rotierenden Spiegel betrachtet und konnten an der Grenze zweier halben Perioden auch keine vollständige Dunkelheit beobachten.

[1]) Jamin et Roger, C. R. 66, p. 37, 1868.

§ 37. Bei Hochspannung. Kritische Zone.

Wenn man in Fig. 38 zwischen Silberelektroden die Elektrodenspannung bei einer Elektrodendistanz von 1 mm bestimmen will, so erwartet man, daß sie für die betreffende Stromstärke kleiner ist, als bei 3 mm Elektrodendistanz. Statt der erwarteten kleineren Elektrodenspannung erhält man in einem bei 1 mm Bogenlänge an den Bogen gelegten Voltmeter Funken. Die Spannung ist so hoch, daß man sie nicht ablesen konnte. Daher fehlen in Fig. 38 in der Zone zwischen null und 2,4 mm die Voltmeterangaben. Die Erscheinung, daß beim

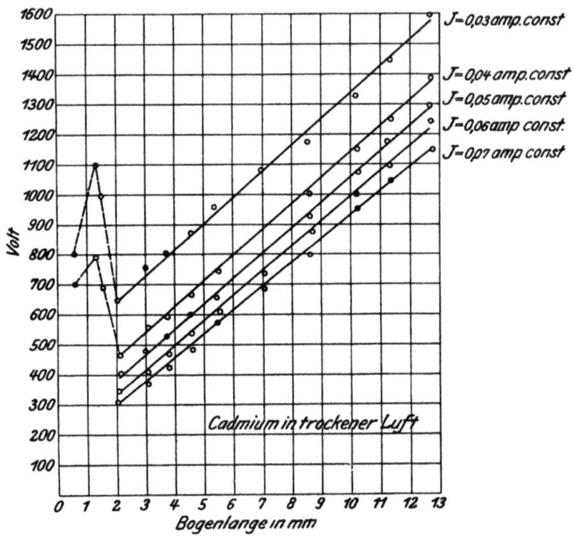

Fig. 40.

hochgespannten Metallwechselstromlichtbogen die Spannung von einer gewissen Elektrodendistanz an, anstatt mit fallender Bogenlänge bei konstanter Stromstärke zu fallen, steigt, wurde zuerst von Guye und Monasch[1]) beobachtet, welche die Zone, in welcher der Bogen dieses unerwartete Verhalten zeigt, kritische Zone nannten. Bei Silber- und Kupferelektroden ist die Spannungserhöhung in der kritischen Zone so groß, daß keine Messungen vorgenommen werden konnten. In Fig. 40 ist der Verlauf der Spannung in der kritischen Zone gestrichelt. Die ausgezogenen Linien beziehen sich auf die normale Zone. Die Spannungswerte in der kritischen Zone sind nur Mittelwerte, da der Bogen etwas unruhig war. Die kritische Zone tritt nur bei kleinen Bogenlängen auf; sie wurde von Guye und Monasch für Silber, Kupfer,

---

[1]) Guye und Monasch, Ecl. El. 35, p. 18, 1903.

Gold, Platin, Nickel, Aluminium, Magnesium, Kadmium und chemisch reines Eisen festgestellt. Das Aussehen des Bogens ist bei so kleinen Bogenlängen verschieden von dem Aussehen des Bogens bei größeren Bogenlängen. Die Aureole ist in der kritischen Zone fast ganz verschwunden. In Fig. 41 ist das Aussehen eines Lichtbogens zwischen Kupferelektroden bei 2 mm Elektrodendistanz bei 0,04 Ampere Stromstärke, also derselben Stromstärke, für die auch Fig. 35—37 gelten, dargestellt. In der kritischen Zone zeigt der Wechselstromlichtbogen einen anderen Ton als in der normalen Zone. Während der Bogen in der normalen Zone ein leichtes Summen hören läßt, das wohl durch die Periode des Wechselstromes hervorgerufen ist, zeigt der Bogen in der kritischen Zone ein scharfes Knistern. Das einzige Metall, bei welchem keine kritische Zone auftrat, war kohlenstoffhaltiges Eisen. Bei ihm fiel

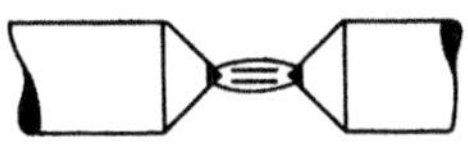

Fig. 41.

die Spannung der Elektroden bei konstanter Stromstärke mit fallender Bogenlänge. Die Funken im Voltmeter und die Spannungserhöhung bei kleinen Bogenlängen traten nicht auf, es zeigte sich nichts Unnormales bei kohlenstoffhaltigem Eisen. In Fig. 42 ist eine Aufnahme der Spannungswerte für kohlenstoffhaltiges Eisen nach Guye und Monasch dargestellt. Man sieht, daß beim kohlenstoffhaltigen Eisen Spannungsablesungen bis 0,1 mm Bogenlänge gemacht wurden; der Spannungswert bei kleinerer Bogenlänge ist hier niedriger als der für eine in der Nähe liegende größere Bogenlänge. Guye und Monasch untersuchten hierauf chemisch reines Eisen; bei demselben trat die kritische Zone auf; zwischen 0 und 3 mm Bogenlänge konnten keine Voltmeterablesungen gemacht werden. Die Anwesenheit des Kohlenstoffs im Lichtbogen schien also die Verschiedenheit im Verhalten der reinen Metalle und des kohlenstoffhaltigen Eisens in Bezug auf die kritische Zone zu bedingen. Guye und Monasch untersuchten dann den Bogen zwischen zwei Homogenkohlen bei Hochspannung. Eine kritische Zone trat nicht auf, der Bogen war normal von 10 mm Bogenlänge bis 0 mm Bogenlänge. Ebenso war ein Wechselstrombogen bei Hochspannung, dessen eine Elektrode aus Kupfer und dessen andere Elektrode aus Homogenkohle bestand, normal und zeigte keine kritische Zone. Die kritische Zone tritt nur bei reinen Metallen bei Bogenlängen zwischen 0 und 3 mm auf. Bei Anwesenheit von Kohle im hochgespannten Wechselstromlichtbogen tritt keine kritische Zone auf, sondern die normale Zone beginnt bei der Bogenlänge null.

Wenn man einen Lichtbogen in der kritischen Zone im rotierenden Spiegel betrachtet, so sieht man bei großer Winkelgeschwindigkeit in einer halben Periode nicht ein Leuchtmaximum in der Mitte der halben Periode und eine kontinuierliche Abnahme des Leuchtens nach den Enden der halben Periode hin, wie beim Metallbogen in der normalen

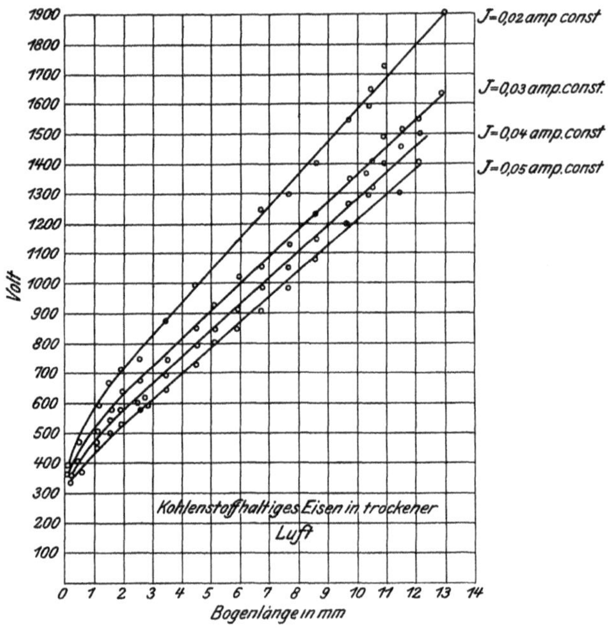

Fig. 42.

Zone, sondern eine unregelmäßige Aufeinanderfolge von hellen und dunkeln Stellen. Der Durchgang des Stromes durch den Lichtbogen in der kritischen Zone ist diskontinuierlich. Wurde bei derselben großen Winkelgeschwindigkeit des rotierenden Spiegels ein Kohlebogen oder ein Bogen, dessen Elektroden aus kohlenstoffhaltigem Eisen bestanden, bei einer Bogenlänge von 1,5 mm betrachtet, so konnte keine Diskontinuität in der Leuchterscheinung festgestellt werden, sondern das Bild war wie das im vorigen Paragraphen für höhere Bogenlängen beschriebene. Die Diskontinuität des Stromdurchgangs in der kritischen Zone im reinen Metalllichtbogen wurde außerdem noch mit dem Elektroradiophon von Tommasina[1]) festgestellt. Bei reinen Metallen tönte das Telephon des Elektroradiophons, wenn die Bogenlänge kleiner als 3 mm war und

[1]) Monasch, Dissertation Darmstadt, 13. 7. 1903.

diskontinuierliche Entladungen im Bogen stattfanden; brannte der Lichtbogen bei denselben kleinen Elektrodendistanzen jedoch zwischen kohlenstoffhaltigen Elektroden, so blieb das Telephon stumm.

III. Gleichströme und Wechselströme im Lichtbogen.

A. Im Gleichstrombogen fließende Wechselströme.

a) Wechselstrom durch äußere Stromquelle dem Gleichstrom aufgelagert.

§ 38. Sprechender Lichtbogen.

Im Jahre 1898 machte H. Th. Simon[1]) eine interessante Entdeckung. Über die näheren Umstände derselben äußert er sich folgendermaßen[2]):

„Im Jahre 1898 arbeitete ich im Erlanger Physikalischen Institute mit einer Bogenlampe und beobachtete, daß jedesmal, wenn in einem benachbarten Zimmer ein Induktorium in Gang gesetzt wurde, die Bogenlampe ein eigentümlich knatterndes Geräusch hören ließ. Ich glaubte bei dieser Erscheinung zunächst, ein Reagens auf elektrische Schwingungen gefunden zu haben. Als ich der Sache aber näher auf den Grund ging, fand sich, daß die Leitung, welche die Lampe speiste, derjenigen, die zum Induktorium führte, auf einer kleinen Strecke parallel lief. Durch die Unterbrechungen des Induktoriums wurden so in dem Lampenstromkreise Induktionsströme hervorgerufen, die sich über dem Gleichstrom des Lichtbogens lagerten und das erwähnte Geräusch verursachten. Es fiel mir dabei auf, daß die akustische Wirkung relativ laut war, obwohl die Induktionswirkungen nicht allzu intensiv sein konnten. Denn die induzierenden Leitungen liefen, 10 bis 15 cm von einander entfernt, nur auf einer kurzen Strecke neben einander her; auch waren die Primärströme im Induktorium nicht allzu stark. Kurz, die Stärke der akustischen Wirkungen im Verhältnis zu der Stärke der sie erzeugenden Stromstöße führte mich auf den Gedanken, Mikrophonströme über den Lichtbogen überzulagern, um die entsprechenden Schallwirkungen zu erzielen. Und der Versuch gelang.

Die schließliche Anordnung zeigt Fig. 43.

Die eine Windungshälfte des Transformators T wird von dem

---

[1]) Simon, Wied. Ann. 64, p. 233, 1898.

[2]) E.T.Z. 22, p. 510, 1901.

Bogenlampenstrom, die andere von dem Mikrophonstrome durchflossen. Dann hört man aus dem Lichtbogen alles in das Mikrophon Gesprochene mit unveränderter Klangfarbe wieder herausschallen. Wenn man die Bedingungen richtig wählt, läßt sich die Lautstärke so steigern, daß man in dem elektrischen Lichtbogen ein laut sprechendes Telephon bester Art besitzt, dessen größter Vorzug das Fehlen jeglicher trägen Masse ist."

Gleichgültig, ob in das Mikrophon hinein gesprochen, gepfiffen, gelacht, oder Piston geblasen wird, der Lichtbogen gibt die Töne getreulich in Klangfarbe wieder. Bei der richtigen Anordnung so laut, daß in einem Anditorium von 500 Plätzen jedermann von seinem

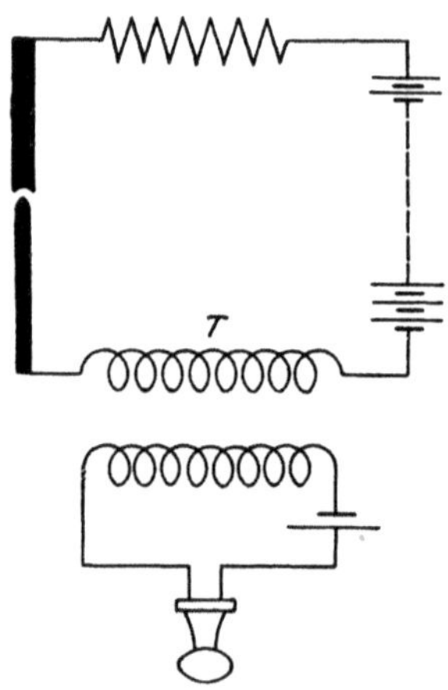

Fig. 43.

Platze aus die Töne im Bogen hören kann. Die Erklärung dieser eigentümlichen Erscheinung läßt sich nach Simon folgendermaßen geben.

Die über den konstanten Gleichstrom gelagerten schnellen Stromänderungen erzeugen in dem Lichtbogen analoge Schwankungen der Jouleschen Wärme und bewirken dadurch entsprechende Schwankungen des Flammenbogenvolumens, welch letztere sich in die umgebende Luft als Schallwellen ausbreiten müssen. Simon hat die Größenordnung der Stromstöße, die bei der Tonbildung eine Rolle spielen, gemessen und unter gewissen annähernden Annahmen über die Konstanten der Lichtbogengase, sowie das Volumen des Bogens eine Größenordnung der bei jedem solchen Stromstoße hervorgebrachten Temperaturschwankung berechnet, die sich zu $0{,}3^0$ ergab. Es ließ sich hieraus weiter die Größenordnung der Volum- und Dichteschwankungen berechnen, welche sich mit den bei Schallwellen gemessenen Schwankungen in guter Übereinstimmung fand.

Auf derselben Anschauung beruht eine Folgerung, die F. Braun[1]) gezogen hat. Er machte darauf aufmerksam, daß man die Intensität der Wärmewirkung beliebig steigern kann. Denn die Joulesche Wärme ist bekanntlich proportional $i^2 w$, wobei i die Stromstärke und w der Widerstand ist. Läßt man nun den Strom um eine kleine Größe di wachsen, so wird die Joulesche Wärme jetzt:

$$(i + di)^2 \cdot w = i^2 w + 2\,i\,di \cdot w + (di)^2 w.$$

Mit anderen Worten, der Zuwachs an Joulescher Wärme ist nicht nur proportional dem übergelagerten Stromzuwachs di, sondern auch dem ursprünglichen Strome i. Je stärker man also den Bogenlampen-

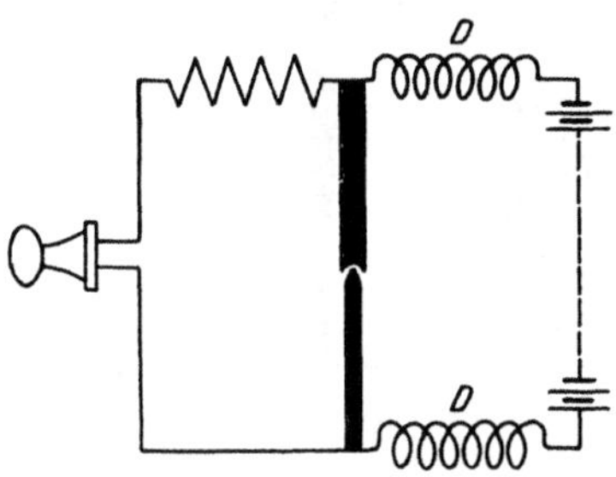

Fig. 44.

strom wählt, desto lauter wird unter sonst gleichen Umständen der Lichtbogen sprechen. Wie Simon experimentell zuerst mit einfachen Mitteln feststellte, trifft diese Braunsche Voraussage tatsächlich zu.

Als Geber empfiehlt sich ein Körnermikrophon (Mix & Genest), das sehr empfindlich ist und die Annehmlichkeit besitzt, daß die Mikrophonkapsel auswechselbar ist. Die Übertragung der Mikrophonströme auf den Lampenstrom muß möglichst rationell gemacht werden. Simon hat unter Berücksichtigung der für die Telephonie maßgebenden Gesichtspunkte die Spulen des von ihm verwendeten Transformators berechnet und gute Wirkungen mit denselben erzielt[2]).

Eine einfachere Schaltung gab Ruhmer[3]) an (Fig. 44). Die Ruhmersche Schaltung macht einen Transformator überflüssig. Eine besondere Mikrophonbatterie ist auch nicht notwendig, da eine Abzweigung des Bogenlichtkreises das Mikrophon speist.

---

[1]) F. Braun, Wied. Ann. 65, p. 358, 1898.

[2]) H. Th. Simon, Phys. Zeit. 2, p. 253, 1901.

[3]) E. Ruhmer, E.T.Z. 22, p. 197, 1901.

Die durch die Widerstandsänderungen im Mikrophon hervorgerufenen Stromschwingungen sollen nur in die Bogenstrecke gelangen, nicht auch in die Batterieleitung. Daher legt man in den Batteriehauptstromkreis Spulen von hoher Selbstinduktion D, welche dem Gleichstrom der Batterie kein Hindernis bieten, die Mikrophonströme jedoch nicht passieren lassen.

Eine andere Schaltung gab Duddell[1]) an Fig. 45.

Diese Schaltung unterscheidet sich besonders dadurch von den vorigen, daß hier ein Kondensator zwischen sekundäre Spule des Transformators und den Lichtbogen geschaltet ist. Der Kondensator verwehrt dem den Bogen speisenden Gleichstrom der Dynamomaschine den Ein-

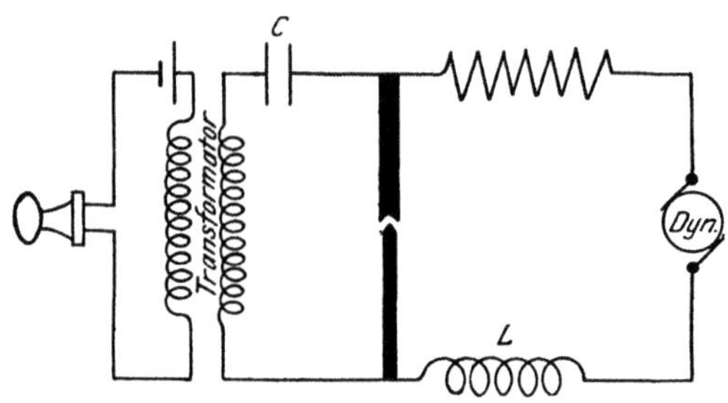

Fig. 45.

tritt in die Transformatorspule; die Drosselspule L verwehrt den Mikrophonströmen den Eintritt in das Netz, das den Bogen speist. Simon und Reich haben gezeigt, daß die Duddellsche Schaltung überflüssig ist, wenn der Lichtbogen von einer Akkumulatorenbatterie gespeist wird. Der Wert der Duddellschen Schaltung liegt in ihrer Verwendung bei Speiseleitungen, die an sich schon eine hohe Selbstinduktion enthalten, also wenn man den Bogen von einer Dynamomaschine speisen läßt.

Die Kapazität des Kondensators darf nicht kleiner als 5 Mikrofarad sein, wenn das System gut arbeiten soll. Schließlich sei noch eine Schaltung erwähnt, die von Reich, Ruhmer und Simon erdacht ist und wohl die vollkommenste sein dürfte. (Fig. 46.)

Die Erfinder der Schaltung zweigen den Mikrophonkreis vom Lampenstrome ab, über eine Strecke, die so großen Widerstand R enthält, daß der Spannungsabfall auf ihr etwa 4 Volt beträgt. Gleichzeitig schalten sie in diesen Zweig eine Selbstinduktion L ein, damit die Mikrophonwechselströme in den Bogen gehen und nicht in den Kreis der Dynamomaschine.

---

[1]) Duddell, The Elect. 46, p. 269, 1900.

Die Lautwirkung des Lichtbogens nimmt mit der Bogenlänge zu, da dadurch das Volumen der Glashülle, welche die Töne erzeugt, vermehrt wird. Man verwendet zu diesen Versuchen zweckmäßig Lichtbogen bis zu 10 cm Länge, die zwischen salzgetränkten Dochtkohlen (z. B. Effektkohlen) erzeugt werden.

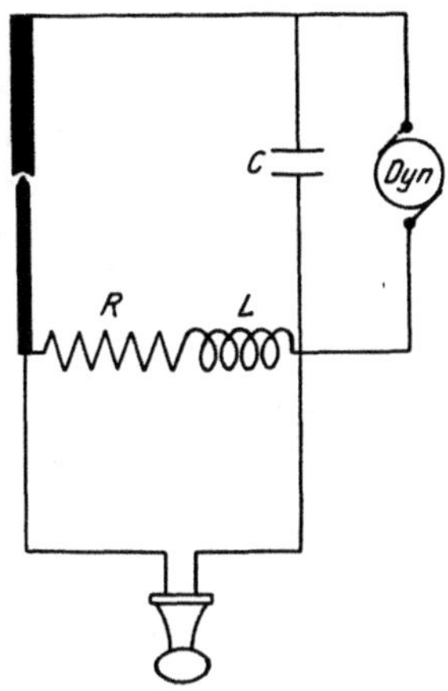

Fig. 46.

Eine interessante Anwendung der sprechenden Bogenlampe machte noch Simon, indem er durch eine zweckmäßige Schaltung die Mikrophonströme über den Erregerstrom einer Dynamomaschine lagerte. Dadurch oscilliert die elektromotorische Kraft der Dynamomaschine genau

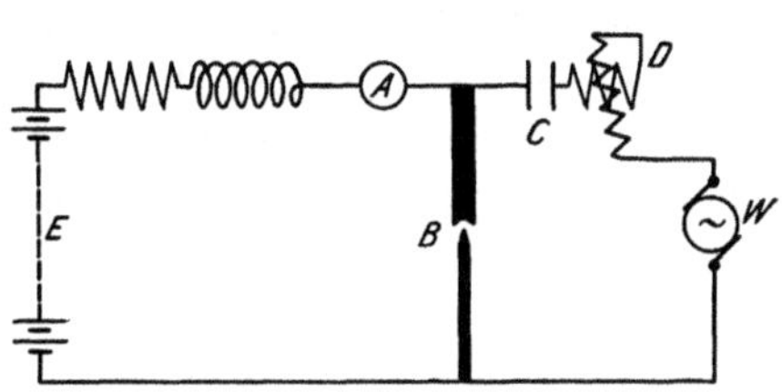

Fig. 47.

den Mikrophonschwankungen entsprechend und sämtliche Bogenlampen am Netz sprechen das nach, was man in das Mikrophon an der Dynamomaschine hineinspricht.

Duddell[1]) suchte festzustellen, welche Stromänderung erforderlich ist, damit der Lichtbogen noch einen deutlich vernehmbaren Ton von

[1]) Duddell, l. c.

sich gibt. Nach Fig. 47 wurde der Strom aus einer Wechselstrommaschine für hohe Frequenz W, auf den Gleichstrom aus der Batterie E, welche den Bogen B speiste, aufgelagert. Der Strom der Wechselstrommaschine fließt durch das Dynamometer D, an dem seine Stärke bestimmt werden kann, durch den Kondensator C in den Lichtbogen. Der Gleichstrom wird durch den Kondensator C verhindert in die Wechselstrommaschine zu fließen. Es ergab sich, daß bei einem 10 Ampere Gleichstrom Lichtbogen von 3—5 mm zwischen Homogen- oder Dochtkohlen ein deutlich vernehmbarer Ton entsteht, selbst wenn ein Wechselstrom von $^1/_{1000}$ Ampere bei einer Periodenzahl von 50 bis 4000 pro Sekunde dem Gleichstrom aufgelagert wird. Die Töne wurden erst bei 30 000 Wechseln pro Sekunde unhörbar.

§ 39. Telephonie ohne Draht.

Eine wichtige Anwendung findet die sprechende Bogenlampe in der Telephonie ohne Draht.

Der erste, der ohne Draht telephoniert hat, war Graham Bell im Jahre 1880. Seine Anordnung gestattete eine Verständigung bis zu 250 m. Die Grundlage seines Prinzips bildet das Verhalten des Selens dem Licht gegenüber. Wird eine Selenzelle von Lichtstrahlen getroffen, so verkleinert sie ihren elektrischen Widerstand. Graham Bell sprach gegen eine versilberte Membran, die beim Sprechen verschiedene Krümmungen machte. Ließ er intensives Licht auf die Membran fallen, so wurde die Konvergenz und Divergenz der von der Membran reflektierten Lichtstrahlen geändert. Wurden die Lichtstrahlen auf eine Selenzelle gerichtet, in deren Kreis sich ein Element und ein Telephon befand, so wurde die Selenzelle von Licht verschiedener Intensität bestrahlt, reagierte also auf die Belichtungsänderungen durch Widerstandsänderungen, diese riefen Stromänderungen im Telephonkreis hervor, welch letztere im Telephon in Töne umgewandelt wurden.

Viel stärkere Wirkungen lassen sich erzielen, wenn man anstatt der Bellschen Membrane die sprechende Bogenlampe als Lichtstrahlensender benutzt; Simon verwendete sie zuerst mit großem Erfolg. Bei seiner sprechenden Bogenlampe entsprechen den Änderungen in der Stromstärke, wenn dem Gleichstrom ein Mikrophonstrom übergelagert wird, auch analoge Änderungen der Intensität des ausgestrahlten Lichts. Das von der Bogenlampe ausgehende „Sprechende Licht" kann durch Scheinwerfer auf große Entfernungen übertragen werden und auf eine Selenzelle konzentriert werden. Die Selenzelle, die Simon im Jahre 1901 verwendete, ist von Clausen und v. Bronk in Berlin hergestellt; in der Dunkelheit hat sie einen Widerstand von 18000 Ohm, im diffusen Tageslicht jedoch nur 9000 Ohm Widerstand.

In demselben Jahre erhielt Ruhmer gute Lautwirkungen mit einer Selenzelle, welche noch empfindlicher als die von Simon verwendete war. Die neue Zelle hatte im Dunkeln einen Widerstand von 10000 Ohm, der bei Belichtung auf ungefähr 1000 Ohm zurückging. Es gelang ihm auf eine Entfernung von 60 m ohne Draht fernzusprechen. Alsdann beschäftigte sich Ruhmer mit der Frage der Verbesserung der Empfindlichkeit der Selenzellen und verwendete seine neuen Selenzellen zu wohlgelungenen Versuchen. Es gelang ihm nämlich im Sommer 1902[1]) auf eine Entfernung von 7 km ohne Draht fernzusprechen. Die Anordnungsskizze einer solchen Anlage zeigt Fig. 48.

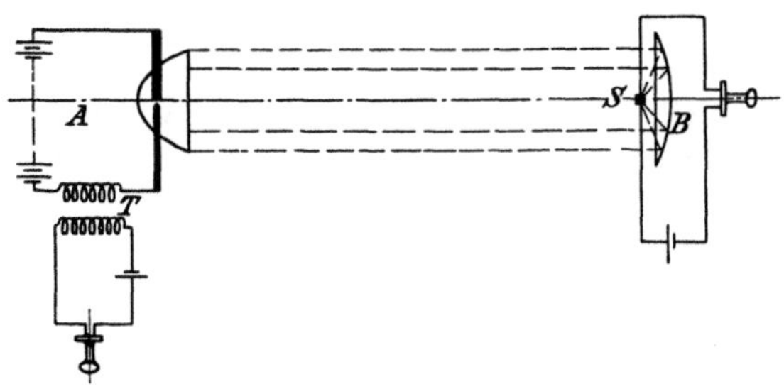

Fig. 48.

Die Sendestation ist A. In das Mikrophon wird gesprochen. Die Stromvibrationen werden durch den Transformator T dem Bogenstrom aufgelagert, der Bogen spricht und sendet Lichtstrahlen verschiedener Intensität aus. Diese Lichtstrahlen werden in dem Parabolreflektor parallel gemacht und in die Ferne gesendet. Der Krater muß in den Brennpunkt des Parabolspiegels eingestellt werden. Auf der Empfangsstation B befindet sich ein nach allen Seiten leicht drehbarer Parabolspiegel, in dessen optischer Achse sich die von Ruhmer erzeugte cylinderförmige Selenzelle S befindet. Die ankommenden Lichtstrahlen werden durch den Spiegel auf die Selenzelle S konzentriert, rufen in ihr Widerstandsänderungen hervor, welche letztere in dem Telephonkreis Stromschwankungen und im Telephon Töne erzeugen.

Nach einer Erfahrung von Ruhmer ist zur Speisung des Lichtbogens Akkumulatorenstrom dem einer Dynamomaschine vorzuziehen. Bei letzterer summt der Lichtbogen beeinflußt durch den Kollektor der Dynamomaschine und dies Summen überträgt sich auch auf das Telephon

---

[1]) Ruhmer, E.T.Z. 23, p. 859, 1902.

der Empfangsstation. Das Gelingen der Übertragung der Sprache auf so weite Entfernung hängt nicht nur von der Amplitude der Mikrophonschwankung und der rationellen Überlagerung derselben über den Speisegleichstrom der Lampe ab, sondern auch von der Betriebsstromstärke der letzteren, von der Genauigkeit des Parabolspiegels, von dessen guter Einstellung, von der Sichtigkeit der Luft, von der Größe des Empfangsreflektors, von der Empfindlichkeit der Selenzelle und von der richtigen Wahl der zur Zelle passenden Batteriespannung.

Der Dunkelwiderstand der Ruhmerschen Zelle betrug 120000 Ohm; bei Beleuchtung mittels einer 16 kerzigen Glühlampe aus nächster Nähe sank er auf 1500 Ohm. Während die früher benutzten Zellen 12 bis 24 Stunden brauchten, um nach einer intensiven Belichtung auf ihren Dunkelwiderstand zurückzugehen[1]), vollzieht sich dies bei der von Ruhmer bei diesen Versuchen verwendeten empfindlichen Zelle innerhalb mehrerer Minuten.

Die Selenzellen reagieren nicht auf alle Wellenlängen des sichtbaren Lichts gleichmäßig. Es ist daher auch in dieser Richtung beim Versuchen zweckmäßig zu verfahren.

Man könnte meinen, daß die Lichttelephonie nur bei Dunkelheit möglich sei. Die Ruhmerschen Versuche gelangen auch bei Tageshelle. Nur darf die Sonne nicht direkt in den Empfangsspiegel der Empfangsstation hineinscheinen; in diesem Falle muß man durch einen Schirm die Sonnenstrahlen abhalten. Bei Nebel gelang Ruhmer am 8. Juli 1902 ein Fernsprechversuch auf 3,8 km, bei starkem Regen am 7. Juli 1902 auf 1,6 km.

Will man diese Versuche über Telephonie ohne Draht einer Hörerschaft in einem Saale demonstrieren, so würde das Sprechen der Bogenlampe sehr störend sein. In diesem Falle empfiehlt sich die Anwendung der Aronsschen Quecksilberbogenlampe. Dieselbe liefert einen Lichtbogen zwischen Quecksilberelektroden im luftleeren Raum. Die Stromschwankungen des Mikrophons werden dem Quecksilberlichtbogen in der oben beschriebenen Weise aufgelagert; sie erzeugen Lichtschwankungen, die sich durch den luftleeren Raum ins Freie fortpflanzen. Schallwellen entstehen in dem luftleeren Raum aber nicht, man wird also die Lampe nicht sprechen hören.

§ 40. Photographophon.

Eine andere Anwendung der Lichtintensitätsänderung des sprechenden Lichtbogens machte Ruhmer[1]). Er ließ auf einer schnell bewegten photographischen Platte die Lichtintensitätsänderungen des sprechenden

---

[1]) Phys. Zeit. 2, p. 339, 498, 1901.

Lichtbogens sich aufzeichnen. Dann zieht er diese Platte vor einer empfindlichen Selenzelle vorbei, wobei er die Selenzelle durch die Platte hindurch belichtet. In einem an die Selenzelle angeschlossenen Telephon hört man dann das auf der Platte verzeichnete Gespräch. Ruhmer nennt seinen photographischen Phonographen Photographophon.

b) Wechselstrom durch Schallwellen hervorgerufen.

§ 41. Lauschender Lichtbogen.

Wie so häufig in der Physik Ursache und Wirkung sich umkehren lassen, erwartete auch Simon, daß die Schallwellen, die man über einen Lichtbogen hingehen ließe, Volumänderungen desselben hervorrufen

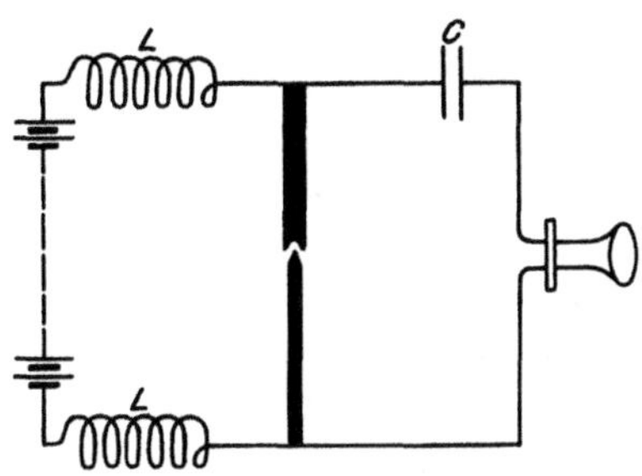

Fig. 49.

würden, daß diese Volumänderungen wiederum Stromschwankungen im Lampenstromkreise zur Folge haben müßten, welch letztere, auf ein Telephon übertragen, als Töne gehört werden müssen; und in der Tat gelang Simon dieser Versuch. Die Schaltung in der Duddelschen Modifikation zeigt Fig. 49.

Parallel zum Lichtbogen ist ein Telephon angeordnet, in dem sich die durch Beeinflussung des Lichtbogens erzeugten elektrischen Stromwellen wieder in Schallwellen umsetzen. Die Drosselspulen L verhindern das Eintreten der Stromwellen in den Speisekreis des Lichtbogens, der Kondensator C verhindert das Eintreten des speisenden Gleichstroms in das Telephon. Wir haben also hier im Lichtbogen ein von seinem Entdecker „lauschender Bogen" genanntes Mikrophon. Jede Art von Geräusch wird durch den Lichtbogen, der sich wie eine Membrane verhält, in Stromwellen umgewandelt. Ist das Telephon ein lautsprechendes, so kann man z. B. die in einem anderen Zimmer in den Bogen geblasene Melodie eines Pistonstückes laut hören. Um ganz starke Lautwirkungen zu erhalten, muß man die Schallwirkungen auf den Lichtbogen konzentrieren. Man bringt ihn in die parabolische Höhlung eines Blocks aus feuerfestem Material und konzentriert die Schallwellen vermittels eines Schalltrichters auf die Höhlung.

§ 42. Anwendung und Erklärungen.

West[1]) kombinierte die sprechende Bogenlampe mit der lauschenden Bogenlampe derart, daß er zwei Lampen hintereinander schaltete. Was in die eine Lampe gesprochen wurde, gab die andere laut kund. Wir haben hier also eine Fernsprechanlage ohne Telephon und ohne Mikrophon. Bei dieser Anordnung leidet die Lautstärke ein wenig; das Sprechen der Lampe ist immerhin noch gut vernehmbar.

Eine andere Erklärung des sprechenden und lauschenden Bogens sucht O. Hartmann[2]) zu geben. Der Lichtbogen stelle kein homogenes Ganzes dar, sondern sei aus einer gewissen Anzahl von Stromfäden zusammengesetzt, die sich wie elastische Bänder verhalten und magnetische Felder mit kreisförmigen Kraftlinien erzeugen. Jede auftretende Luftwelle wird diese Stromfäden vibrieren lassen, wobei sich die Kraftlinien der benachbarten Felder schneiden, indem naturgemäß die Verschiebungen der äußeren Schichten größer sind als die der inneren. Hierdurch werden in ihnen elektromotorische Kräfte erregt. Umgekehrt rufen Stromwellen vermöge der abstoßenden Wirkung gleichgerichteter Kraftlinien Änderungen im Volumen des Lichtbogens und damit Lufterschütterungen hervor.

Eine ähnliche Erklärung gibt Baumgardt[3]). Er erklärt die Vorgänge nach elektrodynamomaschinen Prinzipien dadurch, daß sich der Lichtbogen stets in dem magnetischen Felde der Erde befindet, wodurch er stets eine Ablenkung erfährt. Die Größe dieser Ablenkung ist der Stromstärke proportional, sodaß bei Oscillationen dieser Stromstärke der Lichtbogen wie eine Membrane oscillieren muß. Nach Baumgardt müßte man mit dem Lichtbogen in stärkerem magnetischen Felde viel lautere Wirkungen erhalten. Die Versuche hierüber von Baumgardt, Simon, Reich konnten vorläufig diese Folgerung nicht bestätigen.

---

[1]) West, E.T.Z. 19, p. 391, 1898.

[2]) O. Hartmann, E.T.Z. 20, p. 369, 1899.

[3]) E.T.Z. 22, p. 511, 1901.

c) Wechselströme entstehen ohne äußere Energiequelle.

§ 43. Musikalischer Lichtbogen.

Wie wir in § 5 gesehen haben, kann ein Gleichstrom- oder Wechselstromlichtbogen, der auf kurze Zeit auf irgend eine Weise ausgelöscht worden war, unter bestimmten Bedingungen sich von selbst wieder entzünden. Läßt man unter geeigneten Verhältnissen diese Auslöschungen und Entzündungen des Lichtbogens rasch hintereinander erfolgen, so müßte man nach Fitzgerald durch solche häufigen Unterbrechungen eines Gleichstromlichtbogens Stromimpulse von hoher Periodenzahl er-

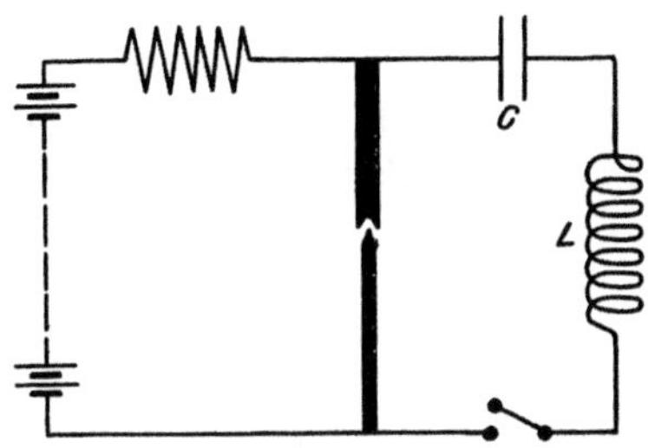

Fig. 50.

halten können. Duddell untersuchte von diesem Gesichtspunkte aus einen Gleichstromlichtbogen, der mit Hilfe eines Magnets ausgelöscht wurde. Da diese Unterbrechungen aber unregelmäßig waren, kam er zu keinem Resultate. Er schaltete hierauf einen Kondensator von 5 Mikrofarad (s. Fig. 50) dem Bogen parallel und beobachtete zu seinem großen Erstaunen, daß der Gleichstromlichtbogen von Wechselströmen durchflossen war, ohne daß er etwa, wie bei den früheren Versuchen, durch eine äußere Energiequelle ausgelöscht worden war. Sowie Duddell den Kondensator dem Bogen parallel schaltete, gab der Bogen einen Ton von sich. Der Kondensator konnte natürlich nur vermittels Leitungsdrähten dem Bogen parallel geschaltet werden; denselben kam eine kleine Selbstinduktion zu. Drehte man die Drähte zusammen, um ihre Selbstinduktionswirkungen zu beseitigen, so verschwand der Ton im Lichtbogen. Bei Trennung der Drähte trat der Ton wieder auf. Schaltete man eine Spule mit Selbstinduktion in den Kondensatorkreis ein, so wurde der Ton stärker. Duddell nennt diesen Lichtbogen, der von einer völlig konstanten Gleichstromquelle gespeist und gegen jede äußere Störung geschützt, infolge des parallel geschalteten Kreises mit Kapazität und Selbstinduktion von oscillatorischen Strömen durchflossen ist und daher Töne erzeugt, den musikalischen Lichtbogen.

Die Höhe des Tones ist durch die Periodenzahl des in dem Kondensatorstromkreis fließenden Wechselstromes bedingt.

Bedeutet R den Widerstand des Kondensatorstromkreises, L seinen Selbstinduktionskoeffizienten, C die Kapazität des Kondensators in Farad, so ist die Periodenzahl ν des in dem Kondensatorkreise fließenden Wechselstromes angenähert dargestellt durch die Beziehung:

$$\nu = \frac{1}{2\pi} \sqrt{\frac{1}{LC} - \frac{R^2}{4L^2}} \quad \ldots \ldots \ldots \quad (1)$$

Man verwendet verhältnismäßig dicke Drähte zum Anschluß des Kondensatorkreises, sodaß der Ohmsche Widerstand R sehr gering ist. Unter dieser Bedingung kann man das zweite Glied unter der Wurzel in Formel 1 vernachlässigen und erhält somit für die der Höhe des erzeugten Tones proportionale Periodenzahl des Wechselstromes die Beziehung:

$$\nu = \frac{1}{2\pi} \sqrt{\frac{1}{LC}} \quad \ldots \ldots \ldots \quad (2)$$

Die Dauer einer Schwingung T ist, wenn in einer Sekunde ν Schwingungen stattfinden,

$$T = \frac{1}{\nu}, \quad \ldots \ldots \ldots \quad (3)$$

also

$$T = 2\pi \sqrt{L \cdot C}. \quad \ldots \ldots \ldots \quad (4)$$

Wertheim-Salomonson[1]) findet, daß die Periodenzahl auch von der Gleichstromstärke abhängt. Beträgt also im Kondensatorkreis die Selbstinduktion L Henry und die Kapazität C Farad, so entsteht im Lichtbogen ein ganz bestimmter Ton; und zwar entsteht dieser Ton nur bei dieser Größe der Selbstinduktion und der Kapazität. Ändert man nun die Größe der Selbstinduktion oder der Kapazität, so muß sich auch der Ton im Lichtbogen ändern. Duddell ordnete eine Reihe von Kondensatoren an, in der die Kapazitäten so berechnet waren, daß die bei der jeweiligen Einschaltung eines Kondensators entstehenden Periodenzahlen den Tönen einer Oktave entsprachen. Diese Kondensatoren wurden mit einer Tastatur verbunden, wodurch Melodien auf dem Lichtbogen gespielt werden konnten. Wir haben hier also in der Tat ein Lichtbogenklavier.

---

[1]) Wertheim-Salomonson, Ecl. El. 34, p. 202, 1903.

§ 44. Erzeugung von hochperiodigem Wechselstrom niedriger Spannung.

Der Duddellsche Versuch zeigt also, daß ein von Gleichstrom gespeister Lichtbogen, dem ein Kondensator und eine Selbstinduktionsrolle in Hintereinanderschaltung parallel geschaltet sind, als Umformer wirkt und Wechselstrom erzeugt. Die Periodenzahl des Wechselstromes kann in weiten Grenzen durch Veränderung der Kapazität und der Selbstinduktion verändert werden. Es ist gelungen, auf diese Weise Wechselstrom von 30 000—40 000 Perioden aus Gleichstrom zu erzeugen.

Wir haben demnach im Gleichstromlichtbogen ein Mittel, Gleichstrom in Wechselstrom von hoher Periodenzahl und niedriger

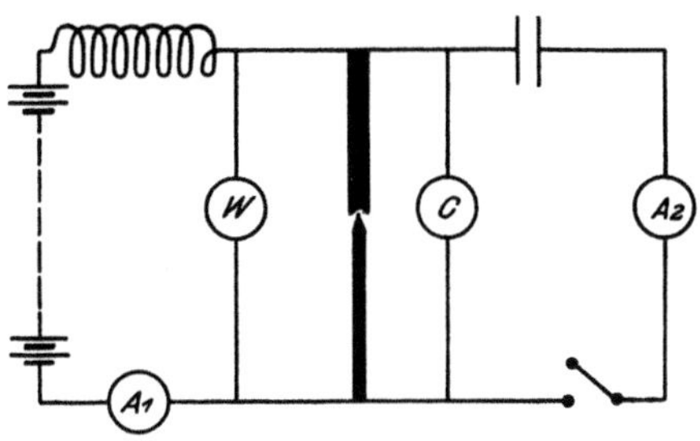

Fig. 51.

Spannung zu verwandeln. Bekanntlich erzeugte Tesla Wechselströme von hoher Periodenzahl und hoher Spannung.

Über die quantitativen Verhältnisse bei einer solchen Umformung gibt ein Versuch von Peukert[1]) Aufschluß. Bei der Peukertschen Anordnung, Fig. 51, bedeutet A_1 ein Gleichstromamperemeter, A_2 ein Hitzdrahtamperemeter, mit welchem die Stärke des Wechselstromes gemessen wurde, W ein Weston-Voltmeter für Gleichstrom, welches an den Klemmen des Bogens lag, und C ein Cardew-Voltmeter für Wechselstromspannungen.

War der Kondensatorkreis offen, so zeigte das Cardew-Voltmeter übereinstimmend mit dem Weston-Instrument 36 Volt an. Der Gleichstrom, von A_1 gemessen, beträgt 6 Ampere, die Kapazität des Kondensators betrug 7,7 Mikrofarad. Wurde der Kondensatorkreis geschlossen, so trat der Ton ein, das Amperemeter A_2 zeigte 17 Ampere, das Weston-

[1]) Peukert, E.T.Z. 22, p. 467, 1901.

Voltmeter 55 Volt, das Cardew-Voltmeter 68 Volt. Die Spannung am Lichtbogen war von 36 Volt auf 55 Volt gestiegen. Die Spannung, welche das Cardew-Voltmeter anzeigt, ist die Resultante aus der mit dem Weston-Instrument gemessenen Gleichstromspannung und einer Wechselstromspannung. Diese Wechselspannung läßt sich berechnen nach den in der Wechselstromtechnik üblichen Methoden. Die Gleichstromspannung sei e_1, der Momentanwert der Wechselspannung sei e_t, der Maximalwert derselben sei e_0, T ist die Dauer einer Periode, t die Abscisse der Zeit, die zu der Ordinate e_t gehört, ν = Periodenzahl pro Sekunde.

Dann ist

$$e_t = e_0 \sin \frac{2\pi t}{T} = e_0 \sin 2\pi\nu t.$$

Der Momentanwert der aus der Gleichstrom- und Wechselstromspannung resultierenden Spannung sei E, dann ist

$$E = e_1 + e_0 \sin 2\pi\nu t$$

für die erste halbe Periode und

$$E = e_1 - e_0 \sin 2\pi\nu t$$

für die zweite halbe Periode.

Die vom Cardew-Voltmeter angezeigte Spannung ist eine effektive, d. h. ihr Quadrat ist gleich dem Mittelwert aus den Quadraten der Momentanwerte während einer Periode. Das Cardew-Voltmeter gebe die Spannung E_c an.

Während der ersten halben Periode ist der Mittelwert der Quadrate der Momentanwerte:

$$\frac{2}{T} \cdot \int_0^{\frac{T}{2}} (e_1 + e_0 \sin 2\pi\nu t)^2 \, dt = e_1^2 + \frac{4}{\pi} e_1 e_0 + \frac{e_0^2}{2}.$$

Während der zweiten halben Periode:

$$\frac{2}{T} \cdot \int_{\frac{T}{2}}^{T} (e_1 - e_0 \sin 2\pi\nu t)^2 \, dt = e_1^2 - \frac{4}{\pi} e_1 e_0 + \frac{e_0^2}{2}.$$

Während einer ganzen Periode ist also

$$E_c^2 = e_1^2 + \frac{e_0^2}{2}.$$

Uns interessiert der Effektivwert der Wechselspannung. Er sei e.

Zwischen ihm und der maximalen Wechselspannung besteht die Beziehung:

$$e^2 = \frac{e_0^2}{2}.$$

Also ist:

$$E_c^2 = e_1^2 + e^2.$$

Wir kennen nun E_c durch die Angabe des Cardew-Voltmeters, e_1 durch die Angabe des Weston-Voltmeters. Also ist

$$e = \sqrt{E_c^2 - e_1^2}.$$

Für unseren Fall

$$e = \sqrt{68^2 - 55^2} = 40 \text{ Volt}.$$

Die Wechselstromspannung ist also niedriger als die Gleichstromspannung. Dagegen ist die Wechselstromstärke höher als die des Gleichstromes. Will man die Periodenzahl des Wechselstromes berechnen, so könnte man Formel (2) in § 43 anwenden, wenn der Selbstinduktionskoeffizient des Kondensatorkreises bekannt ist. In dem Peukertschen Versuch war derselbe nicht bekannt; Peukert berechnete daher die Periodenzahl auf folgende Weise.

Wenn man von den Spannungsverlusten in den Zuleitungsdrähten des Kondensatorstromkreises sowie im Hitzdrahtinstrument absieht, so herrscht am Kondensator dieselbe Wechselspannung wie im Bogen, nämlich 40 Volt. Es ist nun der Ladestrom J_0 des Kondensatorstromes bekannt = 17 Ampere, sowie die Kapazität des Kondensators C = 7,7 Mikrofarad. Es gilt die Beziehung:

$$J_0 = 2\pi\nu \cdot C \cdot e,$$

woraus folgt:

$$\nu = \frac{J_0}{2\pi C e}$$

$$\nu = \frac{17}{2 \cdot \pi \cdot 7{,}7 \cdot 10^{-6} \cdot 40} = 8788.$$

Der entstandene Wechselstrom hatte also eine Periodenzahl von 8788 pro Sekunde.

Die Wechselströme hoher Periodenzahl werden in metallischen Leitern anders fortgeleitet als Wechselströme niedriger Periodenzahl. Diese Erscheinungen dürften aus den Teslaschen Versuchen bekannt sein. Solche Ströme fließen vorwiegend an der Oberfläche der metallischen Leiter, sodaß ein metallischer Leiter für diese hochperiodigen Ströme einen viel größeren Widerstand zu haben scheint als für niederperiodige

Wechselströme. Nach Stefan[1]) beträgt in einem Eisendrahte von 4 mm Durchmesser die Widerstandserhöhung bei 250 Perioden 48 %, bei 500 Perioden 100 % des wahren Wertes. Diese hochperiodigen Ströme werden hauptsächlich an der Oberfläche des metallischen Leiters fortgeleitet. Peukert führte einen Versuch mit hochperiodigem Wechselstrom niedriger Spannung aus, der auch für Tesla-Ströme gelingt.

Er schaltete in den Kondensatorstromkreis einen 3 mm dicken, 80 cm langen Eisendraht ein, der zu einem Bügel gebogen war (Fig. 52). Der Eisendrahtbügel war durch Glühlampen überbrückt, welche hell brannten, sobald der Kondensatorstromkreis geschlossen wurde. Der Widerstand des Eisenbügels für Gleichstrom war 0,013 Ohm. Die

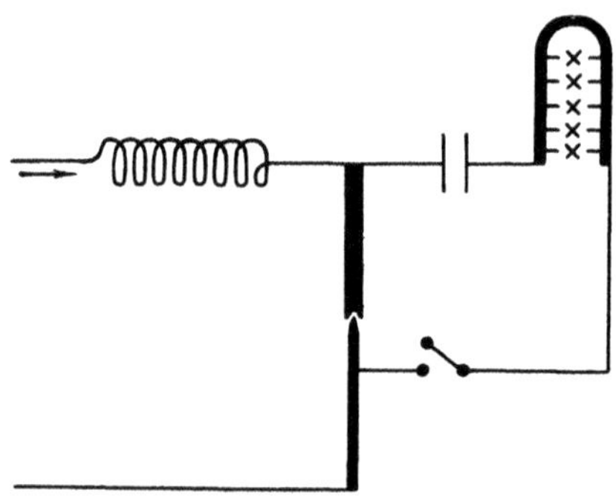

Fig. 52.

Lampen waren 10 Voltlampen. Der Widerstand der Lampen ist bedeutend größer als der des Bügels, und doch fließt der hochperiodige Strom durch die Lampen. An den Enden des Bügels herrscht, wie das normale Brennen der Lampen zeigt, eine Spannung von 10 Volt; also hätte durch den Draht zur Erzeugung der gleichen Spannungsdifferenz ein Gleichstrom von

$$\frac{10}{0{,}013} = 769 \text{ Ampere}$$

geschickt werden müssen.

Daß die Fortleitung dieses hochperiodigen Wechselstromes hauptsächlich an der Oberfläche stattfindet, zeigte Peukert dadurch, daß er ein Eisenband über den Eisenbügel legte. Sofort verlöschten die Glühlampen. Das Eisenband, obwohl sein Widerstand größer als der des Bügels ist, hat eine größere Oberfläche als der Bügel. Der Versuch läßt sich auch mit einem Kupferband durchführen.

[1]) Stefan, Wien. 99, II a, p. 327, 1890.

§ 45. Messung kleiner Induktionskoeffizienten nach Janet.

Janet[1]) benutzte den musikalischen Lichtbogen, um schwache Selbstinduktionskoeffizienten zu messen, wenn die Kapazität C des Kondensators bekannt ist. In Fig. 53 ist V ein Hitzdrahtvoltmeter zur Messung der Spannung e an den Klemmen der Spule, deren Selbstinduktionskoeffizient bestimmt werden soll. J_0 ist ein Hitzdrahtamperemeter zur Messung der Stromstärke im Kondensatorkreise. Unter Vernachlässigung des Widerstandes der Spule (seine Berücksichtigung kompliziert das Resultat nur wenig), sowie unter Vernachlässigung der Selbstinduktion des übrigen Teiles des Kondensatorstromkreises ist

$$J_0 = \frac{e}{2\pi\nu L} \quad \ldots \ldots \ldots \ldots (1)$$

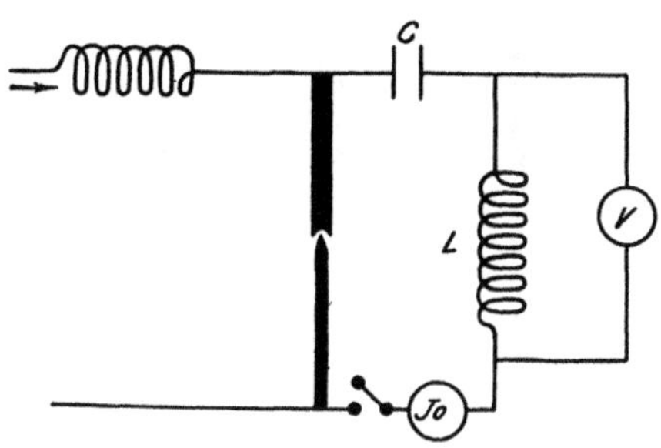

Fig. 53.

In § 44 war

$$J_0 = 2\pi\nu C \cdot e,$$

also

$$2\pi\nu = \frac{J_0}{C \cdot e}.$$

Dies in Formel (1) eingesetzt, gibt:

$$J_0 = \frac{e^2 \cdot C}{L \cdot J_0}$$

$$L = \frac{e^2 \cdot C}{J_0^2}.$$

L kann also aus zwei elektrischen Messungen bestimmt werden. Eine akustische Messung ist nicht notwendig.

Diese Methode eignet sich besonders für Spulen mit dicken Drähten und geringem Widerstand, durch die starke Ströme geschickt werden können.

---

[1]) Janet, C. R. 134, p. 452, 1902.

Für Spulen mit dünnen Drähten kann man die Methode derart abändern, daß man die Spule einem in den Kondensatorkreis eingeschalteten induktionsfreien bekannten Widerstand parallel schaltet und den Strom in dem induktionsfreien Widerstand mißt. Dann ist e gleich dem Spannungsverlust im induktionsfreien Widerstand.

§ 46. Tönerscheinungen von Hartmann.

Andere Tönerscheinungen im Lichtbogen beschreibt O. Hartmann[1]). Durchfließt der die Lampe speisende Gleichstrom die Niederspannungswicklung I eines Transformators (Fig. 54), so hört man bei großem Lichtbogen einen lauten Ton:

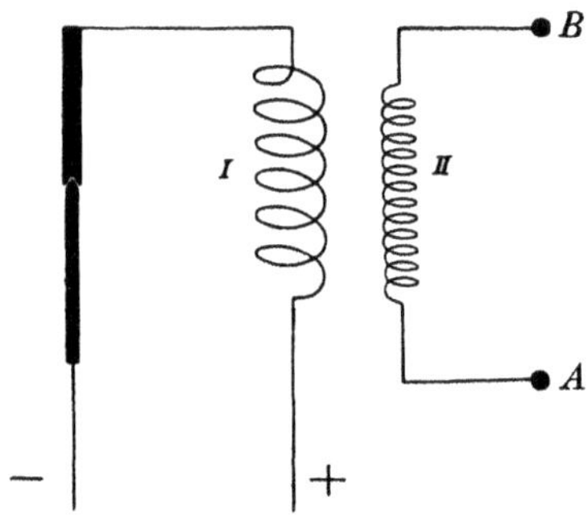

Fig. 54.

1. Wenn man die Klemmen A und B der Hochspannungsspule durch einen Leiter erster oder zweiter Klasse verbindet. Besteht die Verbindungsstrecke zum Teil aus losen Partikelchen (Kohärer), so hängt die Klangfarbe von dem betreffenden Körper ab.

2. Wenn man die eine der Klemmen A oder B zur Erde ableitet, und die andere isoliert läßt.

3. Wenn man A und B mit den Klemmen eines Kondensators verbindet.

4. Wenn man A mit der einen, B mit der anderen Hand berührt.

5. Wenn man nur A oder B mit der Hand berührt. Dabei ist es ganz gleichgültig, ob man auf einem Isolierschemel steht oder nicht.

Ein Ton entsteht nicht, wenn man bei Fall 5 die Klemmen A oder B mit Nichtleitern berührt.

Auch ohne Benutzung der sekundären Spule II kann der Ton im Lichtbogen hervorgerufen werden, wenn man nämlich eine Metallhülse

---

[1]) O. Hartmann, E.T.Z. 20, p. 369, 1899.

über die primäre Spule schiebt. Der Ton des Bogens erhält einen metallischen Klang je nach der Natur des Metalls. Hülsen aus Isolierstoffen zeigen keine Tonwirkungen; ebensowenig Metallhülsen, die der Länge nach aufgeschlitzt sind. Schaltet man in den Sekundärkreis Spulen, so entsteht der Ton. Die Stärke des Tones wächst mit der Anzahl der Windungen.

Diese Erscheinungen lassen sich erklären, wenn man bedenkt, daß aus verschiedenen Gründen im normalen Gleichstromlichtbogen die Stromstärke nicht absolut konstant ist, sondern mehr oder weniger großen rasch verlaufenden Änderungen unterworfen ist. So werden solche Änderungen durch Unregelmäßigkeiten in der Struktur der Kohlenstifte hervorgerufen, ferner entstehen die Schwankungen des Stromes im Netze selbst, namentlich wenn viel Motoren vom Netze gespeist werden. Man kann häufig in solchem Falle in der Bogenlampe das Arbeiten benachbarter Motoren hören.

Solche Stromschwankungen nun induzieren in benachbarten Leitern elektromotorische Kräfte. Diese letzteren wirken wieder selbst induzierend auf den primären Kreis zurück. Wenn nun diese Induktionen sich gut ausbilden können, falls z. B. die sekundäre Spule kurz geschlossen ist, oder Kapazität eingeschaltet wird, welche der Selbstinduktion der Spule, welche die Induktionsströme abdrosseln würde, entgegenwirkt, so muß die Rückwirkung auf den Lichtbogen besonders kräftig ausfallen. Da sich nun aus den Simon'schen und Duddell'schen Versuchen ergeben hat, daß jedem Wert des durch den Lichtbogen fließenden Stromes ein bestimmtes Volum der leitenden Hülle entspricht, welches bei schneller Veränderung des Stromes sich auch entsprechend verändert und Schallwellen erzeugt, so müssen auch die durch Induktionswirkungen verstärkten Stromänderungen in unserm Falle in Töne umgesetzt werden.

§ 47. Bedingungen für die Umwandlung von Gleichstrom in Wechselstrom.

Duddell[1]) untersuchte die näheren Bedingungen, von welchen die Umwandlung von Gleichstrom in Wechselstrom beim Lichtbogen abhängig ist. Es bedeutet in Fig. 55: E die Spannung und J die Stromstärke der Gleichstromquelle, wenn kein Wechselstrom durch den Kondensatorkreis fließt. Unter derselben Bedingung sei E_1 die Spannung und J_1 die Stromstärke im Lichtbogen. R sei der Widerstand im Gleichstromkreise, einschließlich des Widerstands der Gleichstromquelle.

[1]) Duddell, l. c., p. 313.

r sei der Widerstand des Kondensatorstromkreises. δE_1 sei eine kleine Änderung der Lichtbogenspannung. δi sei ein Strom im Kondensatorstromkreis, der von δE_1 während der Zeit δt erzeugt sei. Ferner sei angenommen, daß δE_1 und δi nach Ablauf von δt ihr Vorzeichen verändern.

δJ_1 bedeutet die δE_1 entsprechende Änderung in der Lichtbogenstromstärke. δJ bedeutet die entsprechende Änderung in der Stromstärke des Batteriekreises. E sei konstant.

Die dem Kondensatorstromkreis während der Zeit zugeführte Energie ist

$$(E_1 + \delta E_1)(+\delta i)\,\delta t.$$

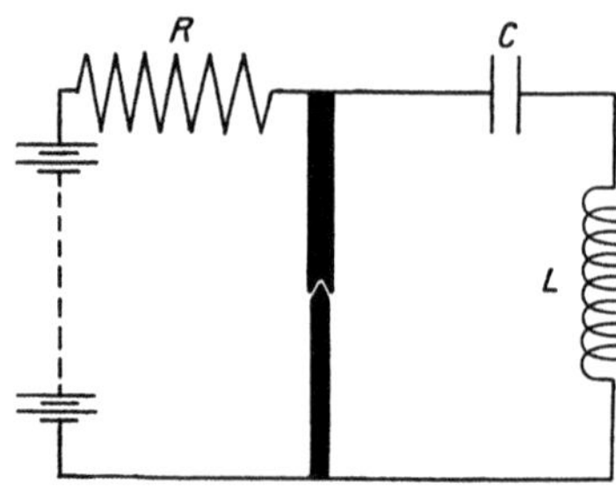

Fig. 55.

Während des nächsten Zeitmoments hat, wie wir voraussetzten, δE und δi eine andere Richtung, also Vorzeichen gewechselt. Während dieses Zeitmoments ist also die dem Kondensatorstromkreis zugeführte Energie

$$(E_1 - \delta E_1)(-\delta i)\,\delta t.$$

Während einer Periode ist also die zugeführte Energie

$$(E_1 + \delta E_1)(+\delta i)\,\delta t + (E_1 - \delta E_1)(-\delta i)\,\delta t = 2\,\delta E_1 \cdot \delta i \cdot \delta t.$$

Während dieser Periode entstanden im Ohmschen Widerstande r des Kondensatorstromkreises die Verluste

$$(\delta i)^2 \cdot r \cdot 2 \cdot \delta t.$$

Damit nun dem Kondensatorstromkreis während der Zeit $2\,\delta t$ Energie zugeführt werden kann, muß $\delta E_1 . \delta i$ positiv sein; außerdem muß, damit nicht die zugeführte Energie im Ohmschen Widerstand ganz aufgezehrt werde,

$$\delta i\,\delta E_1 > r\,(\delta i)^2$$

sein. Nun ist

$$\delta i - \delta J = \delta J_1$$

und

$$J = \frac{E - E_1}{R}$$

(E war als konstant angenommen worden)

also

$$\delta J = -\frac{\delta E_1}{R}$$

$$\delta i = -\left(\frac{1}{R} + \frac{\delta J_1}{\delta E_1}\right) \cdot (\delta E_1).$$

$$\delta i\, \delta E_1 = -\left(\frac{1}{R} + \frac{\delta J_1}{\delta E_1}\right) \cdot (\delta E_1)^2.$$

Soll nun Energie in den Kondensatorstromkreis geliefert werden, so muß $\frac{\delta E_1}{\delta J_1}$ negativ und numerisch kleiner als R sein. Die nächste Bedingung, daß genügend Energie zur Überwindung der Ohmschen Verluste in den Kondensatorkreis geliefert wird, ist:

$$\delta i\, \delta E_1 > r (\delta i)^2$$

und da $\delta i\, \delta E_1$ positiv ist, ist

$$\frac{r\, \delta i}{\delta E_1} < 1.$$

Die Bedingung wird also:

$$-r\left(\frac{1}{R} + \frac{\delta J_1}{\delta E_1}\right) < 1.$$

Um die vorteilhafteste Energieabgabe in den Kondensatorstromkreis zu erhalten, muß man R sehr groß und r sehr klein machen. Wenn nun $^1/R$ im Vergleich zu $\frac{\delta J_1}{\delta E_1}$ vernachlässigt werden kann, dann geht die Bedingung über in

$$-\frac{\delta E_1}{\delta J_1} > r.$$

Wenn also $\frac{\delta E_1}{\delta J_1}$ negativ und numerisch größer als r ist, erhält der Kondensatorstromkreis bei sehr kurzen Schwingungen die nötige Energie, um die Ohmschen Verluste im Kondensatorstromkreis zu überwinden. Bei stärkeren Schwingungen werden wahrscheinlich kompliziertere, aber ähnliche Formeln die Bedingungen darstellen.

Tatsächlich war nach den Beobachtungen von Frith und Rodgers[1])

---

[1]) Frith und Rodgers, Phil. Mag. 42, p. 407, 1896.

der Wert $\frac{\delta E_1}{\delta J_1}$ bei Homogenkohlen stets negativ. (Bei Benutzung von Dochtkohlen war er stets positiv.)

Bei einem 4 Ampere Gleichstromlichtbogen zwischen Homogenkohlen war bei Duddell der Wert $\frac{\delta E_1}{\delta J_1} = -2$ Ohm. Nun ist es leicht, den Widerstand r des Kondensatorstromkreises kleiner als 2 Ohm zu machen; dann sind beide Bedingungen erfüllt, der Bogen muß tönen und Wechselstrom von hoher Periodenzahl erzeugen. Bei einem Versuche von Duddell zwischen Homogenkohlen und 3,5 Ampere Gleichstromstärke versagten die Wechselstromschwingungen, als der Widerstand des Kondensatorstromkreises auf 2,4 Ohm erhöht wurde.

Natürlich kann es noch andere Ursachen geben, welche den Ton im Kondensatorstromkreis vernichten. So kann die Energie im Kondensatorstromkreise durch Hysteresis geschwächt werden, wenn man Eisen in eine Drahtspule im Kondensatorstromkreis einführt.

§ 48. Summen.

Beim Gleichstromlichtbogen hört man häufig ein summendes Geräusch. Nach den Beobachtungen von Hartmann (§ 46) lassen sich diese Geräusche daher erklären, daß die Reguliermechanismen Metallhülsen und Spulen enthalten, die im Nebenschluß zum Hauptstrom liegen und in denen die kleinste vorkommende Stromänderung Ströme induziert, welche die Stromstärke des Hauptstroms verändern und dadurch Schall erzeugen. Die Schwankungen der Stromstärke können durch eine eingeschaltete Selbstinduktion vermindert werden. Hartmann[1]) weist darauf hin, daß der übliche Beruhigungswiderstand, wenn er, was ja gewöhnlich zutrifft, Selbstinduktion hat, nicht nur die den Kohlen direkt zugeführte Energie regelt, sondern auch die Nebengeräusche vermindert.

Trotter hat entdeckt, daß der summende Gleichstrom Lichtbogen rotiert und daß seine Stromstärke periodischen Schwankungen unterworfen ist. Die Periode der Stromschwankungen ist der Tonhöhe des summenden Geräuschs sowie der Umdrehungszahl des rotierenden Bogens proportional.

Duddell hat mittels Oscillograph diese periodischen Stromänderungen aufgenommen (Fig. 56). Das Licht des positiven Kraters des summenden Lichtbogens beleuchtete die Spiegel des Oscillographen. Duddell[2]) fand, daß das Licht und die Spannung im summenden Lichtbogen mit derselben Periode wie die Stromstärke sich verändern, sodaß

---

[1]) O. Hartmann, E.T.Z. 20, p. 369, 1899.

[2]) Duddell, The Electr. 46, p. 271, 1900.

also im summenden Gleichstromlichtbogen die Rotationsgeschwindigkeit der Lichthülle, die Periode der Änderung der Stromstärke, der Spannung und des in einer Richtung ausgestrahlten Lichtes der Höhe des summenden Tones entsprechen.

Bei Wechselstrom wird durch die periodischen Änderungen der Stromstärke an und für sich schon ein Summen hervorgerufen. Jeder Stromstärke entspricht nämlich ein bestimmter Querschnitt der Gasstrecke des Lichtbogens, sodaß, wenn der Strom sich schnell verändert, der Querschnitt der Gasstrecke sich auch schnell verändert und Schallwellen erzeugt.

Görges[1]) weist nach, daß das Geräusch, das der Lichtbogen macht, in hohem Maße von der Stromkurve abhängig ist. „Durch die periodische Erwärmung und Ausdehnung der Kohlenspitzen und der

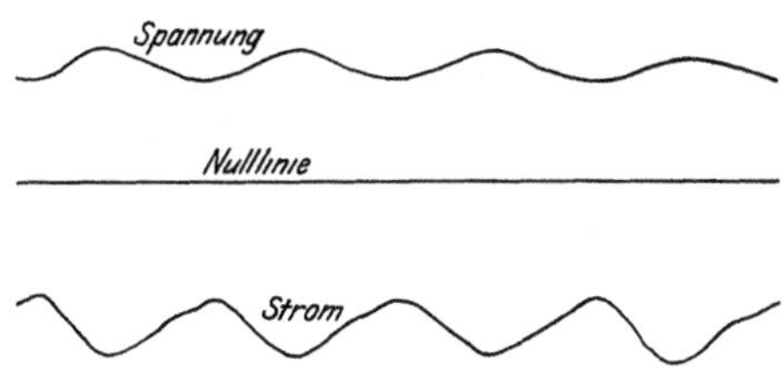

Fig. 56.

Atmosphäre zwischen ihnen werden Töne und Geräusche hervorgerufen. Bei sinusförmiger Kurve ist der Ton leise und musikalisch rein. Bei Kurven mit plötzlichen Änderungen treten Obertöne und unreine Nebengeräusche auf, die sich als ein mehr oder minder lautes Schnarren kundgeben. Je größer der Lichtbogen, die Stromstärke und die Periodenzahl, um so lauter sei das Brummen. Bei künstlich lang gezogenem Bogen ertönt es fast wie eine Trompete. Durch Glasglocken, die den Lichtbogen umgeben, wird es stark gedämpft, sodaß der Ton bei sinusartiger Stromkurve unmerkbar wird. Außer diesem für die Stromkurve charakteristischen kontinuierlichen Brummen tritt hin und wieder ein anderes, weit mehr störendes Schnattern des Lichtbogens auf, das von der Kurvenform und von der Beschaffenheit der Kohlen abhängt. Es ist besonders häufig bei spitzen Kurven, weniger bei flachen, und tritt sehr selten bei sinusartigen Kurven auf. Mitunter findet man Kohlen, bei denen es überhaupt nicht wegzubringen ist, bei anderen Kohlen tritt es wieder garnicht auf, wenn auch die Stromkurve ungünstig ist."

---

[1]) Görges, E.T.Z 16, p. 549, 1895.

§ 49. Zischen.

Häufig hört man bei Bogenlampen mit offenem Lichtbogen starkes Zischen. Bei Lampen mit eingeschlossenem Lichtbogen tritt das Zischen nicht auf. Niaudet[1]) hatte bemerkt, daß die Potentialdifferenz an den Elektroden des zischenden Gleichstromlichtbogens kleiner sei, als wenn der Bogen unter denselben Verhältnissen ruhig brennt. Als Gimé[2]) in einem Stromkreis nur eine Gleichstromlampe eingeschaltet hatte, brannte dieselbe ruhig. Als er eine zweite Lampe der ersten parallel schaltete, machte sich lautes Zischen bemerkbar. Beim Parallelschalten einer dritten Lampe wiederholte sich das Zischen, aber weniger laut; jedesmal beim Parallelschalten einer weiteren Lampe trat das Zischen mit verminderter Stärke ein, bis es beim Einschalten der elften Lampe nicht mehr eintrat. Gimé glaubte dieses Eintreten des Zischens einer Verminderung der Klemmenspannung der Lampen zuschreiben zu müssen, konnte aber diese Vermutung durch Versuche, die in diesem Sinne ausgeführt wurden, nicht bestätigen. Im Jahre 1886 fanden Croß und Shepard[3]), daß beim zischenden Kohlelichtbogen die Klemmenspannung bedeutend geringer sei, als beim ruhig brennenden.

Lecher[4]) erklärte 1887 das Zischen des Gleichstromlichtbogens durch folgende Hypothese: „Wird der Strom zu stark (nähert man die Elektroden einander zu sehr), so geht die Entladung, wenn eine Stelle zu warm geworden, fortwährend sprungweise an andere kältere Stellen über, durch welches Hin- und Herspringen ein Ton entsteht, und zugleich durch Inanspruchnehmen der kälteren Partieen die Potentialdifferenz fällt.“

Luggin[5]) bemerkt, daß das Zischen eintritt, wenn die Stromdichte in der Anode einen gewissen Betrag (0,5 Ampere pro mm^2) überschreitet, daß dann der Krater die ganze Oberfläche am Ende der Kohle einnimmt, und dieses Zischen kann bei jeder Elektrodendistanz eintreten, wenn nur die Stromstärke hoch genug ist.

Die Frage des Zischens des Lichtbogens ist jedoch erst von Frau Ayrton[6]) 1899 aufgeklärt worden. Für ein und dieselbe Elektrodendistanz nahm sie eine Kurve auf, welche die Abhängigkeit von Spannung und Stromstärke darstellte (s. Fig. 7). Je größer die Stromstärke ge-

---

[1]) Niaudet, C. R. 92, p. 711, 1881.

[2]) Gimé, Lum. El. 18, p. 556, 1885.

[3]) Croß and Shepard, Proc. Amer. Acad. 22, 1, p. 227, 1886.

[4]) Lecher, Wien. 95, II a, p. 992, 1887.

[5]) Luggin, Wien. 98, II a, p. 1192, 1889.

[6]) Mrs. Ayrton, Inst. El. Eng. 28, p. 400, 1899.

macht wurde, desto kleiner wurde die Spannung. Steigerte man nun die Stromstärke noch mehr, so fing bei einem gewissen Punkte, den Frau Ayrton den „kritischen Punkt" nennt, der Bogen an zu zischen; sowie der Bogen zu zischen anfing, wurde er so unruhig, daß man keine Ablesung machen konnte (in Fig. 7 ist die unruhige Zone durch punktierte Linien angedeutet). Die Spannung fiel hierbei um 10 Volt, die Stromstärke stieg um 2—3 Ampere. Dieses Ansteigen der Stromstärke hängt vom Vorschaltwiderstand ab, es ist umso größer, je kleiner dieser ist. Zischt nun der Bogen und erhöht man die Stromstärke noch mehr, so bleibt die Spannung konstant, während bei nicht zischendem Bogen die Spannung bei einer Stromerhöhung fällt. Diese Verhältnisse lassen sich deutlich aus den Fig. 7 und 8 ersehen.

Derartige Kurven wurden für verschiedene konstante Distanzen aufgenommen von 1—7 mm. Je größer die Elektrodendistanz ist, bei desto höherer Stromstärke tritt erst das Zischen ein. So tritt bei 1 mm Distanz an dem untersuchten Kohlenpaar das Zischen schon bei 14 Ampere ein, während bei 7 mm Distanz das Zischen erst bei 23 Ampere eintritt. Alle Kurven zeigen, daß bei zischendem Bogen die Spannung zwischen den Kohlen nur von der Distanz der Kohlen abhängt, aber unabhängig von der Stromstärke ist, und zwar ist die Spannung für höhere Distanzen höher.

Aus den Kurven ergibt sich auch, daß bei konstantem Strom eine Verkürzung des Lichtbogens Zischen hervorbringt. Ziehen wir z. B. in Fig. 7 eine Ordinate parallel der Voltaxe durch den Punkt 18 Ampere, so schneidet diese die Kurven für 7, 6, 5, 4 mm Distanz vor dem großen Spannungsabfall, die anderen aber im zischenden Teil. Erniedrigt man also, während man den Strom konstant läßt, die Distanz von 7 mm an, so wird der Bogen ungefähr bei 3 mm Distanz zu zischen anfangen.

Nach Frau Ayrton ist die Beziehung zwischen Spannung e und Stromstärke i am kritischen Punkt k für Homogenkohlen von dem oben angegebenen Querschnitt

$$e = 40{,}05 + \frac{2{,}91\,i - 29{,}02}{10{,}54 - 0{,}416\,i}.$$

Die Abhängigkeit der Spannung e von der Distanz l in mm ist am kritischen Punkte k für dasselbe Kohlenpaar

$$e = 40{,}05 + 2{,}49\,l.$$

Aus diesen beiden Gleichungen läßt sich die Distanz berechnen, bei welcher bei einer gewissen Stromstärke i für das verwendete Kohlenpaar Zischen eintritt; es ist nämlich

$$l = \frac{1{,}17\,i - 11{,}66}{10{,}54 - 0{,}416\,i}.$$

In unserem Falle hatten wir aus der 18 Ampere-Ordinate gefunden, daß das Zischen für 18 Ampere bei ungefähr 3 mm Distanz eintritt. Die Prüfung dieses Resultates mit der Ayrtonschen Formel ergibt für l

$$l = \frac{1{,}17 \cdot 18 - 11{,}66}{10{,}54 - 0{,}416 \cdot 18} = \frac{9{,}34}{3{,}04} = 3{,}06 \text{ mm.}$$

Die Erscheinung, daß das Zischen bei größerer Distanz erst bei höherer Stromstärke eintritt, gilt nur innerhalb gewisser Grenzen. Denn für $i = 25{,}3$ Ampere würde in obiger Formel für das betreffende Kohlepaar l unendlich groß werden müssen.

Verwendet man eine positive Dochtkohle von 9 mm und eine negative Homogenkohle von 8 mm, zwischen denen die Versuchsresultate in Fig. 8 dargestellt sind, so stimmt die Lage der kritischen Punkte ziemlich gut mit der für 2 Homogenkohlen von 11 und 9 mm Durchmesser überein. Im Verlaufe der Strom- und Spannungskurven für den lautlosen Teil zeigt sich bei niedrigen Distanzen ein Unterschied. Während bei Homogenkohlen auch bei niedriger Distanz die Spannung bei zunehmender Stromstärke fällt, steigt sie bei einer Docht- und einer Homogenkohle bis zum kritischen Punkt.

Die Beobachtungen von Frau Ayrton lassen sich also in folgende Sätze zusammenfassen:

1. Bei einem Bogen, dessen Elektrodendistanz konstant bleibt, kann man Zischen hervorrufen, indem man die Stromstärke erhöht.

2. Die maximale Stromstärke, bei der ein ruhiger Bogen brennen kann, ohne zu zischen, wächst mit der Elektrodendistanz.

3. Der Übergang vom ruhigen Zustand in den zischenden Zustand ist von einem Spannungsabfall von 10 Volt (konstant) und einer Stromerhöhung von 2—3 Ampere begleitet.

4. Bei konstantem Strom fängt ein Bogen zu zischen an, wenn man die Elektroden einander genügend genähert hat.

5. Die Spannung im zischenden Lichtbogen bleibt konstant für alle Stromstärken bei konstanter Elektrodendistanz.

Auch die Dicke der Kohlenstäbe hat einen Einfluß auf das Eintreten des Zischens. Je dicker die Kohlenstäbe sind, bei umso höherer Stromstärke tritt erst das Zischen ein. Für eine positive Dochtkohle von 10 mm Durchmesser z. B. und eine negative Homogenkohle von 15 mm Durchmesser liegt der kritische Punkt zwischen 40 und 45 Ampere, je nach der Länge des Lichtbogens. Für jedes Kohlenpaar gibt es eine bestimmte maximale Stromstärke, bei welcher es seinen lautlosen Charakter verliert. Tritt dieser Fall ein, so verändert der Lichtbogen sein Aussehen; es entstehen hellere und dunklere Bänder, die sich drehen. Je höher die Stromstärke, desto größer die Drehgeschwindigkeit. Trotter hat nachgewiesen, daß der zischende Lichtbogen auch rotiert und daß das Zischen bei 450 Umdrehungen pro Sekunde beginnt. Im Krater des zischenden Lichtbogens entsteht grünliches Licht. Der rotierende Lichtbogen verbreitet sich nach außen senkrecht zur Achse, gleich als ob er unter dem Einfluß einer Zentrifugalkraft stände. Manchmal bildet sich auf der negativen Kohle bei kleinen Distanzen ein pilzförmiger Ansatz. Dieser Pilz wurde von S. Thompson[1]) für das Charakteristikum des zischenden Lichtbogens gehalten. Frau Ayrton wies nach, daß der Pilz auch bei ruhigem Bogen auftritt. Herzfeld[2]) findet als Ursache der Pilzbildung das

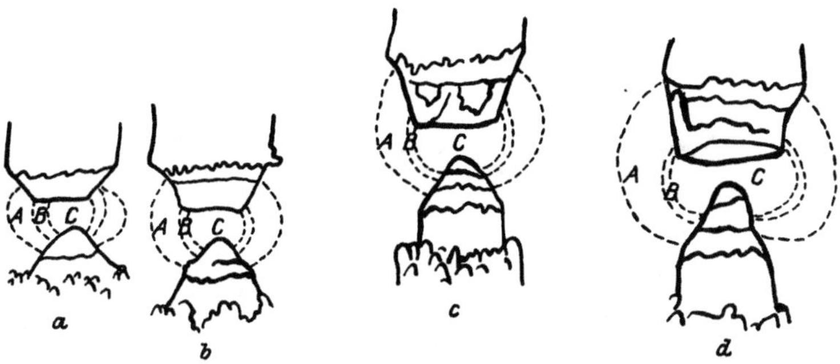

Fig. 57.

Fehlen des zur Verbrennung der Kohle nötigen Sauerstoffes. Die charakteristische Erscheinung am zischenden Lichtbogen ist die bedeutende Vergrößerung des Kraters der positiven Kohle. In Fig. 57 sind für 2 Homogenkohlen von 11 mm bezw. 9 mm Durchmesser und 2 mm Distanz 4 Phasen nach Frau Ayrton dargestellt, welche die Veränderung der Kraterform und der Lichthülle bei verschiedenen Stromstärken zeigen.

A bedeutet den grünlichen Teil der Lichthülle,
B das schwarze Band,
C den violetten Teil der Lichthülle,
a) $J = 6$ Ampere, Bogen ruhig,
b) $J = 12$ Ampere, Bogen ruhig,
c) $J = 20$ Ampere, Bogen zum Zischen bereit,
d) $J = 30$ Ampere, Bogen zischt.

---

[1]) S. Thompson, El. Rev. 37, p. 572, 1895.
[2]) Herzfeld, Wied. Ann. 62, p. 435, 1897.

Der Krater des zischenden Bogens wird so groß, daß er sogar einen Teil des Seitenrandes der Kohle einnimmt. Die Gashülle des Bogens, welche verflüchtigten Kohlenstoff enthält, reicht nicht mehr aus, die Luft von den erhitzten bloßgelegten Kraterteilen fernzuhalten. Die Luft strömt nur in den erweiterten Krater ein und der Sauerstoff der Luft verbrennt die Kohle unter Erzeugung eines grünlichen Lichtes. Die Temperatur steigt, die Helligkeit nimmt zu und eine Abnahme der Spannung wird verursacht. Die heftige Bewegung der Gase und die Veränderungen des Volums des Lichtbogens, müssen einen Ton hervorrufen und auch Oscillationen in der Stromstärke und Spannung hervorbringen. Tatsächlich gelang es Duddell, diese Oscillationen beim zischenden Gleichstrombogen aufzuzeichnen. Die elektrischen Verhältnisse eines zischenden Gleichstrombogens sind nach Duddell[1]) in Fig. 58

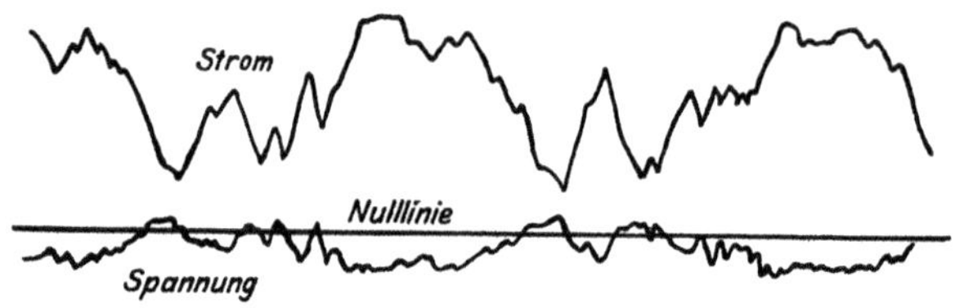

Fig. 58.

dargestellt. Um nun zu untersuchen, ob tatsächlich das Einströmen von Sauerstoff der Luft auf den vergrößerten Krater die Grundlage des Zischens bildet, führte Frau Ayrton verschiedene Versuche aus, welche diese Ansicht bestätigten.

Der Lichtbogen wurde geschlossen angeordnet, sodaß Luft nicht hinzuströmen konnte. Hierbei wurde selbst bei kurzem Lichtbogen und Stromstärken von 40 Ampere kein Zischen bemerkt. Der für das Zischen charakteristische Abfall der Spannung um 10 Volt trat nicht ein. Wurde in einen lautlos brennenden Lichtbogen Luft eingeblasen, so trat Zischen ein. Wurde reiner Sauerstoff in den lautlos brennenden Bogen eingeblasen, so trat Zischen ein. Wurde anstatt Sauerstoff Kohlendioxyd oder Stickstoff in den lautlos brennenden Bogen eingeblasen, so trat kein Zischen ein, der Bogen blieb lautlos. Wurde bei Gegenwart von Luft Wasserstoff in den Lichtbogen geblasen, so trat Zischen ein und die Spannung fiel um 6,6 Volt; das Eintreten des Zischens dürfte in diesem Falle wohl der Gegenwart der Luft zuzuschreiben sein. Brannte der Bogen in einer Atmosphäre von reinem

[1]) Duddell, The Electr. 46, p. 271, 1900.

Wasserstoff, ohne Gegenwart von Luft, so konnte Frau Ayrton unter keiner Bedingung Zischen erreichen.

Frith und Rodgers[1]), sowie Duddell und Marchant[2]) haben darauf hingewiesen, daß die Stromstärke des zischenden Gleichstromlichtbogens nicht absolut konstant ist, sondern sehr schnellen Schwankungen unterworfen ist. Blondel[3]) und später Brown[4]) haben festgestellt, daß das vom zischenden Gleichstrombogen angesandte Licht sehr schnellen Schwankungen unterworfen ist. Wird z. B. ein summender Gleichstromlichtbogen, bei welchem Duddell den in Fig. 56 dargestellten regelmäßig periodischen Verlauf der Stromstärke- und Spannungsschwankungen festgestellt hat, durchErhöhung der Stromstärke zum Zischen gebracht, so werden die schnellen Schwankungen der Stromstärke und der Spannung für den zischenden Bogen sehr unregelmäßig. Fig. 58 stellt eine oscillographische Aufnahme der Stromstärke und Spannung am zischenden Gleichstrombogen von Duddell dar. Trotz der unregelmäßigen Natur der Änderungen unterscheidet Duddell zwei Arten, eine beträchtliche, verhältnismäßig langsam verlaufende und eine schnelle, aufgelagerte Veränderung. Der schnellen Veränderung in der Stromstärke und Spannung entsprechen nach Duddell die Änderungen in der Stärke des vom Krater ausgestrahlten Lichtes. Die verhältnismäßig langsam verlaufenden Änderungen seien auf die Rotation des zischenden Lichtbogens zurückzuführen. Nach Frau Ayrton rotiert nämlich auch der zischende Lichtbogen.

Auch beim Wechselstromkohlebogen tritt das Zischen auf. Heubach konnte es nur bei Anwendung von Homogenkohlen beobachten und auch dann nur bei kleinen Bogenlängen, welch letzteres wohl damit zusammenhängt, daß die von ihm verwendeten Stromstärken nicht hoch genug waren (max. 9 Amp.), um auch für größere Bogenlängen Zischen hervorzubringen. Heubach bemerkte jedoch schon, was im Einklang mit Frau Ayrtons Beobachtungen steht, daß das Zischen heftiger bei abnehmender Bogenlänge wird, wenn die Stromstärke konstant bleibt, oder bei wachsender Stromstärke, wenn die Bogenlänge konstant bleibt. Auch bemerkte Heubach, was auch für den zischenden Gleichstrombogen charakteristisch ist, daß, sobald Zischen eintritt, die Spannung bedeutend sinkt. Duddell und Marchant machten darauf aufmerksam, daß beim Wechselstromlichtbogen zwischen Homogenkohlen bei niedriger Periodenzahl der Maximalwert der Stromstärke

---

[1]) Frith and Rodgers, Proc. Phys. Soc. 14, p. 320, 1896.

[2]) Duddell and Marchant, Inst. El. Eng. 28, p. 86, 1899.

[3]) Blondel, Lum. El. 43, p. 54, 1892.

[4]) Brown, Phys. Rev. 7, p. 210, 1898.

während jeder halben Periode derartig hoch ist, daß er den Bogen zum Zischen bringt. Blondel[1]) beobachtete das Zischen des Wechselstromlichtbogens für alle Kohlensorten, wenn die Bogenlänge ungefähr gleich null war, hierbei zeigte der Bogen eine ausgesprochene grünliche Färbung. Blondel fand bei der Aufnahme der Momentanwerte der Spannung und der Stromstärke, daß für den zischenden Wechselstromlichtbogen die Kurven stark deformiert werden; die Stromstärke erhebt sich in extremen Fällen selbst bis zur Dauer einer Viertelperiode nicht von der Nulllinie und die Spannungskurve zeigt eine hohe vordere Spitze. Der Leistungsfaktor ist für den zischenden Lichtbogen am kleinsten. Selbstinduktion im Stromkreis vermindert auch beim zischenden Lichtbogen die Deformation der Kurven und die lange Unterbrechung des Stromes.

Aus den Untersuchungen von Heubach, Blondel und Duddell-Marchant läßt sich erkennen, daß die elektrischen Vorgänge beim zischenden Wechselstrombogen dieselben sind, wie beim Gleichstromlichtbogen. Doch ist für den zischenden Wechselstromlichtbogen noch nicht festgestellt worden, ob während jeder halben Periode an der Kohlenoberfläche analoge Vorgänge stattfinden, wie sie Frau Ayrton für den zischenden Gleichstromlichtbogen beobachtet hat.

B. Im Wechselstromlichtbogen fliefsende scheinbare Gleichströme.

§ 50. Beobachtungen.

Die Erscheinung, daß man aus dem Wechselstromlichtbogen „Gleichströme“ entnehmen kann, die fähig sind, aus Metallsalzlösungen das Metall an der Kathode abzuscheiden, wie ein Gleichstrom aus einer Gleichstrommaschine oder aus einer Akkumulatorenbatterie, haben zuerst Jamin und Maneuvrier im Jahre 1882[2]) entdeckt. Trotzdem diese Entdeckung für die Technik unter Umständen Wichtigkeit erlangen könnte, schien sie unbeachtet geblieben zu sein, denn 12 Jahre später, beschreibt Sahulka[3]) einen Spezialfall derselben Entdeckung.

Wenn man in einen Wechselstromkreis eine Tangentenbussole einschaltet, so wird sie keine Ablenkung zeigen, da die Ablenkung nach der einen Richtung während der ersten halben Periode durch die Ablenkung nach der anderen Richtung während der zweiten halben Periode kompensiert wird. Lagert man aber einem Wechselstromkreis den

---

[1]) Blondel, Lum. El. 44, p. 136, 1892.

[2]) Jamin und Maneuvrier, C. R. 94, p. 1615, 1882.

[3]) Sahulka, Wien. 103 IIa, p. 925, 1894.

Strom aus einer Akkumulatorenbatterie auf und schaltet jetzt eine Tangentenbussole ein, so wird sie eine Ablenkung zeigen, die der Stärke des Gleichstroms proportional ist. Als Jamin und Maneuvrier in den von Wechselstrom gespeisten Kreis einer Bogenlampe eine Tangentenbussole einschalteten, erhielten sie keine Ablenkung, als beide Kohlenelektroden aus demselben Kohlenmaterial bestanden und denselben Durchmesser hatten. Hatte aber die eine Kohle einen Durchmesser von 4 mm, die andere einen von 2 mm, so zeigte die Tangentenbussole eine konstante Ablenkung, gleich als ob man eine Gleichstromquelle in den Wechselstromkreis eingeschaltet hätte. Der scheinbare Gleichstrom floß in der Richtung von der dicken Kohle zur dünneren. Da während einer Periode der Wechselstrom einmal von der dicken zur dünnen und einmal von der dünnen zur dicken Elektrode fließen muß, beidemal unter normalen Verhältnissen in gleicher Stärke, so schien hier der Strom, der in der Richtung von der dicken Kohle zur dünnen Kohle floß, stärker zu sein als der in der umgekehrten Richtung fließende, sodaß der von der Tangentenbussole angezeigte Strom die Differenz dieser beiden Ströme zu sein schien. Dieser Differenzstrom von konstanter Richtung ist um so stärker, je größer der Unterschied in der Dicke der beiden Elektroden ist. Er wird besonders stark zwischen einem dicken Kohlenstück und einem dünnen Kohlenstift.

Dieselbe Erscheinung tritt auf, wenn man die dicke Kohle durch ein Metall ersetzt, wobei das Metall dünner als die mit ihr brennende Kohlenelektrode sein darf. Die Natur des Metalls scheint auf die Stromstärke dieses „Gleichstroms", wie wir den in einer Richtung fließenden Differenzstrom vorläufig nennen wollen, obwohl seine Stärke sich periodisch verändert, einen Einfluß zu haben. Jamin und Maneuvrier geben einige Werte, die allerdings auf Genauigkeit keinen Anspruch machen können. Die Werte sind in Graden der Ablenkung an der Tangentenbussole gegeben.

Pb	Fe	C	Cu	Hg
29°	30°	31°	60°	70°

Je größer man die Elektrodendistanz macht, um so stärker wird der „Gleichstrom".

Sahulka[1]) fand, daß das Auftreten des „Gleichstroms" bei einem Bogen zwischen Eisen und Dochtkohle in der Richtung von Eisen zur Kohle stattfindet und daß der „Gleichstrom" nur dann auftritt, wenn sich an der Eisenelektrode ein Tröpfchen geschmolzenen Eisens gebildet hat.

[1]) Sahulka, Wien. 103 IIa, p. 925, 1894.

Gold[1]) machte 1895 darauf aufmerksam, daß nur bei besonders gehärteten Stahlmagneten der Wechselstrom keine richtende Kraft ausübt. Infolgedessen werden die Magnetnadeln der gewöhnlichen Tangentenbussolen auch durch Wechselströme abgelenkt, wobei die Richtung von der Anfangslage der Nadel abhängig ist. Deshalb wiederholte er den Versuch von Sahulka in einem Eisenkohlebogen und schaltete zur Messung der „Gleichstromstärke" ein Kupfervoltameter in den Stromkreis. Es ergab sich, daß tatsächlich ein gleichgerichteter Strom in der Richtung Eisen—Kohle geflossen war, welcher Kupfer an der Kathode niedergeschlagen hatte. Gold untersuchte dann, ob die Lage der Elektroden zu einander vielleicht einen Einfluß auf die Stärke des entstehenden „Gleichstroms" hätte. Es zeigte sich, daß es gleichgültig war, ob bei vertikaler Anordnung der Elektroden das Eisen oben oder unten war. Ebenso hatte der „Gleichstrom" dieselbe Stärke, wenn die Lage der Elektroden horizontal oder vertikal war. Dagegen zeigte sich, daß der auftretende „Gleichstrom" schwächer wurde, wenn der Bogen nicht mehr ruhig brannte, sondern wenn die Eisenelektrode sprühte. Dieses Sprühen der Eisenelektrode trat immer ein, wenn dieselbe kein Tröpfchen geschmolzenen Eisens trug.

Im Jahre 1897 fand V. v. Lang[2]), daß der „Gleichstrom" auch in einem Wechselstrombogen zwischen Aluminium und Kohle in der Richtung von Metall zur Kohle auftritt. Eichberg und Kallir[3]) untersuchten im Jahre 1898 die quantitativen Verhältnisse bei der Umformung von Wechselstrom zwischen Metall—Kohle in „Gleichstrom". Zwischen Metall und Homogenkohle gelang es ihnen nicht einen dauernden Lichtbogen zu erhalten, wohl aber zwischen Metall und Dochtkohle. Aus diesen Versuchen ergibt sich der Satz:

„Die „Gleichstrom"-Spannung ist von der Wechselstromspannung abhängig und zwar wächst die „Gleichstrom"-Spannung, wenn die Wechselstromspannung wächst", für dieselbe Stromstärke und dieselbe Distanz der Elektroden. Bedeutet E die elektromotorische Kraft der Wechselstromquelle, Eg die Gleichstromspannung im Lichtbogen, J die Wechselstromstärke, die annähernd konstant gehalten wurde, so war für konstante Elektrodendistanz:

---

[1]) Gold, Wien. 104 IIa, p. 814, 1895.

[2]) v. Lang, Wied. Ann. 63, p. 191, 1897.

[3]) Eichberg und Kallir, Wien, 107 IIa, p. 657, 1898.

J	E	Eg
∾ 7,2 Ampere	50 Volt	9,45 Volt
∾ 7,2 -	107 -	31,5 -
∾ 7,2 -	207 -	69,1 -
∾ 8,0 -	50 -	9,3 -
∾ 8,0 -	107 -	29,0 -
∾ 8,0 -	207 -	66,8 -

Bei einer Ladung von Akkumulatoren durch den mit Wechselstrom gespeisten Eisen — Kohle — Lichtbogen erhielten Eichberg und Kallir einen Wirkungsgrad der Umformung von 30 % als Mittelwert.

Dieselben Beobachter untersuchten auch einen von Wechselstrom gespeisten Bogen zwischen einer Dochtkohle und einer Homogenkohle. Hierbei zeigte sich, daß stets ein „Gleichstrom" von der Dochtkohle zur Homogenkohle floß. Es wurden verschiedene Lagen der Kohlen zu einander untersucht. 1. Dochtkohle oben, Homogenkohle unten. 2. Dochtkohle unten, Homogenkohle oben. 3. Beide Kohlen horizontal. Stets trat der „Gleichstrom" auf. Quantitativ zeigte sich ein Unterschied; der „Gleichstrom" war, unter sonst gleichen Verhältnissen, am stärksten, wenn bei vertikaler Anordnung der Kohlen die Dochtkohle oben stand.

Blondel[1]) gelang es den „Gleichstrom" zwischen Metall und Kohle zu erhalten, auch wenn die Kohle homogen war. Freilich ist der Bogen bei Verwendung von Homogenkohle sehr unbeständig, sodaß es sich für Beobachtungsreihen empfiehlt Dochtkohlen zu verwenden; der Bogen ist dann viel beständiger, besonders bei größeren Distanzen.

Blondel unterscheidet zwei Arten von Bögen, die sich zwischen Metall und Kohle bilden lassen und sich in Bezug auf den „Gleichstrom" verschieden verhalten, den „kurzen" Bogen und den „langen" Bogen. Schon Jamin und Maneuvrier sagten: „Im allgemeinen ist der Differenzenstrom schwach oder überhaupt null, wenn der Bogen eine geringe Länge hat, seine Stärke wächst mit der Elektrodendistanz." Sie untersuchten aber die Frage nicht quantitativ.

Blondel fand nun, daß für den kurzen Bogen, dessen Länge im allgemeinen kleiner als 1 mm ist, der „Gleichstrom" sehr schwach ist. Der kurze Bogen ist sehr beständig.

Beim langen Bogen tritt der „Gleichstrom" viel deutlicher auf, als beim kurzen Bogen.

Der lange Bogen ist aber sehr unbeständig und stets von einem Tone begleitet. Auch sind die verschiedenen Metalle mehr oder weniger

[1]) Blondel, C. R. 128,1, p. 727, 1899.

geeignet, einen langen Bogen zu erzeugen. Aluminium bedeckt sich sehr schnell mit einer erdigen Schicht und der Bogen verlöscht. Bei Eisen bildet sich der lange Bogen gut, wenn Stromstärke und Spannung hinreichend groß sind. Zink eignet sich nicht für diese Versuche, weil es leicht schmilzt. Kupfer eignet sich gut zu diesen Versuchen. Der Durchmesser der Elektroden soll nicht mehr als 3 mm sein.

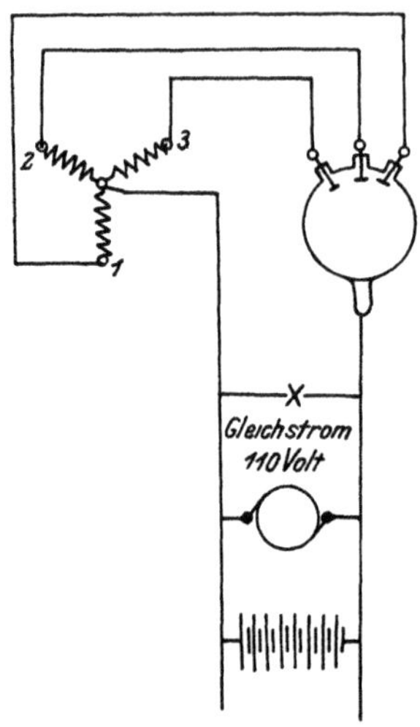

Fig. 59.

Hewitt[1]) benutzte seine Quecksilberbogenlampe zur Umformung von Drehstrom in Gleichstrom. In Fig. 59 ist die Schaltung der Lampe dargestellt. Hewitt verwendet eine kugelförmige Lampe, welche luftleer gepumpt wird und mit Quecksilberdampf angefüllt ist; auf einer Seite ihrer Wandung sind vier Stahlelektroden eingeschmolzen, die einer fünften, durch eine Quecksilbermenge gebildeten Elektrode gegenüberstehen. Schließt man drei der oberen Elektroden an eine in Stern geschaltete Drehstromquelle an und zweigt, wie in Fig. 59 dargestellt ist, von dem Nullpunkt des Drehstromsystems und der Quecksilberelektrode einen Stromkreis ab, so fließt in demselben ein pusierender Gleichstrom, dessen Spannung der Schenkelspannung der Drehstromquelle entspricht. Die vierte, in Fig. 59 nicht eingezeichnete Stahlelektrode wird beim Ingangsetzen des Apparates benutzt. Hewitt benutzte zu seinen Versuchen eine Röhre von etwa 175 mm Durchmesser und 230 mm Länge, welche eine Leistung von etwa 8 Kw. umzusetzen vermochte und 200 sechzehnkerzige Glühlampen speiste. Das Gewicht einer solchen Röhre beträgt etwa 1,4 kg. Die Röhre erwärmt sich bald nach ihrer Inbetriebsetzung auf eine konstante Temperatur, welche von der Größe der Belastung gänzlich unabhängig ist, da der Spannungsabfall zwischen oberen und unteren Elektroden einen konstanten Wert von 14 Volt besitzt. Neuere Versuche zeigen, daß sich die Größe dieses Spannungsgefälles bis auf 6 Volt herabdrücken läßt. Der Wirkungsgrad des Umformers ist von der Größe der verwendeten Spannung abhängig und wurde bei 1800 Volt zu 99 %, bei 600 Volt zu 95 % bestimmt. Die Höhe der Betriebsspannung läßt sich ohne weiteres auf 3000 Volt und wahrscheinlich weiter bis auf 10 000 Volt steigern. „Ein Verwendungsgebiet, für welches sich der Hewittsche Umformer seiner großen Einfachheit halber

[1]) E.T.Z. 24, p. 87, 187, 1903.

ganz besonders eignen dürfte, wäre das Aufladen von Akkumulatorenbatterien aus Drehstromnetzen, da hierbei eine konstante Gleichstromspannung nicht erforderlich ist."

§ 51. Erklärungen.

Einen Einblick in die Natur dieses „Gleichstroms" gab Blondel durch seine zahlreichen oscillographischen Aufnahmen, indem er während einer Periode des Wechselstromes den Verlauf der Strom- und Spannungswerte aufnahm. Für den kurzen Bogen, bei welchem der Gleichstrom sehr schwach ist, gelten die Fig. 61 und 62. Fig. 60 stellt die elektro-

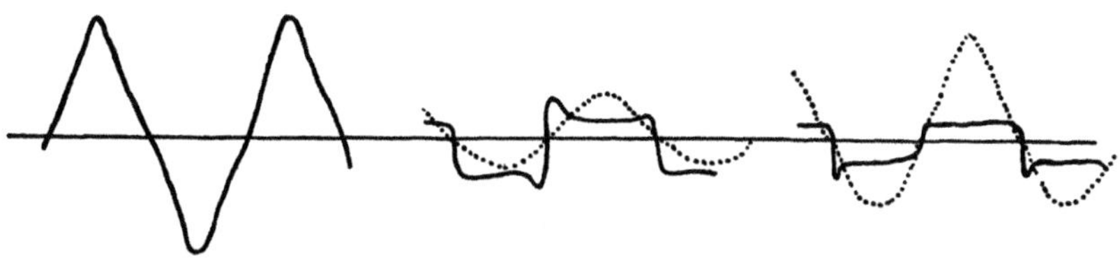

Fig. 60—62.

motorische Kraft der Stromquelle, welche den Bogen speiste, dar. Die Äste dieser Kurve sind symmetrisch. Fig. 61 stellt die Strom- und Spannungskurve für einen Bogen zwischen Kupfer und Homogenkohle bei einer Distanz von 1,4 mm dar. Die punktierten Kurven sind Stromkurven, die ausgezogenen Spannungskurven. Man sieht, daß die Äste der Stromkurve eine kleine Unsymmetrie aufweisen. Die maximale Ordinate der Stromkurve ist in dem über der Nulllinie liegenden Teile der Stromkurven etwas größer als in den unterhalb der Nulllinie liegenden Teilen. Der Effektivwert des Stromes ist also größer für den Ast der Stromkurve, der über der Nulllinie liegt, d. h. während der Strom in der Richtung Metall—Kohle fließt.

Diese Unsymmetrie der Kurvenäste ist bei kurzem Bogen klein für Kupfer—Kohle und Aluminium—Kohle. Sie ist für den kurzen Bogen größer beim Eisen—Kohle- oder Zink—Kohlebogen. Fig. 62 zeigt die Kurven für einen kurzen Bogen zwischen Eisen und Dochtkohle. Die Elektrodendistanz ist 1 mm. Die Amplitude der Stromstärke in dem über der Nulllinie gelegenen Teile ist hier bedeutend größer als die Amplitude der unterhalb der Nulllinie gelegenen Teile. In Fig. 61 war die Differenz der Amplituden nicht so groß. Im übrigen sind diese Kurven denen zwischen gewöhnlichen Kohlen, wie wir sie in § 26—29 gesehen haben, ähnlich. Wenn der Widerstand des Kreises induktionsfrei oder induktiv ist, verändert sich das Aussehen dieser Kurven wie zwischen gewöhnlichen Kohlen.

Für den langen Bogen ist charakteristisch, daß die Stromkurve eine halbe Periode ganz unterdrückt ist, da der Bogen sich nicht im Sinne Kohle—Metall entzündet. In Fig. 63 und 64 sind diese Kurven nach Blondel für lange Bögen dargestellt.

Das Aussehen der Kurven weicht wenig bei den verschiedenen Metallen von einander ab. In Fig. 63 z. B., welche für einen Bogen zwischen Kupfer und Dochtkohle von 4,7 mm Elektrodendistanz gilt, sehen wir, daß der Ast der Stromkurven unterhalb der Nulllinie ganz unterdrückt ist und also nur gleichgerichtete Stromimpulse bestehen. Dieselbe Erscheinung sehen wir auch in Fig. 64, welche für einen 2,9 mm-Bogen zwischen Eisen und Dochtkohle aufgenommen ist. Die Spannungskurve verläuft, sowie der Strom verschwunden ist, wie die Kurve der elektromotorischen Kraft der den Bogen speisenden Wechsel-

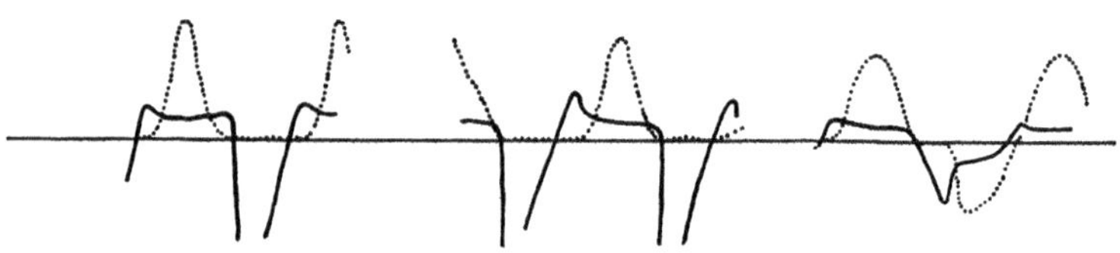

Fig. 63—65.

stromquelle und zwar so lange, bis sich der Bogen wieder entzündet und die Kurve der Stromstärke sich von der Nulllinie zu erheben beginnt. Durch diese Kurvenaufnahmen ist also erwiesen, daß kein eigentlicher Gleichstrom im Wechselstrombogen fließt, sondern daß beim langen Bogen nur gleichgerichtete Stromimpulse bestehen. Der von Jamin und Maneuvrier gemessene Gleichstrom ist bei langen Bögen nichts anderes als der Mittelwert der Stromstärke während einer halben Periode.

Wenn der Stromkreis induktiv ist, so wird die Dauer einer Auslöschung umso größer, je größer die Selbstinduktion des Stromkreises ist.

Die Strom- und Spannungsverhältnisse während einer Periode im Metall—Kohlelichtbogen wurden auch von Duddell und Marchant mittels ihres Oscillographen aufgenommen. Ihre Ergebnisse stehen im vollen Einklang mit den Ergebnissen Blondels. Außer dem kurzen Bogen, bei welchem eine kleine Unsymmetrie zwischen den Ästen der Stromkurve oberhalb und unterhalb der Nulllinie stattfindet, und dem langen Bogen, bei welchem während einer halben Periode der Strom vollständig verschwindet, beobachteten sie noch einen dritten Fall, der nur bei Zink, Eisen und Phosphorbronze auftrat, s. Fig. 65, bei welcher der Strom nur während eines größeren Teils derjenigen Hälfte der Periode verschwunden ist, während welcher die Kohle positiv ist. Man sieht auch hier, wie die Spannung an den Klemmen des Bogens einem hohen Werte zustrebt, während der Strom null ist.

Über den scheinbaren „Gleichstrom" zwischen Kohlenelektroden verschiedener Art geben auch die Kurvenaufnahmen Aufschluß. Ein Verschwinden des Stromes, wie beim Metall—Kohlebogen, tritt hier nie auf, sondern nur eine Unsymmetrie der Stromkurvenäste, wie beim kurzen Metall—Kohlebogen. Im Jahre 1897 nahm Ch. F. Smith[1]) die Kurven eines Wechselstromlichtbogens zwischen einer Homogen- und Dochtkohle auf und fand, daß die Amplitude des Stromes größer war, wenn die Dochtkohle positiv war, als wenn die Homogenkohle positiv war. Ausführlich wurde diese Erscheinung wieder von Duddell und Marchant 1899 untersucht, welche den Docht einer gewöhnlichen Dochtkohle entfernt hatten und in einer großen Versuchsreihe den Docht durch verschiedene Substanzen ersetzt hatten. Einige ihrer Kurven sind schon in § 29 besprochen worden.

Zur Erklärung dieser Erscheinung, daß nämlich im Wechselstrombogen zwischen Metall und Kohle bei hinreichender Elektrodendistanz der Strom nur in der Richtung Metall—Kohle fließt, in der anderen Richtung aber unterdrückt ist, muß angenommen werden, daß der Widerstand in einem solchen Lichtbogen je nach der Richtung des Stromes verschieden groß ist. Sahulka hat beobachtet, daß während der einen halben Periode des Wechselstromes hauptsächlich das Eisen verdampft wird, während in der anderen Hälfte der Periode hauptsächlich die Kohle verdampft wird. Die Gasstrecke, die mehr Eisenteilchen enthält, leitet augenscheinlich die Elektrizität besser, besitzt also einen geringeren Widerstand als die Gasstrecke in der anderen Hälfte der Periode, welche hauptsächlich Kohlenteilchen enthält. Diese Ansicht wird gestützt durch die Beobachtungen von Jamin und Maneuvrier, welche durch einen Quecksilber—Kohle-Bogen einen Gleichstrom schickten. Hatte der Gleichstrom die Richtung Quecksilber—Kohle, so hatte der Bogen eine ausgesprochen grüne Farbe und man sah lebhaft Quecksilber verdampfen. Hatte aber der Gleichstrom die Richtung Kohle—Quecksilber, so war die Farbe des Bogens rötlich und es fand nur eine schwache Verdampfung des Quecksilbers statt. Schickt man nun Wechselstrom durch den Bogen Quecksilber—Kohle, so brennt der Bogen grün, woraus Jamin und Maneuvrier schlossen, daß die Stärke des Wechselstromes in der Richtung Quecksilber—Kohle bedeutender als in der Richtung Kohle—Quecksilber war. Schon Foucault hatte (1844) beobachtet, daß der Gleichstromlichtbogen zwischen Kohle und Silber in der Richtung Kohle—Silber sehr unruhig war; floß der Strom hingegen in der

[1]) Ch. F. Smith, The Elect. 1897, 22. Oct.

Richtung Silber—Kohle, so brannte der Bogen ganz ruhig mit hellem, grünem Glanze. Pettinelli[1]) beobachtete, daß, wenn einem Eisenstab ein Holzkohlenstab als Elektrode gegenüberstand, der Widerstand, wenn Eisen negativer Pol war, „etwa hundertmal größer ist, als wenn Eisen positiv ist".

Arons[2]) stellt folgende Tabelle auf, aus welcher hervorgeht, daß im Gleichstrombogen Metall—Kohle die Leitfähigkeit des Bogens größer ist, wenn der Strom vom Metall zur Kohle als in umgekehrter Richtung fließt. Die Beobachtungen mit denselben Elektroden fanden bei gleicher Stromstärke statt.

Anode	Kathode	Bogenlänge mm	Spannung Volt
Ag	C	7	40
C	Ag	4,5	57
Ag	C	5	42
C	Ag	3,9	65
Al	C	4	23
C	Al	4	57
Cu	C	7	60
C	Cu	4	60

Auch Gold ist der Ansicht, daß bei dem Bogen Eisen—Kohle die Leitfähigkeit des Bogens in der Richtung Eisen—Kohle größer ist, als in der Richtung Kohle—Eisen. Er fand nämlich bei einer Untersuchung mit Gleichstrom, daß bei gleicher Stromstärke und gleichem Spannungsabfall im Bogen der Bogen Eisen—Kohle bedeutend länger ist, wenn ein Gleichstrom durch ihn in der Richtung Eisen—Kohle fließt, als in der Richtung Kohle—Eisen, d. h. also der Bogen Eisen—Kohle hat einen geringeren Widerstand als der Bogen Kohle—Eisen. Außerdem aber hatte er folgendes beobachtet. An der Eisenelektrode befindet sich bekanntlich ein Tröpfchen geschmolzenen Eisens, auf das schon Sahulka aufmerksam gemacht hat. Betrachtet man den Wechselstromlichtbogen Eisen—Kohle durch eine stroboskopische Scheibe, die synchron mit den Wechselstromschwingungen rotiert, so schwingt während einer Periode der Eisentropfen zwischen den in Fig. 66 angedeuteten Stellungen. Der Tropfen führt also Pulsationen aus und verkürzt und verlängert während je einer halben Periode die Elektrodendistanz. Aus der Verlängerung, welche immer eintritt, wenn der Strom in der Richtung Eisen—Kohle fließt, resultiert also noch außer der hauptsächlichen Verdampfung von

[1]) Pettinelli, Rend. Acc. Linc. (5) 5 [1], p. 118, 136, 1896.
[2]) Arons, Wied. Ann. 57, p. 185, 1896.

Eisen während dieser Hälfte der Periode eine Widerstandsverkleinerung, hervorgerufen durch die mechanische Verkürzung der Bogenstrecke, welche bei der Stromrichtung Eisen—Kohle erfolgt. Dieses Phänomen des oscillierenden Tropfens konnte Gold, wenn der Bogen mit Gleichstrom gespeist wurde, nicht beobachten.

Der Grund, weshalb die Leitfähigkeit des Bogens in der Richtung Metall—Kohle größer als in umgekehrter Richtung ist, scheint nach Arons[1]) in erster Linie in der Verschiedenheit des Wärmeleitungsvermögens der Elektroden selbst zu liegen. Das Wärmeleitungsvermögen der Kohle ist viel geringer als dasjenige der Metalle; unter den Metallen hat Quecksilber das geringste Wärmeleitungsvermögen, doch ist dieses noch ungefähr 37 mal größer als dasjenige der Kohle. Deshalb überdauern nach Arons die Kohlenelektroden einen kurzen Durchgang der Stromstärke durch null mit einer höheren Temperatur als die Metallelektroden. „Bekanntlich ist die elektromotorische Kraft, welche not-

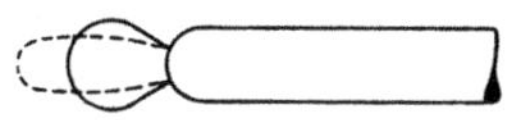

Fig. 66.

wendig ist, das Metall zu verflüchtigen, geringer als die, um Kohle im Bogen zu verflüchtigen, und die Versuche von Lecher, Zuchristian, Croß und Shepard haben gezeigt, daß bei einer kälteren Elektrode eine niedrigere Spannung aufgewendet werden muß, um den Bogen zu erzeugen, als bei einer wärmeren Elektrode; deshalb entsteht der Bogen Metall—Kohle oder dicke Kohle—dünne Kohle leichter als in der umgekehrten Richtung". Nun ist es aber schwieriger, einen erloschenen Metallbogen als einen erloschenen Kohlebogen wieder zum Brennen zu bringen, s. Seite 6. Blondel nimmt an, daß das Wiederanzünden des Lichtbogens durch einen Funken erfolgt, der vom negativen Pole ausgeht, und im rotierenden Spiegel sah er tatsächlich nach dem Durchgang des Stromes durch null eine Leuchterscheinung vom negativen Pol zum positiven gehen, welche das Wiederentstehen des Bogens einleitete. Dieser Funken geht nun aber im Falle Metall—Kohle leichter von der infolge der schlechten Wärmeleitfähigkeit noch weißglühenden Kohle aus, als von der Metallelektrode, die infolge der guten Wärmeleitfähigkeit schnell ihre hohe Temperatur während des Stromdurchgangs durch null verliert. Ist also die Kohle negativ, so entzündet sich der Bogen leicht und der Strom fließt vom Metall zur Kohle. Ist das Metall negativ, so kann es keinen Funken aussenden, und der Strom bleibt unterbrochen, solange die Kohle positiv ist. Die positive Kohle behält

[1]) Arons, Wied. Ann. 57, p. 185, 1896.

aber infolge ihrer geringen Wärmeleitfähigkeit bei normalen Periodenzahlen ihre hohe Temperatur bei und von ihr kann, sowie sie negativ geworden ist, ein Funke ausgehen. Nach dieser Erklärung von Blondel läßt sich auch der Grund des Verhaltens des kurzen Bogens, den Strom in der Richtung Kohle—Metall nicht ganz zu unterdrücken, erkennen. Ist nämlich die Elektrodendistanz sehr klein, so befindet sich die Metallelektrode in größerer Nähe der warmen Kohlenelektrode und wird von letzterer warm gehalten, sodaß die Verschiedenheiten in den Temperaturen der beiden Elektroden nicht mehr so ausgesprochen sind, als im Falle der langen Bögen.

Frau Ayrton[1]) schließt aus den Duddell-Marchant'schen Kurven für den langen Metall—Kohlebogen, daß in der Gasstrecke des Bogens nur metallische Partikeln und keine Kohlenpartikeln vorhanden sind, da beim langen Bogen kein Strom in der Richtung Kohle—Metall fließt und infolgedessen keine Kohlenverdampfung bezw. Losreißen von Kohlenpartikeln stattgefunden haben kann. Da nun Metall sich bei einer viel niedrigeren Temperatur als Kohle verflüchtigt, muß der Metalldampf auch kälter als Kohledampf sein. Wenn nun die Metallelektrode anfängt positiv zu werden, so ist sie in Berührung mit ihrem eigenen Dampf, und ihre Temperatur liegt in der Nähe ihrer eigenen Verdampfungstemperatur. Wenn andererseits die Kohlenelektrode positiv zu werden beginnt, so ist sie in Berührung mit dem Metalldampf, dessen Temperatur viel niedriger als die Verdampfungstemperatur der Kohle ist. Die positive Kohlenelektrode in Berührung mit Metalldampf beansprucht also mehr Hitze d. h. mehr elektrische Energie, um Dampf zu entsenden, als die Metallelektrode, welche mit Metalldampf in Berührung steht, oder als eine Kohlenelektrode beansprucht, die von Kohlendampf umspült ist, und daher kommt nach Frau Ayrton der Strom im Sinne Kohle—Metall bei langen Bögen gar nicht zu stande.

Jamin und Maneuvrier hatten neben der Erklärung des „Gleichstromes“ im Wechselstromlichtbogen durch Widerstandsänderung der Bogenstrecke je nach der Stromrichtung auch die Möglichkeit der Erklärung dieser Erscheinung durch eine elektromotorische Gegenkraft angedeutet. Gold versuchte eine solche nach der Methode Lecher-Stenger festzustellen, doch gelang es ihm nicht, unmittelbar nach dem Verlöschen des Lichtbogens eine elektromotorische Gegenkraft nachzuweisen.

Auch die beim Dochtkohle—Homogenkohlebogen auftretende Unsymmetrie der Stromkurvenäste läßt sich durch die Erscheinung der besseren Leitfähigkeit der Bogenstrecke im Sinne Dochtkohle—Homogenkohle erklären, denn Frau Ayrton[2]) hatte beobachtet, daß die Spannung

---

[1]) Mrs. Ayrton, Inst. El. Eng. 28, p. 86, 1899, Diskussion.

[2]) Mrs. H. Ayrton, The Elect. 39, p. 572, 1897.

eines Gleichstromlichtbogens in der Richtung Dochtkohle—Homogenkohle kleiner ist, als in der entgegengesetzten Richtung. Da die Größe der auftretenden Unsymmetrie im Dochtkohle—Homogenkohle-Wechselstrombogen auch von der gegenseitigen Lage der Elektroden zu einander abhängt, scheint sie nach Eichberg und Kallir die Resultante aus zwei Komponenten zu sein, von denen die eine durch die Lage, die andere durch die Beschaffenheit der Elektroden bedingt ist.

Die Verwendung der Hewitt'schen Quecksilberbogenlampe zur Umformung von Drehstrom in pulsierenden Gleichstrom beruht auf der Erscheinung, daß der Quecksilberdampf den Strom nur in einer Richtung, nämlich vom Stahl zum Quecksilber, durchläßt; in umgekehrter Richtung findet kein Stromdurchgang durch den Quecksilberdampf statt. Bei niedriger Periodenzahl sieht man bei dem Hewitt'schen Umformer einen abwechselnd von einer der drei Stahlelektroden zum Quecksilber übergehenden Dampfstrahl. Die Quecksilbermasse selbst führt eine rotierende Bewegung aus, deren Winkelgeschwindigkeit sich mit der Periodenzahl ändert. Die Hewitt'schen Umformer können auch mit Strömen von noch mehr Phasen als Drehstrom betrieben werden; je höher die Zahl der Phasen ist, desto mehr nähert sich der erzeugte pulsierende Gleichstrom einem Strom konstanter Spannung.

Die Hewitt'sche Beobachtung bedeutet insofern eine interessante Erweiterung der Kenntnis von den pulsierenden Gleichströmen im Wechselstrombogen, als die von Hewitt verwendeten Bogenlängen sehr groß im Vergleich zu den langen Bögen Blondel's sind. Während man beim Metall—Kohlebogen nur unter besonders forcierten Verhältnissen Bögen von über 3 cm Länge erzeugt hat, sind die Bögen in der Hewitt'schen Lampe mehrere Dezimeter lang. Außerdem zeigt die Hewitt'sche Beobachtung, daß der pulsierende Gleichstrom auch in einem Wechselstrombogen zwischen zwei verschiedenen Metallelektroden auftritt[1]).

C. Im Wechselstrombogen fliefsende Wechselströme verschiedener Periodenzahl.

§ 52. Versuch von Peukert.

Ein ähnliches Verhalten wie das auf Seite 95 für den Gleichstromlichtbogen beschriebene fand Peukert[2]) auch für den durch Wechselstrom gespeisten Lichtbogen; auch einen solchen kann man durch Parallelschaltung eines Kondensators zum Tönen bringen und kann so Wechselströme hoher Frequenz aus solchen niederer Frequenz erzeugen.

---

[1]) Monasch, E.T.Z. 24, p. 336, 1903.

[2]) Peukert, E.T.Z. 22, p. 468. 1901.

IV. Die elektromotorische Gegenkraft im Lichtbogen.

§ 53. Erklärung der elektromotorischen Gegenkraft durch Thermoelektrizität.

Der konstante, von der Bogenlänge unabhängige Teil a der Spannung zwischen den Elektroden in den Formeln 1—3 in § 19 wurde von Wild im Jahre 1860 dadurch zu erklären versucht, daß er annahm, der Bogen sei der Sitz einer thermoelektrischen Gegenkraft, welche der elektromotorischen Kraft der den Bogen speisenden Stromquelle entgegenwirke. Wenn eine solche thermoelektrische Gegenkraft im Bogen vorhanden ist, so müßte sie sich noch kurze Zeit nach dem Verlöschen des Lichtbogens, bevor sich die Elektroden vollständig abgekühlt haben, nachweisen lassen. Wild stellte deshalb einen Stromkreis her, der aus den Kohlen des Lichtbogens und einem Galvanometer bestand. Sofort nach der Unterbrechung des den Bogen speisenden Stromes erhielt er im Galvanometer einen starken Ausschlag. Wild gab der thermoelektrischen Gegenkraft einen Wert zwischen 30 und 40 Volt. Herzfeld wiederholte im Jahre 1897 den Wild'schen Versuch, fand aber statt des erwarteten Wertes von 30—40 Volt folgende Spannungswerte:

3	Sekunden nach Stromunterbrechung	1,9 Volt,
10	- - -	0,67 Volt.

Schon Edlund[1]) hatte im Jahre 1868 die Ansicht ausgesprochen, daß die elektromotorische Gegenkraft im Lichtbogen nicht thermoelektrischen Ursprungs sein könne. Es schien ihm unmöglich, daß eine thermoelektrische Kraft einen so bedeutenden Wert erreiche, wie ihn Wild gefunden hatte. Edlund versuchte eine Veränderung der thermoelektrischen Kraft festzustellen, indem er die Temperaturdifferenz der Elektroden verringerte. Er erhitzte die Kathode durch eine Bunsenflamme. Hierdurch erwartete er eine Abnahme der thermoelektrischen Gegenkraft, konnte aber keine Abnahme derselben beobachten. Er gelangt zu dem Schluß, daß die elektromotorische Gegenkraft im Lichtbogen von der Erwärmung der Elektroden unabhängig sei. Im Gegensatz zu dieser Edlund'schen Behauptung stehen die in § 25 angeführten Untersuchungen von Croß und Shepard, Lecher und Herzfeld.

Le Roux[2]) hält den Lichtbogen für den Sitz einer thermoelektrischen Gegenkraft, da sich bei der „Wärmeentwickelung an der

---

[1]) Edlund, Pogg. Ann. 134, p. 260, 1868.
[2]) Le Roux, C. R. 92, p. 709, 1881.

Berührungsstelle zweier heterogener Körper eine elektromotorische Kraft bildet, welche dem Strome entgegenwirkt". Er schaltet mit der Hand nach Unterbrechung des den Bogen speisenden Stromes ein Galvanometer von hohem Widerstand (Voltmeter) zwischen die Kohlen und beobachtete ungefähr $^1/_5$ Sekunde nach Stromunterbrechung die dem Strome entgegengesetzt gerichtete thermoelektrische Kraft, deren Größe er nicht angibt. Der Versuch gelinge um so besser, je kürzer der Lichtbogen im Augenblicke des Verlöschens sei. Die Kohle ist nach Le Roux elektropositiv in Bezug auf die Gassäule. Jamin[1]) glaubt an die thermoelektrische Gegenkraft beim Wechselstromlichtbogen. Peukert[2]) bezweifelt, daß der Lichtbogen der Sitz einer thermoelektrischen Gegenkraft sei.

Feußner[3]) ist der Ansicht, daß die Gegenkraft nicht thermoelektrischen Ursprungs sein kann, da sie auch beim Wechselstromlichtbogen auftritt, bei „welchem die Temperatur an beiden Elektroden angenähert gleich ist".

Luggin[4]) glaubt nicht an die Existenz einer thermoelektrischen Gegenkraft im Lichtbogen. „Einer thermoelektrischen Gegenkraft steht die geringe Veränderlichkeit der Potentialdifferenz zwischen Anode und Lichtbogen und nicht zum mindesten die Tatsache entgegen, daß verschieden tief in den Bogen eingesenkte dünne Stifte trotz der enormen Temperaturdifferenz ihrer Spitzen so geringe Potentialdifferenzen aufweisen."

Duddell[5]) unterscheidet zwei thermoelektrische Kräfte im Lichtbogen, welche bei der Berührung der Elektroden mit der Gassäule des Bogens entstehen, eine von ungefähr 17 Volt, welche dem Hauptstrom entgegenwirkt, also eine thermoelektrische Gegenkraft, und eine an der Berührungsstelle von Gassäule des Bogens und negativer Elektrode von ungefähr 6 Volt, welche in gleichem Sinne wie der den Bogen speisende Strom gerichtet ist.

§ 54. Erklärung der elektromotorischen Gegenkraft durch Polarisation.

Den konstanten Spannungsverlust von ungefähr 39 Volt im Kohlelichtbogen nannte Edlund „Elektromotorische Gegenkraft" des Lichtbogens, indem er annahm, daß im elektrischen Lichtbogen analoge

---

[1]) Jamin, C. R. 92, p. 1021, 1881.

[2]) Peukert, Z. f. E. 3, p. 111, 1885.

[3]) Feußner, Centr. f. El. 10, p. 3, 1888.

[4]) Luggin, Wien, 98. IIa. p. 1125, 1849.

[5]) Duddell, Proc. Roy. Soc. 68, p. 512, 1901.

Polarisationserscheinungen auftreten, wie in einer Flüssigkeitszelle und daß die mechanische Zerstäubung der Elektroden eine elektromotorische Kraft hervorbringe. Die elektromotorische Gegenkraft der Polarisation wirke der elektromotorischen Kraft der Stromquelle, welche den Bogen zu erzeugen sucht, entgegen und ein Lichtbogen kann erst entstehen, wenn die elektromotorische Gegenkraft der Polarisation von der elektromotorischen Kraft der Stromquelle überwunden ist, also bei den von Edlund verwendeten Kohlen, wenn die elektromotorische Kraft der Stromquelle größer als 39 Volt ist.

In der Tat sind verschiedene Erscheinungen beobachtet worden, welche auf eine Elektrolyse der Gase im Lichtbogen schließen lassen.

Thomas[1]) entwarf ein Spektrum des Lichtbogens und fand, daß die Metalllinien vom positiven Pole zum negativen Pole hin an Helligkeit zunehmen. Der Kern des Bogens enthalte die Stoffe, welche Bandenspektra geben, also Kohlenstoff und Cyan. In der Aureole „wandern von der Anode zur Kathode die Metalldämpfe, welche sich nach diesem gewissermaßen elektrolytischen Transport oxydieren". Thomas sagt, der Bogen sei eine Art Gasvoltameter. Er bemerkt ferner, daß wenn der Bogen in einer Wasserstoffatmosphäre von ungefähr 10 cm Druck brennt, die Wasserstofflinien am negativen Pole viel heller seien. In einer elektrolytischen Zelle wandert auch das Metall und der Wasserstoff von der Anode zur Kathode.

Miss Baldwin[2]) findet, daß beim Spektrum des Kohlelichtbogens die Kohlenbanden am stärksten am positiven Pole auftreten. Führte sie Metalle in die positive Kohle ein, so traten die Metalllinien stärker am negativen Pole auf. Die stärker elektropositiven Metalle K, Na, Li, Ba, Sc, Ca, traten stärker am negativen Pole auf als die schwächer elektropositiven Metalle Cd, Zn, Cu, Ag.

Wilson und Fitzgerald[3]) untersuchten das Verhalten des Kohlelichtbogens in einer Wasserstoffatmosphäre, welche Kohlenwasserstoffe enthielt. Es zeigte sich, daß an der positiven Kohle graphitische Kohle abgelagert worden war, während sich an der negativen Kohle nichts derartiges zeigte. Die Kohlenwasserstoffe scheinen also im Lichtbogen elektrolysiert und der Kohlenstoff an die Anode gewandert zu sein.

Auch Foley[4]) schließt aus spektroskopischen Beobachtungen, daß die Gase des Lichtbogens elektrolysiert werden.

---

[1]) Thomas, C. R. 119, p. 728, 1894.

[2]) Miss Baldwin, Phys. Rev. 3, p. 370, p. 448, 1895.

[3]) Wilson and Fitzgerald, Proc. Roy. Soc. 365, p. 377, 1897.

[4]) Foley, Phys. Rev. 5, p. 129, 1897.

Immerhin ist es möglich, daß die hier angeführten elektrolytischen Erscheinungen ihr Entstehen mehr Zufälligkeiten und sekundären Erscheinungen verdanken als einer Elektrolyse der Bogengase.

Wenn eine elektromotorische Gegenkraft der Polarisation im Lichtbogen vorhanden ist, so müßte sie sich noch kurze Zeit nach dem Verlöschen des Bogens nachweisen lassen. Zum Nachweis dieser elektromotorischen Gegenkraft der Polarisation benutzte Edlund[1]) die in Fig. 67 dargestellte Versuchsanordnung. Durch einen Hebelumschalter konnte eine leitende Verbindung zwischen n und n′ (Stellung I) oder zwischen l und l′ (Stellung II) hergestellt werden. Lag der Umschalter zwischen n und n′, so floß der Strom der Batterie in den Bogen L und der Bogen brannte. Wurde hingegen der Umschalthebel in die Lage l l′ gebracht, so war die Verbindung mit der Stromquelle unterbrochen und der Bogen war ver-

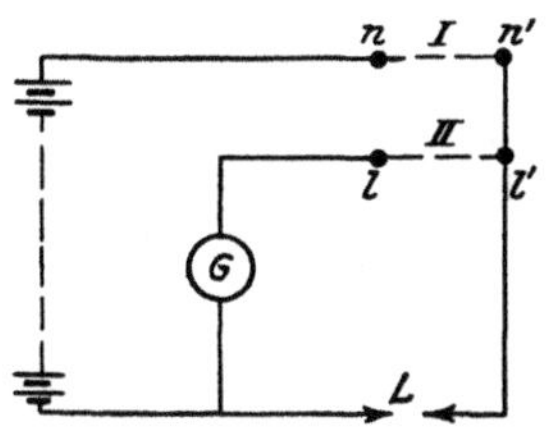

Fig. 67.

loschen. Trotzdem zeigte das Galvanometer G einen Ausschlag. Edlund ließ das Umwerfen des Umschalthebels durch ein fallendes Gewicht bewirken. Die Zeit, welche verging, bis der Kontakt zwischen n und n′ gelöst und bei l und l′ hergestellt war, betrug bei Edlund $^1/_{80}$ Sekunde.

Latschinoff[2]) schloß auf Grund seiner Versuche nach Edlund, daß im Lichtbogen eine elektromotorische Gegenkraft der Polarisation vorhanden sei, für welche er den Wert von ungefähr 23 Volt fand.

Joubert[3]) vergleicht die Vorgänge im Lichtbogen mit denen in einem Voltameter und nimmt eine elektromotorische Kraft der Polarisation von ungefähr 30 Volt an.

Fröhlich[4]) schließt seine Beobachtungen über die Elektrodenspannung mit folgender Betrachtung. „Für die Annahme einer Polarisation im Lichtbogen spricht hauptsächlich die Verschiedenheit der Erscheinungen an den beiden Kohlen und die Tatsache, daß zur Bildung des Bogens ein gewisses Minimum der Spannung vorhanden sein muß.

---

[1]) Edlund, Pogg. Ann. 134, p. 250, 1868.

[2]) Latschinoff, Lum. El. 1, p. 198, 1879.

[3]) Joubert, C. R. 91, p. 161, 1880.

[4]) Fröhlich, E. T. Z. 4, p. 154, 1883.

Gegen dieselbe und für die Annahme eines Übergangswiderstandes spricht die Größe des mittelst der anderen Annahme gefundenen Wertes der Polarisation, welche ungefähr zehnmal so groß ist als alle bekanten Polarisationen."

Peukert[1]) ist der Ansicht, daß eine durch Zerstäubung der Elektroden hervorgerufene elektromotorische Gegenkraft, wie Edlund sie angenommen hatte, nicht so groß sein könne (39 Volt) und außerdem mit der Stromstärke wachsen müsse.

V. v. Lang[2]) versuchte den wahren Widerstand des Lichtbogens zu messen. Er schaltete in den Stromkreis von 58—64 Bunsenelementen zwei Kohlelichtbogen hintereinander und bestimmte den Widerstand dieses Kreises zwischen zwei Punkten gleichen Potentials, von denen der eine in der Mitte zwischen den beiden Lichtbögen und der andere in der Mitte der Batterie lag. Dann wiederholte er die Bestimmung, indem er jeden Bogen durch Widerstände ersetzte und die Stromstärke konstant hielt. V. v. Lang fand, daß sich ein Unterschied zwischen dem wahren Widerstand und dem aus der Elektrodenspannung und Stromstärke berechneten scheinbaren Widerstand ergab. Der scheinbare Widerstand war größer als der wahre Widerstand, deshalb nahm v. Lang an, daß eine gegenelektromotorische Kraft im Lichtbogen bestehe, durch welche der Überschuß des scheinbaren Widerstandes über den wahren Widerstand hervorgerufen sei.

Nebel[3]) gab Methoden zur Messung der elektromotorischen Kraft an, welche nur ein Bogenlicht benötigen, im übrigen aber der v. Lang'schen Methode gleichen. Da die elektromotorische Gegenkraft mit wachsendem Kohlendurchmesser abnimmt, schließt er, daß sie nicht von derselben Natur sein könne wie die elektromotorische Gegenkraft der Polarisation bei Flüssigkeiten.

Uppenborn[4]) findet, daß die Größe a der Fröhlich'schen Formel mit der Stromdichte abnimmt. Daher ist er der Ansicht, daß a im Lichtbogen nicht einer elektromotorischen Gegenkraft, sondern einem Übergangswiderstand entspricht.

Arons[5]) bestimmte mit einer Brückenmethode und einem Lichtbogen den wahren Widerstand des Lichtbogens und erhielt eine gegenelektromotorische Kraft von 39,6—40,6 Volt je nach der Stromstärke.

---

[1]) Peukert, Z. f. E. 3, p. 111, 1885.

[2]) V. v. Lang, Centr. f. El. 7, p. 299, 316, 443, 1885.

[3]) Nebel, Exner's Repert. 22, p. 492, 527, 1886.

[4]) Uppenborn, Berichte der elektrotechnischen Versuchsstation. München, No. 6, p. 3, 1886.

[5]) Arons, Wied. Ann. 30, p. 95, 1887.

V. v. Lang[1]) bestimmte wieder nach seiner Methode von 1885 den wahren Widerstand des Lichtbogens und fand als elektromotorische Gegenkraft 37 Volt.

Lecher[2]) stellte einen Versuch über den Nachweis einer elektromotorischen Gegenkraft im Lichtbogen an, welcher das Gegenteil des Edlund'schen Versuches beweist. Während bei Edlund die Zeit zwischen Verlöschen des Lichtbogens und Einschalten des Galvanometers $^1/_{80}$ Sekunde betrug, erfolgt dies bei Lecher gleichzeitig. Die Versuchsanordnung von Lecher ist in Figur 68 dargestellt. D bedeutet eine Dynamomaschine, von welcher die Leitung über a zum Kohlelichtbogen L führt, von da über a' durch einen Kommutator c c zum Galvanometer G und anderseits wieder von hier durch den Kommutator c c zurück über b' b zur Maschine. Die Galvanometernadel war mit einer passenden Hemmung versehen, sodaß sie nur nach einer Seite ausschlagen konnte. Die Ablesung erfolgte mit Spiegel und Fernrohr. Da

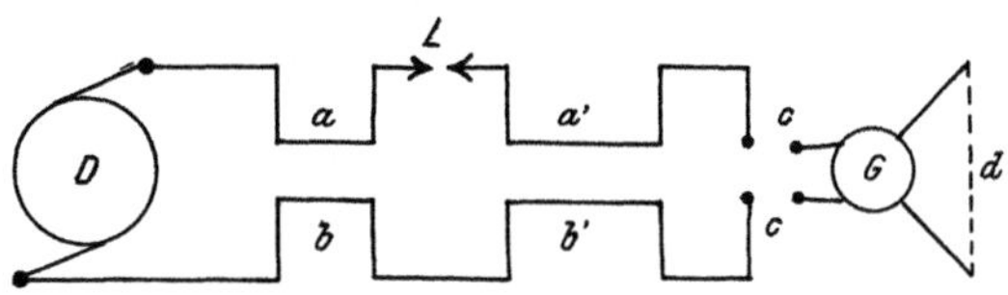

Fig. 68.

jedoch der volle Strom der Maschine die Nadel weit über die Skala hinausgetrieben hätte, war dem Galvanometer ein passender Widerstand d vorgeschaltet. Zunächst wurde der Kommutator so gestellt, daß die Nadel sich bei brennendem Lichtbogen frei bewegen konnte und eine genau bestimmte Ablenkung zeigte. Hierauf wurde zuerst der Kommutator umgelegt; wurde jetzt der Bogen wieder entzündet, so wäre der Ausschlag ebenso groß wie früher, aber in entgegengesetzter Richtung erfolgt, wenn die Galvanometernadel nicht durch die Hemmung am Nullpunkt zurückgehalten wäre. Lecher entfernte nun den Nebenschluß d und berechnete, daß der Ausschlag der Nadel ohne Hemmung das 5—7 fache der ganzen Skala betragen hätte. In der Leitung der Dynamomaschine liegt also nur der Lichtbogen und das Galvanometer, welches ohne Hemmung einen bedeutenden Ausschlag geben würde. Jetzt brachte Lecher die beiden Punkte a und b durch einen metallischen Kontakt in Verbindung; die Maschine ist also kurz geschlossen und wirkt nicht mehr auf die übrige Leitung, die ihrerseits auch ein geschlossenes System ist. Wäre nun in L eine elektromotorische Gegen-

---

[1]) V. v. Lang, Wied. Ann. 31, p. 384, 1887.

[2]) Lecher, Wien. 95, II. p. 992, 1887.

kraft tätig, so würde der durch dieselbe erzeugte Gegenstrom unbeeinflußt von der Hemmung einen Ausschlag des Galvanometers in entgegengesetzter Richtung erzeugen müssen. Eine derartige Hemmung wird ebenso wie die anliegende Galvanometernadel ein wenig federn, es wird somit bei diesem plötzlichen Kurzschlusse ein kleiner Ausschlag erfolgen, der aber, selbst wenn man ihn auf Rechnung einer Gegenkraft setzen würde, höchstens zu einem Werte von 2 Volt führen würde. Aber selbst gegen diesen kleinen Wert spricht ein weiterer Versuch, daß der Ausschlag gleich bleibt, wenn der Kurzschluß statt bei a b bei a' b' erfolgt.

Feußner[1]) machte darauf aufmerksam, daß der Widerstand des Lichtbogens nicht von der Stromstärke unabhängig sei. Infolgedessen seien die Methoden zur Bestimmung des wahren Widerstandes des Bogens von v. Lang, Arons, Fröhlich für den Bogen nicht anwendbar, da sie auf dem Ohm'schen und dem Kirchhoff'schen Gesetze beruhen, welche die Unabhängigkeit des Widerstandes von der Stromstärke zur Voraussetzung hätten. Nach den Methoden von v. Lang, Arons und Fröhlich werde nur ein Bruchteil des wahren Bogenwiderstandes gemessen.

Dubs[2]) ahmt die im Lichtbogen auftretenden Erscheinungen auf nicht elektrischem Wege nach. Er stellte zwei Kohlenplatten in einer Entfernung von 1 mm von einander auf und leitete den Strahl einer Gebläseflamme so über die eine, daß die abgerissenen Kohlenteilchen die andere trafen. Die beiden Kohlenplatten waren mit einem Galvanometer verbunden, welches beim Wandern der Kohlenteilchen eine Ablenkung zeigte. Dubs erklärte die gegenelektromotorische Kraft des Lichtbogens durch die Arbeit des Abreißens der Elektrodenteilchen. Bei Kupferplatten war der Ausschlag des Galvanometers geringer, bei Eisenplatten trat er nicht auf.

Luggin[3]) bestimmte den „wahren“ Widerstand des Lichtbogens nach einer der von Lang'schen ähnlichen Methode. Er gelangt zu dem Ergebnis, daß 0,005 Sekunden nach der Stromunterbrechung keine irgend bedeutende elektromotorische Kraft im erlöschenden Lichtbogen vorhanden sei.

Stenger[4]) vermutet, daß die Lecher'sche Methode nicht empfindlich genug sei, weil sie ein Galvanometer von geringem Widerstand benutzt, während möglicherweise der Widerstand des erlöschenden Bogens sehr groß ist. Stenger schaltet in den Stromkreis einer

---

1) Feußner, Centr. f. El. 10, p. 3, 1888.
2) Dubs, Centr. f. El. 10, p. 649, p. 749, 1888.
3) Luggin, Wien. 98, IIa. p. 1192, 1889.
4) Stenger, E. T. Z. 13, p. 112, 1892.

Schuckert'schen Flachringmaschine mit Nebenschlußwicklung 1. ein Kohlrausch'sches Federgalvanometer zur Messung des normalen Stromes, 2. eine mit einseitiger Hemmung ausgerüstete Tangentenbussole, 3. eine Bogenlampe, 4. einen Ballastwiderstand und 5. eine Akkumulatorenbatterie von fünf hintereinandergeschalteten Elementen ein. Der negative Pol der letzteren ist mit der positiven Kohle verbunden. Während nun die Lampe normal brennt, werden gleichzeitig die Akkumulatoren geladen und die Tangentenbussole reagiert nicht infolge der einseitig wirkenden Hemmung. Wird jetzt die Maschine so kurz geschlossen, daß die 5 erwähnten Apparate außerhalb des Kurzschlusses liegen, so erlischt die Lampe und sofort schlägt die Galvanometernadel oft um mehr als 90° aus. Daraus folgt, daß die Gasstrecke kurze Zeit nach der Unterbrechung des Hauptstromes so gut leitet, daß selbst ein so unempfindliches Galvanometer reagiert. Entfernt man aber die Akkumulatoren und wiederholt den Versuch in derselben Weise, so zeigt das Galvanometer nach Herstellung des Kurzschlusses keine Ablenkung.

Durch diesen Versuch hält Stenger es für erwiesen, daß eine elektromotorische Gegenkraft im Lichtbogen nicht vorhanden ist.

Gold[1]) konnte „gleich nach dem Verlöschen" des Lichtbogens eine elektromotorische Gegenkraft im Lichtbogen nicht nachweisen.

Arons[2]) nahm den Stenger'schen Versuch wieder auf in der Absicht, einerseits die Grenze der elektromotorischen Kraft festzustellen, welche die Akkumulatorenbatterie mindestens haben muß, um nach dem Verlöschen des Lichtbogens einen Stromschluß zwischen den Kohlenelektroden zu erzeugen, andererseits um diejenige Spannung der Batterie zu ermitteln, welche eben ausreicht, wenn auch nur auf kurze Zeit, den Lichtbogen in der entgegengesetzten Richtung zu betreiben. Die Versuchsanordnung von Arons war dieselbe wie bei Stenger, nur verwendete Arons als Stromquelle anstatt einer Dynamomaschine die Leitung eines Elektrizitätswerkes (105—110 Volt).

Abweichend von den Versuchen von Stenger fließt bei Arons bei 5 Akkumulatoren (10—11 Volt) noch kein Strom durch den verlöschten Lichtbogen. Der Strom tritt erst bei 18 Volt auf. Von hier steigt er mit wachsender Voltzahl außerordentlich rasch und liefert schon bei 28 Volt gelegentlich, bei 30 Volt ziemlich regelmäßig einen, wenn auch nur sehr kurze Zeit dauernden Bogen in entgegengesetzter Richtung.

Arons gelangt zu dem Ergebnis, daß „der Zustand der Kohlenelektroden und der Gasstrecke nach dem Verlöschen des elektrischen

---

[1]) Gold, Wien. 104, IIa, 815, 1895.
[2]) Arons, Wied. Ann. 57, p. 188, 1896.

Lichtbogens ein derartiger sei, daß es einer bestimmten äußeren elektromotorischen Kraft bedarf, um einen Strom durch die Gasstrecke zu senden; es handelt sich also hierbei nicht um die Überwindung eines einfachen, wenn auch mit der Zeit schnell wachsenden Widerstandes, wie man nach dem vereinzelten Versuche Stenger's glauben könnte. Die Beobachtungen an dem im umgekehrten Sinne fortbrennenden Lichtbogen deuten darauf hin, daß die elektromotorische Kraft der Akkumulatorenbatterie anfangs eine Unterstützung durch eine vorhandene elektromotorische Gegenkraft im Lichtbogen erfährt, die sehr rasch verschwindet."

Herzfeld schließt aus seinem in § 10 beschriebenen Versuche, „daß die vermeintliche Gegenkraft im Lichtbogen nicht die Folge einer Polarisation der Elektroden durch die abgeschiedenen festen Kohlenteilchen sein kann. Denn die Spannung änderte sich nicht mit der Zahl der Kohlenteilchen, die wirklich von der einen Elektrode zur anderen gelangten. Eine Polarisation hätte jedoch nur noch durch die gasförmigen Teile des Lichtbogens hervorgerufen werden können. Um zu untersuchen, ob das elektrische Feld auch diese beeinflußt, wurde ein vergrößertes Bild von ihm durch einen Spektralapparat betrachtet, dessen Spalt senkrecht oder parallel zu den elektrischen Kraftlinien stand. Eine Veränderung konnte beim Erregen des elektrischen Feldes nicht nachgewiesen werden".

Blondel[1]) schloß aus folgendem Versuch, daß keine elektromotorische Gegenkraft im Lichtbogen vorhanden sei. Der einen Lichtbogen speisende Gleichstrom wird periodisch in sehr kurzen Zwischenräumen unterbrochen und während jeder Stromunterbrechung wird ein Galvanometer an die Elektroden des Lichtbogens gelegt. Diese Vorgänge werden durch einen rotierenden Kommutator besorgt. Die Blondelsche Anordnung der Apparate ist in Fig. 69 dargestellt. Der Kommutator T, welcher durch einen Gleichstrommotor mit konstanter Geschwindigkeit gedreht wird, besteht aus einer Ebonittrommel, auf welcher zwei Kupferringe b angebracht sind. Der Ring b rechts trägt einen breiten Ausschnitt, in welchen ein Segment a eingelassen ist, welches mit b links in Verbindung steht, und zwei isolierte Kupferplättchen cc. Der Kommutator machte in der Sekunde ungefähr 40 Umdrehungen. Der Einschnitt des Ringes b beträgt nahezu $^1/_5$ des Umfanges. Die Bogenlampe wird von einer Akkumulatorenbatterie B gespeist, welche ungefähr 70 Volt Spannung besitzt. Der Strom der Batterie durchfließt nacheinander einen Beruhigungswiderstand S, den Kommutator zwischen den Bürsten M und P durch den Ring b, die

[1]) Blondel, C. R. 125, p. 164, 1897.

Bogenlampe EF und den Umschalter C. Bei jeder Umdrehung ist der Strom während $\frac{1}{5} \times \frac{1}{40} = \frac{1}{200}$ Sekunde unterbrochen, während der Ausschnitt des Ringes b unter der Bürste P vorbeirotiert. Wenn der Bogen ruhig brennt, wird eine leitende Verbindung zwischen q und r hergestellt, sodaß der Bogen und ein Galvanometer hintereinander kurzgeschlossen sind, wenn das Kupferplättchen a unter der Bürste P vorbeiwandert. Das Galvanometer muß sehr empfindlich sein. Blondel verwendete zu seinen Versuchen ein Deprez-d'Arsonval-Galvanometer. Bei der Blondel'schen Anordnung hat man nicht den Einfluß der Abkühlung des Bogens auf sein physikalisches Verhalten während der Stromunter-

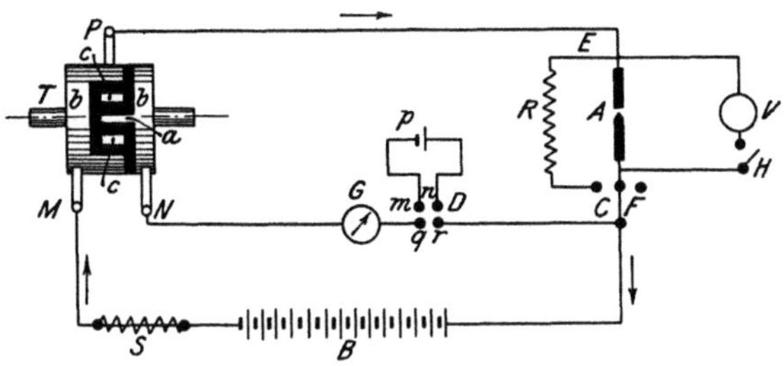

Fig. 69.

brechung zu befürchten. Wenn also im Bogen eine gegenelektromotorische Kraft vorhanden ist, muß sie im Galvanometer G einen Ausschlag hervorrufen. Eine Hilfsbatterie p konnte in den Galvanometerkreis zur Bestimmung des Wertes des Ausschlags und zur Prüfung der Empfindlichkeit der Methode eingeschaltet werden. Durch Umlegen des Umschalters C kann man den Lichtbogen durch einen Widerstand von demselben Stromverbrauch und Spannungsverlust wie der Lichtbogen selbst ersetzen.

Die Ablenkungen im Galvanometer, die Blondel erhielt, würden, wenn sie von einer elektromotorischen Gegenkraft herrühren würden, einer elektromotorischen Gegenkraft von nur maximal 0,16 Volt entsprechen. Die Ablenkungen des Galvanometers waren kaum von einander verschieden, wenn der Lichtbogen oder der Widerstand R eingeschaltet war.

Granquist[1]) wies nach, daß bei der Arons'schen Methode von 1896 das Galvanometer (Tangentenbussole) nicht empfindlich genug war, um den Strom bei einer Spannung unterhalb 18—22 Volt festzustellen. Granquist konnte gleich nach dem Erlöschen des Bogens einen Strom durch den Bogen mit einem einzigen Daniell-Element senden. Er gelangte zu dem Schluß, daß nach dem Verlöschen des Lichtbogens im

---

[1]) Granquist, Beiblätter zu Wiedemann's Annalen, 1898, p. 243.

Bogen keine größere elektromotorische Gegenkraft als von 0,227 Volt sein kann. Granquist nimmt an, daß die elektromotorische Gegenkraft nur während des Brennens des Bogens bestehe und von der Zerstäubungsarbeit herrühre, welche der Strom leistet.

Hotchkiß[1]) untersuchte die elektromotorische Gegenkraft des Lichtbogens mit einem Oscillographen von der Periode 0,0002 Sekunden. Er fand, daß, wenn eine elektromotorische Gegenkraft besteht und noch 0,0001 Sekunde nach der Stromunterbrechung vorhanden ist, sie nicht mehr als $^2/_3$ Volt betragen kann. Aus anderen Untersuchungen zieht er den Schluß, daß diese elektromotorische Gegenkraft nicht größer als 1 Volt sein kann.

Corbino und Liga[2]) speisten den Lichtbogen mit Strom, der durch einen Wehnelt-Unterbrecher 1000 mal in der Sekunde unterbrochen wurde. Sie stellten fest, daß nach der Unterbrechung des Stromes keine elektromotorische Gegenkraft zu bemerken sei.

Aus diesen Untersuchungen geht hervor, daß sich eine durch Polarisation im Lichtbogen hervorgerufene elektromotorische Gegenkraft von so hohem Betrage, wie Edlund sie angenommen hatte, sofort nach dem Verlöschen des Lichtbogens nicht nachweisen läßt. Ob nicht während des Brennens des Lichtbogens in ihm eine elektromotorische Gegenkraft besteht, läßt sich aus diesen Versuchen nicht entscheiden.

§ 55. Andere Erklärungen.

Schon Schwendler[3]) hatte zur Erklärung des großen konstanten Teiles der Elektrodenspannung a angenommen, daß a durch einen Übergangswiderstand und nicht durch eine gegenelektromotorische Kraft zu erklären sei, wobei der Übergangswiderstand nicht wie ein gewöhnlicher Widerstand von der Stromstärke unabhängig sei, sondern von ihr abhänge. Lecher deutete die Konstante a durch eine Arbeitsleistung, welche der Strom im Lichtbogen leistet, „indem zur Überbrückung der Elektroden ein für allemal eine bestimmte Energiemenge verbraucht wird“. Einen kleinen Anteil an der Konstanz der Konstante a schreibt er dem Umstande zu, daß die Elektrizität im Lichtbogen sich räumlich ausbreite.

Feußner ist der Ansicht, daß die Verdampfung des Elektrodenmaterials die Größe des Übergangswiderstandes bedingt. Er hatte auch den Satz ausgesprochen, daß a umso größer würde, je höher die Verdampfungstemperatur des Elektrodenmaterials sei. Leider kennt man

---

[1]) Hotchkiß, The American Physical Society, 27. IV. 1901.

[2]) Corbino e Liga, Att. Ass. el. 5, 1901.

[3]) Schwendler, The Electr. 2, p. 107, 117, 1879.

nicht die Siedepunkte von Gold, Platin, Silber, Kupfer, Eisen, Nickel, um diese Beziehung für die Metalle zu prüfen. Außerdem ist die Verdampfung erst die Folge der Stromwärme; sie kann also nicht die Ursache des elektrischen Arbeitsaufwandes sein.

Blondel[1]) schließt aus den Vorgängen im Wechselstromlichtbogen, daß der Widerstand des Lichtbogens sich mit der Stromstärke ändert. Der Strom wird zu gleicher Zeit wie die Spannung null, während das Bestehen einer elektromotorischen Gegenkraft, die durch Polarisation hervorgerufen wäre, ein Voreilen des Stromes bewirken müßte. Die einzige Polarisation, die man zulassen könnte, wäre eine solche, die in ihrem Entstehen und Verschwinden den periodischen Schwankungen des Wechselstromes folge; wenn diese bestehe, so unterscheide sie sich nicht in ihren sichtbaren Wirkungen von einem Widerstande. Auf Grund des im vorigen Paragraphen beschriebenen Versuches schließt Blondel, daß der Lichtbogen sich wie ein gewöhnlicher Widerstand verhält und keine gegenelektromotorische Kraft von der von Edlund angegebenen Größe zeigt. An der Oberfläche der positiven Elektrodenspitze[2]) biete der Bogen einen großen Übergangswiderstand dar.

Herzfeld spricht (1897) die Ansicht aus, daß sich an der Grenze zwischen der positiven Elektrode und dem Lichtbogen eine Schicht von hohem Widerstande befinde. Diese Schicht werde durch die Joule'sche Wärme erhitzt und spiele dieselbe Rolle wie die Wasserstoffschicht im Schweißverfahren von Lagrange und Hoho.

Frau Ayrton[3]), wohl die gründlichste Kennerin des Kohlelichtbogens bei Gleichstrom, zeigte, daß die Konstante a der Fröhlich'schen Formel, welche der Konstante α der Ayrton'schen Formel entspricht, aus zwei Teilen besteht: nämlich aus einem Spannungsabfall von $^4/_5\ \alpha$ an der positiven Elektrode und einem Spannungsabfall von $^1/_5\ \alpha$ an der negativen Elektrode. Daraus geht hervor, daß die konstante elektromotorische Gegenkraft, wie bis dahin angenommen worden war, nicht ihren Sitz allein am Krater haben kann. Frau Ayrton ist der Ansicht, daß der große Spannungsabfall am Krater durch eine Dampfschicht von hohem Widerstande hervorgerufen ist, welche zwischen der positiven Elektrode und der Gassäule des Bogens ihren Sitz hat. Der kleine Spannungsabfall an der negativen Kohle sei möglicherweise durch eine elektromotorische Gegenkraft zu erklären, welche aber größer ist, als alle bekannten elektromotorischen Gegenkräfte in Zellen, jedoch bedeutend kleiner als die von Edlund und Wild vermutete Gegenkraft von 40 Volt.

---

[1]) Blondel, Lum. El. 49, p. 617, 1893.
[2]) Blondel, Industrie électrique 4, p. 329, 1895.
[3]) Mrs. Ayrton, Phil. Trans. 199, A, p. 299. 1902.

Vogel[1]) sucht die elektromotorische Gegenkraft durch die zur Dissoziation der Gase im Lichtbogen notwendige Arbeit zu erklären, welche ein wichtiges Hilfsmittel zur Bestimmung der Atomverbindungswärmen darstelle.

Wiedemann[2]) spricht die Vermutung aus, daß der Lichtbogen eine Reihe diskontinuierlicher Entladungen der Elektrizität sei. Es ließen sich auch unter diesem Gesichtspunkte die Spannungserscheinungen im Lichtbogen erklären. Schon A. de la Rive[3]) sagte im Jahre 1849 „ . . . um so mehr, als der Volta'sche Bogen viel eher als das Erzeugnis einer Reihe unterbrochener, einander mit außerordentlicher Raschheit folgender Ströme, denn als das eines vollkommen stetigen Stromes betrachtet werden kann."

Bezold[4]) leitete unter der Annahme, daß im Lichtbogen diskontinuierliche Entladungen stattfinden, die Edlund'sche Formel ab.

Lecher stellte (1887) experimentell eine Diskontinuität in der Entladung des Eisen- und Platinlichtbogens bei Gleichstrom fest. Für Kupfer und Silber konnte er diskontinuierliche Entladungen nicht nachweisen, vermutet aber, daß sie so schnell erfolgen, daß seine Methode nicht empfindlich genug war, um sie festzustellen.

Arons[5]) stellte eine Diskontinuität in der Entladung beim Quecksilberlichtbogen fest.

Guye und Monasch[6]) stellten fest, daß im hochgespanntenWechselstromlichtbogen in der kritischen Zone, bei Bogenlängen, die kleiner als 3 mm waren, die Entladung in jeder halben Periode des Wechselstromes diskontinuierlich für die reinen Metalle Platin, Gold, Silber, Kupfer, Nickel, Aluminium, Magnesium, Eisen und Kadmium ist.

Stenger[7]) behauptet, es gibt „kein unbedingt sicheres Kennzeichen dafür, ob man eine gegebene Entladung als Glimmentladung oder Bogenentladung anzusehen hat, sondern es existiert zwischen den so sehr verschiedenen typischen Fällen beider Formen ein stetiger Übergang. Bei der Glimmentladung findet der große Spannungsabfall an der Kathode statt, beim Lichtbogen an der Anode".

[1]) Vogel, Exner's Repertorium, 26, p. 54, 1890.

[2]) G. Wiedemann, Die Lehre von der Elektrizität, Band IV, 2, p. 835, p. 855, 1885, Braunschweig.

[3]) A. de la Rive, Pogg. Ann. 76, p. 286, 1849.

[4]) Bezold, Pogg. Ann. 139, p. 552, 1870.

[5]) Arons, Wied. Ann. 58, p. 73, 1896.

[6]) Guye und Monasch, Ecl. El. 34, p. 305, 1903. 35, p. 18, 1903.

[7]) Stenger, Wied. Ann. 25, p. 31, 1885.

Viertes Kapitel.

Der Lichtbogen im magnetischen Felde.

§ 56. Wirkung des Erdmagnetismus.

Da der elektrische Lichtbogen ein von einem Strome durchflossener leicht beweglicher Leiter ist, so muß er von einem Magneten in seiner Lage beeinflußt werden. Der Einfluß von Magneten auf Lichtbögen wurde schon von Davy[1]) beobachtet. Der zwischen horizontalen Elektroden brennende Lichtbogen wird durch die erhitzte Luft bestimmt, eine nach oben gewölbte Biegung anzunehmen. Denkt man sich durch die glühenden Anfangspunkte des Lichtbogens eine senkrechte Ebene gelegt, so liegt nach Casselmann[2]) der höchste Punkt des Bogens nie in dieser Ebene, sondern mehr oder weniger weit auf der einen Seite von der Ebene entfernt. Casselmann untersuchte diese Abweichungen des Bogenscheitels, indem er die Elektroden stets in derselben Horizontalebene erhielt und bei verschieden zum magnetischen Meridian gerichteten Strömen die Abweichungen des Bogenscheitels beobachtete. In der folgenden Tabelle sind seine Beobachtungen zusammengestellt.

Richtung des Stromes	Abweichung des Bogenscheitels aus der Vertikalebene
von N nach S	nach O
- NW - SO	- NO
- W - O	- N
- SW - NO	- NW
- S - N	- W
- SO - NW	- SW
- O - W	- S
- NO - SW	- SO

[1]) Davy, Phil. Trans. 2, p. 427, 1821.
[2]) Casselmann, Pogg. Ann. 63, p. 589, 1844.

Diese Abweichungen des Bogenscheitels aus der Vertikalebene sind durch das magnetische Feld der Erde verursacht und zeigen, daß die Richtung der Ablenkung dieselbe wie bei der Wirkung eines festen Magneten auf einen beweglichen Stromkreis oder eines festen Stromkreises auf einen beweglichen Stromkreis ist. Denkt man sich das magnetische Feld der Erde durch einen Strom ersetzt, der um den Äquator von Osten nach Westen fließt, und fließt der Strom im Lichtbogen auch von Osten nach Westen, so haben wir zwei parallele gleichgerichtete Ströme. Dieselben müssen sich anziehen und da nur der Lichtbogen beweglich ist, wird er von dem festen, um den Äquator fließenden Strome angezogen, also nach Süden abgelenkt. Die Ablenkungen in jeder Lage des Lichtbogens zum magnetischen Felde der Erde kann man bestimmen, wenn man sich vergegenwärtigt, daß parallele gleichgerichtete Ströme sich anziehen, parallele entgegengesetzt gerichtete sich abstoßen und zwei sich kreuzende Ströme sich anziehen, wenn beide nach dem Kreuzungspunkt hinfließen, andernfalls sich abstoßen.

Der Einfluß des erdmagnetischen Feldes auf den elektrischen Lichtbogen läßt sich nach S. P. Thompson[1]) gut erkennen, wenn man einen Wechselstromlichtbogen in einem rotierenden Spiegel betrachtet, dessen Achse horizontal ist. Der Wechselstrom fließt während der ersten Hälfte einer Periode in einer, während der anderen Hälfte der Periode in der entgegengesetzten Richtung. Fließt er in der ersten halben Periode z. B. von Osten nach Westen, so wird der Bogen nach Süden abgelenkt; in der zweiten Hälfte der Periode fließt der Strom dann von Westen nach Osten; der Bogen wird nach Norden abgelenkt. Im rotierenden Spiegel sieht man für jede halbe Periode ein Bild des Lichtbogens. Die Bilder der ersten halben Periode sind nach links gebogen, die der zweiten halben Periode aber nach rechts.

§ 57. Wirkung künstlicher Magnete.

Casselmann untersuchte auch den Einfluß künstlicher Magnete auf den Lichtbogen. Die Elektroden standen horizontal und der Strom floß durch den Lichtbogen von Osten nach Westen. Casselmann brachte nun einen Magneten in verschiedene Stellungen zum Lichtbogen. Die beobachtete Ablenkung ist die Resultierende aus einer kleinen Komponente, die durch den Erdmagnetismus hervorgerufen ist und bei der Versuchsanordnung den Bogen konstant nach Süden ablenkte. Die andere Komponente der Ablenkung ist durch den Magneten hervor-

[1]) S. P. Thompson, El. Rev. 37, p. 572, 1895.

gerufen. Die Beobachtungen Casselmanns sind in folgender Tabelle zusammengestellt.

	Stellung des Magnets zum Lichtbogen	Richtung des Nordpols des Magnets	Ablenkung des Lichtbogens aus seiner ursprünglichen Stellung
1	Nördlich	Nach Süden	Nach Süden, weit mehr als ursprünglich und mit der Wölbung nach unten.
2	Südlich	- oben	Nach Süden, etwas mehr nach unten als ursprünglich und etwas weniger als in 1.
3	Oberhalb	- Norden	Etwas weniger nach Süden als ursprünglich.
4	Nördlich	- unten	Etwas nach Norden.
5	Unterhalb	- Norden	Nach Norden, mit Wölbung nach oben.
6	Südlich	- unten	Weiter nach Norden als in 5.
7	Oberhalb	- Süden	Noch weiter nach Norden als in 6 mit der Wölbung nach unten.
8	Nördlich	- oben	Nach Süden mit der Wölbung nach unten.

Der Lichtbogen wurde von dem Magneten angezogen, wenn letzterer sich in einer Stellung befand, in welche eine bewegliche Magnetnadel durch den Strom gebracht worden wäre, abgestoßen dagegen, wenn der Magnet sich in der entgegengesetzten Stellung befand.

Wurde ein Hufeisenmagnet dem horizontalen Lichtbogen so genähert, daß sein Nordpol über und sein Südpol unter der Mittellinie der Elektroden stand und dann mit dem Nordpol voran um den Bogen so bewegt, daß der Bogen stets zwischen den beiden Polen blieb, so wurde der Bogen in das Hufeisen hineingezogen. Stand der Südpol oben und der Nordpol unten, so wurde der Lichtbogen bei der Bewegung des Hufeisenmagnets aus dem Hufeisen herausgeneigt.

Quet[1]) fand, daß auch bei feststehendem Elektromagnet der Bogen „weggeblasen“ wurde.

§ 58. Magnetische Rotation.

Wenn man an Stelle der einen Kohlenelektrode einen Stahlmagnet verwendet, oder einen Eisenstab, welcher mit Kupferdraht umwickelt ist und durch einen Strom magnetisch gemacht werden kann, so rotiert der Bogen um die magnetische Elektrode. Die magnetische Rotation des Lichtbogens wurde von Walker[2]) im Jahre 1837 entdeckt. War der

1) Quet, C. R., 34, p. 805, 1852.

2) Walker, Pogg. Ann. 54, p. 514, 1841.

Nordpol Anode, so rotierte der Bogen im Sinne des Uhrzeigers. War der Südpol des Magnets Anode, so war die Rotationsrichtung umgekehrt.

Bei Casselmann's Versuchen über die magnetische Rotation des Bogens floß der Strom im Bogen von Osten nach Westen. War der Südpol Anode, so geschah die Rotation des horizontalen Lichtbogens von Norden „unten herum nach Süden". War der Nordpol Anode, so rotierte der Bogen in entgegengesetztem Sinne. War der Südpol Kathode, so rotierte der Bogen von Norden unten herum nach Süden. War der Nordpol Kathode, so rotierte der Bogen in umgekehrter Richtung. Die Rotation des Bogens findet also in derselben Richtung statt, in welcher ein stromdurchflossener Leiter rotieren würde, der senkrecht gegen den Magnetpol gerichtet ist.

§ 59. Elektrodenspannung im magnetischen Felde.

De la Rive[1]) hatte beobachtet, daß ein Lichtbogen in einem magnetischen Felde „nicht eher zu stande kommen kann, als bis man die Elektroden einander viel weiter nähert, als wenn der Bogen sich nicht im magnetischen Felde befindet". In dem Augenblicke, in welchem ein Lichtbogen in einem starken magnetischen Felde entsteht, hört man, nach de la Rive, „ein sehr starkes Geräusch, ähnlich dem scharfen Zischen, mit welchem der Wasserdampf aus einer Lokomotive entweicht. Das Geräusch verschwindet gleichzeitig mit der Magnetisierung".

Der Bogen, der in ein magnetisches Feld gebracht wird, geht leicht aus. Versucht man, den Bogen in einem starken magnetischen Felde zu erzeugen, so verlöscht er sofort nach der Erzeugung mit einem lauten Knall. Bei höherer Spannung wird der Bogen im magnetischen Felde in eine längere Flamme ausgeblasen und verlöscht schwerer. Das Verlöschen des Bogens im magnetischen Felde hängt von der Stärke des magnetischen Feldes und von der Spannung der den Bogen speisenden Stromquelle ab. Diese Verhältnisse bedürfen noch quantitativer Erforschung.

Joubert[2]) fand, daß bei einem Wechselstromlichtbogen, der in einem magnetischen Wechselfelde brannte, das von demselben Strome wie der Bogen selbst erzeugt wurde, der Spannungsverlust im Bogen größer ist, als wenn der Bogen nicht in einem magnetischen Felde brennt, und daß der Spannungsverlust umso größer wird, je mehr die Stärke des magnetischen Feldes gesteigert wird.

---

[1]) de la Rive, Pogg. Ann. 76, p. 281, 1849.
[2]) Joubert, C. R. 91, p. 161, 1880.

§ 60. Anwendungen.

Jamin hatte die Wirkung eines Magnets auf den Lichtbogen bei seiner Kerze angewendet. Seine Kerze unterschied sich von der Jablochkoff'schen dadurch, daß bei ihr zwischen den beiden parallelen Kohlenelektroden als isolierende Schicht nicht Gips, sondern Luft verwendet wurde. Hierbei war der Bogen sehr unruhig und wanderte. Durch die abstoßende Wirkung eines Magnets wurde der Bogen an die Spitzen der Kohlenstifte getrieben. Außerdem wurde der Bogen durch die magnetische Blaswirkung verbreitert. Eine Anwendung des Jaminschen magnetischen Gebläses wurde in neuster Zeit in der Bremerlampe zur Verbreiterung des Lichtbogens gemacht. Der Einfluß des magnetischen Gebläses auf die Ökonomie ist in § 120 besprochen.

Die Versuche, die Blaswirkung des magnetischen Feldes auf den Lichtbogen zu Lötzwecken zu verwenden, gehen bis auf Quet (1852) zurück. Brauchbar ist erst der Apparat von Zerener. Die elektrischen Lötapparate sind in § 68 besprochen.

Fünftes Kapitel.

Wärmeerscheinungen im Lichtbogen.

I. Temperaturbestimmungen im Lichtbogen.

§ 61. Bei Gleichstrom.

Tyndall[1]) bemerkte, daß der elektrische Lichtbogen außerordentlich große Energie im ultraroten Teile des Spektrums besitze.

Matteucci[2]) stellte im Jahre 1850 fest, daß die positive Elektrode im Lichtbogen eine höhere Temperatur als der Lichtbogen selbst oder die negative Elektrode besitze, worauf schon Gassiot im Jahre 1838 hingewiesen hatte. Matteucci fand, daß die Temperatur der positiven Elektrode um so höher sei, je geringer die elektrische Leitfähigkeit der Elektroden wäre. Er beobachtete die Temperaturerhöhung der Elektroden, indem er dieselben mit Wasser umgab und die Temperaturerhöhung des Wassers maß.

Man kann auch daran erkennen, daß die Temperatur der positiven Kohle höher ist als die der negativen, daß nach dem Verlöschen eines Kohlelichtbogens die positive Kohle viel länger rotglühend bleibt als die negative.

E. Becquerel[3]) bestimmte die Temperatur des Kohlelichtbogens mit Hilfe eines Platin-Palladium Thermoelements und eines Photometers. Er maß die Intensität des bei einer bekannten Temperatur von der Lötstelle ausgestrahlten roten Lichtes und stellte die Beziehungen zwischen Intensität des roten Lichtes und Temperatur durch die Formel dar:

$$L = a\left(e^{b(T-\vartheta)} - 1\right),$$

[1]) Tyndall, Phil. Trans. 156, II. p. 1, 1866.

[2]) Matteucci, C. R. 30, p. 201, 1850.

[3]) E. Becquerel, Ann. de Chim. et phys. (3) 68, p. 49, 1863.

wobei L die Lichtintensität, ϑ die Temperatur des Körpers, T die Temperatur, bei welcher das rote Licht auftritt, und a und b Konstante bedeuten.

Dann stellte er die Intensität des vom Bogen ausgestrahlten roten Lichtes photometrisch fest und berechnete aus dieser Formel umgekehrt die Temperatur des Bogens. Als Temperatur des Bogens findet er 2070°.

Rossetti[1]) beweist, daß die von Becquerel verwendete Formel nicht für hohe Temperaturen gültig ist. Er beobachtet auch mit Hilfe einer Thermosäule; seine Methode unterscheidet sich von der Becquerel'schen dadurch, daß er nicht sichtbare Strahlen zur Untersuchung verwendet, sondern Wärmestrahlen (ultrarote). Er stellt eine andere empirische Formel auf:

$$y = m T^2 (T - \vartheta) - n (T - \vartheta),$$

wobei y den Ausschlag eines astatischen Spiegelgalvanometers, m und n Galvanometerkonstanten, T die absolute Temperatur des strahlenden Körpers und ϑ die absolute Temperatur der Umgebung bedeuten. Aus dieser Formel berechnet er die Temperatur verschiedener Teile des Bogens. Die Temperatur der positiven Kohle liege zwischen 2400° und 3900°. Die Temperatur der positiven Kohle sei stets höher als die der negativen. In der äußersten Spitze der positiven Kohle sei die Temperatur am höchsten. Die Temperatur der negativen Kohle betrage zwischen 2138° und 2530°. Auch hier sei die Temperatur in der äußersten Spitze der Elektrode am größten. Für die Gassäule des Bogens fand Rossetti ungefähr 4800°.

Die Untersuchungen von Becquerel und Rossetti beruhen auf der Annahme, daß alle undurchsichtigen Körper gleichgroßes Emissionsvermögen besitzen, eine Annahme, die jedoch nicht zutrifft. Außerdem ist es fraglich, ob sich die bei niederen Temperaturen abgeleiteten Formeln für so hohe Temperaturen, wie sie im Lichtbogen herrschen, noch gültig erweisen.

Es schien Rossetti, daß die Temperatur der positiven Kohle mit der Stromstärke steige; doch findet er später, daß die Temperatur der positiven Kohle bei wachsender Stromstärke konstant bleibe; bei höherer Stromstärke werde nur ein größeres Stück von der Oberfläche der Kohle zur Weißglut erhitzt.

Im Jahre 1880 schätzte Dewar[2]) die Temperatur des Lichtbogens auf etwa 6000°, indem er die Wärmestrahlung auf eine Thermosäule fallen ließ. In demselben Jahre findet Crova[3]) für die Temperatur des Bogens 3060°, indem er das Strahlungsgesetz durch eine ähnliche Formel

---

[1]) Rossetti, Nuov. Cim. (3) 6, 101, 1879, 7, p. 138, p. 185, 1880.

[2]) Dewar, Proc. Roy. Soc. 30, p. 85, 1880.

[3]) Crova, Ann. de Chim. et phys. (5) 19, p. 472, 1880.

wie Becquerel darstellt. Abney und Festing[1]) bestimmten im Jahre 1883 die Temperatur des Kraters zu 6000°, ein Wert, der sicherlich zu hoch ist.

Le Chatelier[2]) findet für die positive Kohle 4100° und für die negative 3000°.

Die bedeutenden Abweichungen in den Angaben der einzelnen Forscher zeigen die Schwierigkeit genaue Temperaturbestimmungen im Lichtbogen auszuführen. Je nach der gewählten Methode erhielten die Beobachter andere Werte und für jede Methode sind später prinzipielle Fehler aufgedeckt worden. Genaue Messungen werden sich erst ausführen lassen, wenn die physikalischen Konstanten der Körper bei hohen Temperaturen erschlossen sein werden.

Im Jahre 1892 bestimmte Violle[3]) die Temperatur der positiven Kohlenspitze. Seine Bestimmungen dürften wohl der Wahrheit am nächsten kommen, doch mußte er die unbewiesene Annahme machen, daß die spezifische Wärme der Kohle oberhalb 1000° ihren theoretischen, aus dem Dulong-Petit'schen Gesetz berechneten Wert besitze. Die spezifische Wärme der Kohle steigt aber mit wachsender Temperatur[4]). Violle erzeugte einen Bogen mit einer Stromstärke von 400 Amp. Die positive Spitze der Kohle war so eingefeilt, daß sie zur geeigneten Zeit, wenn sie weißglühend war, durch einen kurzen Schlag von dem Kohlenstifte losgetrennt werden konnte. Sie fiel in ein Wasserkalorimeter, wobei die Anordnung getroffen war, daß Wärmeverluste so viel wie möglich vermieden wurden. Violle berechnete dann aus der von der glühenden Kohle an das Wasser abgegebenen Wärmemenge mit Hilfe der spezifischen Wärme der Kohle die Temperatur der Kohlenspitze. Er gelangt zu dem Schluß, daß die Temperatur des Kraters konstant 3500° betrage, also unabhängig von der Stromstärke sei.

Die konstante Kratertemperatur hält Violle für die Verdampfungstemperatur des Kohlenstoffs. Die Temperatur der Gasstrecke des Bogens sei von der Stromstärke abhängig und wachse mit der Stromstärke. Dies bestätigte Moissan[5]). Als Moissan die Stromstärke im Bogen bis 2200 Amp. steigerte, fand er eine ständige Zunahme der Temperatur der Gassäule des Lichtbogens mit wachsender Stromstärke.

Wilson und Gray[6]) fanden im Jahre 1895, daß die Temperatur der Kohlen selbst unabhängig von der Stromstärke sei. Die Temperatur

---

[1]) Abney and Festing, Proc. Roy. Soc. 35, p. 328, 1883.

[2]) Le Chatelier, J. de Phys. (3) 1, p. 185. 1892.

[3]) Violle, C. R. 115, p. 1273, 1892.

[4]) Nernst, Theoretische Chemie, p. 175.

[5]) Moissan, C. R. 119, p. 776, 1894.

[6]) Wilson and Gray, Proc. Roy. Soc. 58, p. 24, 1895.

des Kraters betrage 3300°, die der negativen Kohle 2400°. Die Methode von Wilson und Gray bestand darin, daß sie die Strahlungsintensität von blankem und berußtem Platin bei bekannten Temperaturen feststellten und die Beziehungen zwischen diesen Größen durch eine empirische Formel darstellten. Aus der gemessenen Strahlungsintensität des Lichtbogens berechneten sie mit ihrer Formel die Temperatur des Lichtbogens und der Kohlenspitzen.

Lummer und Pringsheim[1]) bestimmten die Temperatur des Lichtbogens aus der Lage des Energiemaximums im ultraroten Teile des Spektrums. Sie hatten gefunden, daß die Temperatur eines schwarzen Körpers sich aus der Lage des Energiemaximums berechnen läßt, durch die Formel

$$\lambda_m \cdot T = 2940,$$

wobei T die absolute Temperatur des Körpers und λ_m die Wellenlänge in tausendstelmillimetern beim Energiemaximum bedeuten. Sie brachten den Lichtbogen in die Mitte einer innen versilberten gut spiegelnden Hohlkugel, wodurch die Strahlung des Lichtbogens der eines vollkommen schwarzen Körpers annähernd gleich gemacht wurde. Die Strahlung ließen sie durch eine enge Öffnung auf den Spalt eines Spektro-Bolometers fallen und bestimmten λ_m. Es ergab sich dann aus obiger Formel $T = 4200^0$ abs.

Für die Körper, deren Strahlungseigenschaften sich wie die des blanken Platins verhalten, fanden Lummer und Pringsheim $\lambda_m . T = 2630$.

Würde sich also die Strahlung des Bogens wie die des blanken Platins verhalten, so wäre seine Temperatur 3750° abs. Es ist aber anzunehmen, daß das Verhalten der Strahlung des Lichtbogens sich mehr dem Verhalten des schwarzen Körpers als dem des blanken Platins nähert. Die Versuchsresultate der Temperaturmessungen im Lichtbogen sind in folgender Tabelle zusammengestellt.

Beobachter	Jahr	Krater Grad	Gasstrecke Grad	Kathode Grad
E. Becquerel	1862	—	2070—2100	—
Rossetti	1879	2400—3900	4800	2158—3150
Dewar	1880	—	6000	—
Crova	1880	—	3060	—
Abney und Festing	1883	6000	—	—
Le Chatelier	1892	4100	—	3000
Violle	1892	3500	—	2700
Wilson und Gray	1895	3300	—	2400
Lummer u. Pringsheim	1899	—	3480—3930	—

[1]) Lummer und Pringsheim, Verh. phys. Ges. 1, p. 230, 1899.

Von diesen Messungen scheinen diejenigen von Violle und Wilson und Gray dem Tatsächlichen am nächsten zu kommen.

Demnach beträgt die Temperatur des Kraters ungefähr 3500° konstant und die der negativen Kohlenspitze ungefähr 2500°. Die Temperatur des Bogens selbst, der Gassäule ist von der Stromstärke abhängig und im allgemeinen höher als die des Kraters. In den einzelnen Teilen der Gassäule selbst ist die Temperatur verschieden groß. Am größten ist sie im Bogenkern. Sie fällt nach außen hin in der Aureole ab.

Die bisher besprochenen Temperaturverhältnisse bezogen sich auf den Kohlelichtbogen. Über die Temperaturverhältnisse an den Elektroden des Quecksilberlichtbogens, der in der Arons'schen Quecksilberbogenlampe erzeugt wurde, hat Arons[1]) Beobachtungen gemacht, die am Metallbogen analoge Verhältnisse wie am Kohlebogen zu ergeben scheinen. Auch hier ist die Anode heißer als die Kathode und man bemerkt stets, daß von der Anode das Quecksilber zu der Kathode hinüberdestilliert.

§ 62. Bei Wechselstrom.

Über den Wechselstromlichtbogen wird vielfach angenommen, daß die Temperatur der Kohle sämtlichen Variationen der Stromstärke folge. Es wird hiermit gewöhnlich die Tatsache erklärt, daß das von den Kohlen des Wechselstrombogens ausgestrahlte Licht fast denselben periodischen Schwankungen unterworfen ist wie die Stromstärke selbst. Doch ist es wegen der schlechten Wärmeleitfähigkeit der Kohle nicht wahrscheinlich, daß die Temperatur der Kohle den schnellen periodischen Stromschwankungen bei den normalen Periodenzahlen der Beleuchtungstechnik folgen kann.

Über die Temperaturschwankungen des Wechselstromlichtbogens zwischen Kohlenelektroden ist bis jetzt nur eine Untersuchung ausgeführt worden. Burnie[2]) bestimmte die Wärmestrahlung des Wechselstromlichtbogen bei Kohlenelektroden im sichtbaren Teile des Spektrums. Durch einen Spalt drang ein Lichtbüschel des Wechselstrombogens und fiel auf ein Photometer und auf ein Bolometer. Burnie fand, daß die Richtung der maximalen Wärmeausstrahlung mit der Richtung der maximalen Lichtausstrahlung zusammenfiel. In dieser maximalen Ausstrahlungsrichtung bestimmte er die Momentanwerte von Strom, Spannung, Licht- und Wärmestrahlung.

---

[1]) Arons, Wied. Ann. 62, p. 569, 1897.

[2]) Beckit Burnie, Ecl. El. 13, p. 365, 1897.

In Fig. 70 ist eine seiner Aufnahmen für einen Wechselstrombogen von 50 Perioden pro Sekunde dargestellt. Die Kohlen waren Homogenkohlen, die effektive Stromstärke betrug 14,8 Amp., die Bogenlänge 5 mm. Aus dieser Figur geht hervor, daß die Temperaturkurve in kaum merkbarer Weise den Schwankungen der Stromstärke folgt, während die Lichtkurve in weit empfindlicherer Weise den Stromschwankungen folgt.

Es bedarf zur Aufklärung der Temperaturverhältnisse des Wechselstromlichtbogens noch eingehender Versuche, die allerdings mit großen

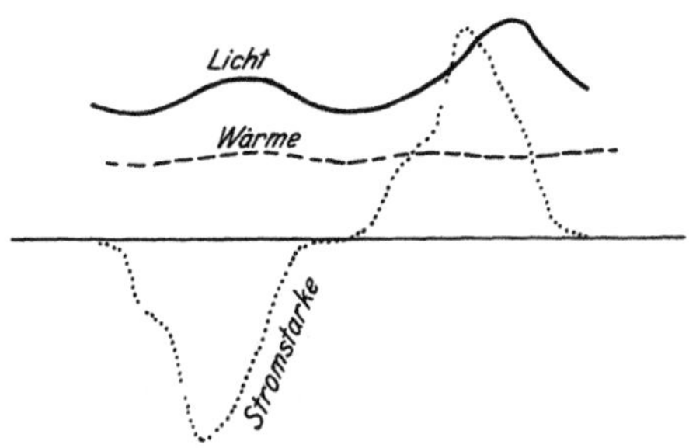

Fig. 70.

experimentellen Schwierigkeiten verknüpft sind. Es ist auch noch nicht festgestellt worden, ob beim Wechselstrombogen die in jeder halben Periode positive Kohle dieselbe hohe Temperatur erreicht wie der Krater bei Gleichstrom.

II. Anwendung der Wärme des Lichtbogens bei chemischen Prozessen.

§ 63. Versuche von Moissan.

Da der elektrische Lichtbogen diejenige Wärmequelle ist, in welcher die höchsten Temperaturen in einem kleinen Raum erzeugt werden können, so wurde er schon kurz nach seiner Entdeckung zum Schmelzen und Verflüchtigen schwer schmelzbarer Körper verwendet. Im Jahre 1815 schon verflüchtigte Children[1]) Wolframsäure, Molybdänsäure und Ceroxyd im Lichtbogen. Iridium konnte er im Lichtbogen schmelzen. Despretz[2]) schmolz im Lichtbogen Kiesel zu einer glasigen Kugel.

[1]) Children, Phil. Trans. 2, p. 369, 1815.

[2]) Despretz, C. R. 28, p. 755, 29, p. 545, 709, 1849.

Die eingehendsten Forschungen über die Benutzung der Wärme des Lichtbogens zu chemischen Zwecken machte Moissan[1]). Er stellte eine Reihe von Körpern rein dar, z. B. Chrom, Mangan, Molybdän, Wolfram, Uran, Vanadin, Zirkon, Titan, indem er die Oxyde der betreffenden Körper im Lichtbogen reduzierte. In der Industrie hat die Reindarstellung von Metallen durch Reduktion ihrer Oxyde im Lichtbogen keine große Bedeutung erlangt. Bei der großen Hitze des Lichtbogens gelang es Moissan, eine Reihe von bisher noch nicht dargestellten Verbindungen zu erzeugen, nämlich die Karbide, Silicide und Boride. So stellte Moissan die Karbide von Lithium, Kalcium, Baryum, Strontium, Cer, Lanthan, Yttrium, Thorium, Aluminium, Mangan, Uran, Silicium und Bor dar.

Moissan untersuchte auch die drei Modifikationen des Kohlenstoffes, den amorphen Kohlenstoff, den Graphit und den Diamant. Bei gewöhnlichem Druck findet eine Sublimation des Kohlenstoffes im Lichtbogen statt, d. h. ein Übergehen aus dem festen in den gasförmigen Zustand, ohne vorher flüssig zu werden. Der wieder kondensierte Kohlenstoffdampf wird Graphit. Bei sehr starkem Druck wird auch der Kohlenstoff flüssig und durchsichtig und kann krystallinisch erstarren. Moissan stellte mit Hilfe der Lichtbogenwärme sowohl kleine durchsichtige, als auch schwarze Diamanten her.

Nach Moissan werden im Lichtbogen alle Metalle und Metalloide und deren Verbindungen verflüchtigt, mit Ausnahme der Karbide, Boride und Silicide.

Von den Karbiden haben besonders das Siliciumkarbid wegen seiner dem Diamanten nahekommenden Härte als Schleif- und Poliermittel, und das Kalciumkarbid als Ausgangsprodukt zur Acetylenbeleuchtung und zur Darstellung der Cyanide von alkalischen Erden und Alkalien industrielle Bedeutung erlangt.

In der Glasindustrie wird in neuester Zeit der elektrische Lichtbogen wie es scheint mit Erfolg zum Schmelzen verwendet.

Auch zur Stahlerzeugung wird der elektrische Lichtbogen verwendet. Beim Stassano-Prozeß[2]) wird die direkte Reduktion der Eisenerze durch Holzkohle in Verbindung mit der strahlenden Wärme des über der Beschickung brennenden Lichtbogens bewirkt.

---

[1]) Moissan, Der elektrische Ofen. gr. 8°, 361 S., Berlin 1897.

[2]) Goldschmidt, E.T.Z. 24, p. 65, 1903.

§ 64. Karborund.

Acheson[1]) erzeugt Karborund (Siliciumkarbid) durch Reduktion von Quarz ($Si\,O_2$) mit Kohle im elektrischen Ofen und Verbindung des Siliciums mit dem Kohlenstoff zu $Si\,C$. In Fig. 71 ist ein elektrischer Ofen, der Acheson zur Karborunderzeugung patentiert wurde, dargestellt. Die Wandungen C des Ofens können aus feuerfesten Ziegeln oder ähnlichem Material bestehen und nehmen die einander gegenüberstehenden Elektroden B B auf. Als Elektroden werden Kohlencylinder verwendet. Das Material M erfüllt den Ofen um die Elektroden und den Kern E herum. Zweckmäßig verwendet man einen leitenden Kern E, der zwischen den Enden der Elektroden angeordnet wird. Das Kern-

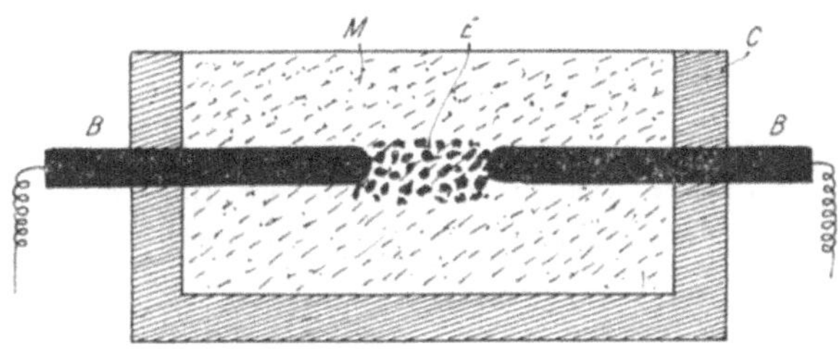

Fig. 71.

material besteht aus Graphit, da dieser weniger als andere leitende Stoffe die Natur des zu erzeugenden Produktes beeinflußt. Das Material M besteht aus einer Mischung von ungefähr 50 % Retortenkohle, 20—30 % Quarzsand, zu welchem zur Erleichterung des Schmelzens etwa 10 % Kochsalz zugesetzt werden. Das Schmelzprodukt ist ein Kern von fast reinem, graphitähnlichem Kohlenstoff, welcher von unreinen Siliciumkarbidkrystallen umlagert ist. Diese letzteren werden in der Rotglut durch Sauerstoff von freiem Kohlenstoff befreit, dann mit Salzsäure, verdünnter Natronlauge, schwefelsäurehaltiger Fluorwasserstoffsäure behandelt und Schlämmprozessen unterworfen. Es resultiert ein Produkt von 70 % Silicium und 30 % Kohlenstoff. Das reine Siliciumkarbid ist farblos. Eine Verunreinigung des Siliciumkarbids durch Eisen färbt es grünlich bis gelblich. Acheson empfiehlt das Silicium-Karbid als Schleif- und Poliermittel, als Ersatz für Diamantpulver, ferner als Ersatz von Kohlekörpern, die zur Erzeugung elektrischen Lichtes dienen sollen. Während die Verwendung des Karborunds zu Schleif- und Polierzwecken mit viel Erfolg Eingang in die Praxis gefunden hat, haben sich die Karborundlichtkörper nicht bewährt.

---

[1]) Acheson, D. R. P. Kl. 12, 76629, vom 16. X. 1892; D. R. P. Kl. 12, 85197, Zusatz vom 27. VI. 1894.

§ 65. Kalciumkarbid.

Das Kalciumkarbid ($Ca\,C_2$) wird unter Benutzung der Wärme des elektrischen Lichtbogens aus überschüssiger Kohle und Kalk (Kalciumkarbonat) dargestellt. Seine industrielle Bedeutung liegt in seiner Verwendung zur Acetylenbeleuchtung. Kalciumkarbid ist nämlich ein kräftiges Reduktionsmittel, das sogar Wasser bei gewöhnlicher Temperatur unter Bildung von Acetylen (C_2H_2) zerlegt. Diese Reaktion erfolgt nach der Gleichung $Ca\,C_2 + 2\,H_2O = Ca\,(HO)_2 + C_2H_2$.

Die Arbeitsbilanz[1]) bei der Darstellung von Kalciumkarbid ist folgende:

Die spezifische Molekularwärme des Kohlenstoffs wird gewöhnlich zu 1,92 angenommen. Diese Zahl gilt jedoch nur für die Temperatur 0°; bei höheren Temperaturen ist sie erheblich größer, bei 3300° etwa 6,6. Die Verbindungswärme des Kalciumoxyds ist nach den neueren Versuchen von Moissan 145 000 Grammkalorien (und nicht 131 500, wie Thomson früher angegeben hatte). Wenn man nun die Reaktion $Ca\,O + 3\,C = Ca\,C_2 + CO$ bei der Temperatur des elektrischen Ofens, etwa 3300°, nachrechnet, so erhält man folgendes:

Für die Erwärmung von Ca O . . .	43 060 g Cal.
- - - - 3 C . . .	53 940 g -
Verbindungswärme von Ca O . . .	145 000 g -
Summe	242 000 g Cal.

Hiervon abzuziehen:

Verbindungswärme von $Ca\,C_2$ . . .	3 900 g Cal.
- - CO	26 100 g -
Summe	30 000 g Cal.

Es bleiben also zu liefern 212 000 gr. Cal. Dies entspricht einer Arbeit von 245,5 Wattstunden pro Molekül (64 g) Karbid. Zur Erzeugung von 1 kg Karbid ist mithin ein Aufwand an elektrischer Arbeit von

$$\frac{1000}{64} \cdot 0{,}2455 = 3{,}837 \text{ Kilowattstunden nötig.}$$

Unter der Annahme, daß 10% der zugeführten Arbeit durch Übergangswiderstände im Ofen selbst verloren gehen, erhält man als Arbeitsbedarf 4,26 Kilowattstunden. Dabei ist der Verlust durch Strahlung des Ofens und durch Widerstand in den Zuleitungen noch nicht berücksichtigt. Mit Rücksicht auf diese weiteren Verluste würde

[1]) E.T.Z. 20, p. 357, 1899.

man im praktischen Leben wohl kaum weniger als 5 Kilowattstunden pro Kilogramm Karbid, oder bei ununterbrochenem Betriebe mehr als 4,8 kg Karbid täglich pro Kilowattstunde Leistungsfähigkeit der Stromquelle erwarten können.

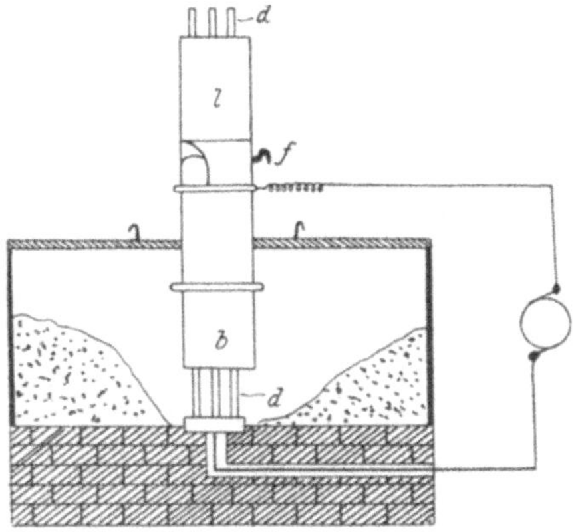

Fig. 72.

Zur Darstellung des Kalciumkarbids vermittelst des Lichtbogens ist eine große Zahl von Öfen vorgeschlagen worden. Es sei hier nur ein Kalciumkardidofen[1]) kurz beschrieben, der in Fig. 72 schematisch dargestellt ist. Der Ofen enthält eine untere, feste, die Ofensohle

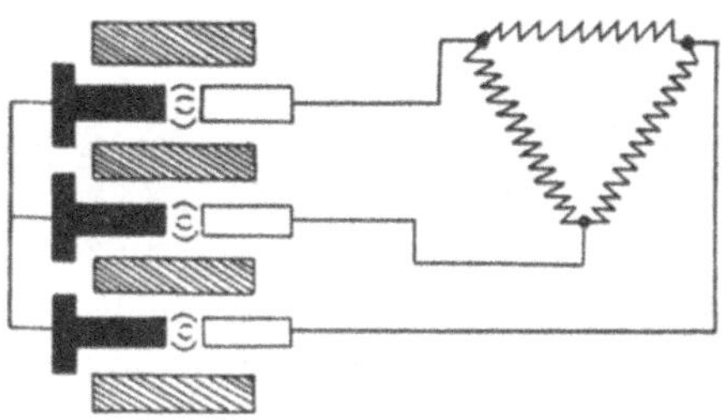

Fig. 73.

bildende Elektrode und eine bewegliche obere Elektrode b. Die obere Elektrode besitzt eine Anzahl von durchgehenden Öffnungen, durch welche das Reaktionsgemenge, aus Kalk und Kohle bestehende Stäbe d, eingeführt wird. Der obere Teil der Elektrode besteht aus isolierendem Material l und kann zugleich mit dem unteren Ende b an dem Haken f gehoben und gesenkt werden.

[1]) D.R.P. Kl. 21, No. 99 956, 29. III. 1898.

Die Kalciumkarbidfabriken wurden dort errichtet, wo elektrische Energie und die Rohmaterialien billig zur Verfügung standen. Die Karbidöfen werden mit Spannungen von 35—75 Volt und Stromstärken von 200—3000 Ampere betrieben. In der Kalciumkarbidfabrik Partschins oberhalb Meran z. B. wird Drehstrom von 3000 Volt von den Etschwerken zur Karbidfabrik geführt und dort mittels Transformatoren auf ungefähr 38 Volt herabtransformiert. Eine schematische Darstellung eines Drehstromofens nach Schuckert & Co. ist in Fig. 73 gegeben. Man hat hier drei gleichzeitig arbeitende Öfen, doch hat man dafür Sorge zu tragen, daß kein Lichtbogen erlischt, da sonst die Phasen ungleich belastet sind.

Die günstigen Erwartungen, welche man an die finanzielle Rentabilität der Karbidwerke gestellt hat, haben sich nicht verwirklicht, da die Nachfrage nach Kalciumkarbid in keinem Verhältnis zur Produktion desselben und zur Produktionsfähigkeit der Karbidwerke steht. Der Acetylenbeleuchtung kommt heute noch eine ganz untergeordnete Bedeutung zu.

§ 66. Elektrische Öfen.

Je nach der Natur des chemischen Prozesses, zu welchem man die Wärme des elektrischen Lichtbogens nutzbar machen will, hat man verschiedenartige elektrische Öfen konstruiert. Die meisten heute gebräuchlichen Formen elektrischer Öfen beruhen auf Konstruktionsgedanken von Ch. W. Siemens. Man kann die elektrischen Öfen, in welchen die Wärme des Lichtbogens ausgenutzt wird, in folgende Arten einteilen:

1. Der Lichtbogen bildet sich zwischen zwei verschiebbaren Kohlen und heizt den Raum, in welchem der chemische Prozeß vor sich gehen soll.
2. Die zu schmelzende Substanz ist eine Elektrode des Lichtbogens; die andere Elektrode besteht aus Kohle.
3. Beide Elektroden bestehen aus dem einzuschmelzenden Material.

In den Fällen, in welchen die zu schmelzende Substanz die eine Elektrode des Lichtbogens bildet, stellt man häufig einen Tiegel aus ihr her. Um ein Zusammenschmelzen des Tiegels zu verhindern, wird er von außen gekühlt. Bei verschiedenen Öfen wird der Einfluß, welchen ein Magnet auf den Lichtbogen ausübt, dazu verwendet, der Bogenflamme eine zur besten Wärmeausnutzung günstige Richtung zu verleihen.

Moissan's Versuchsofen bestand aus zwei Blöcken ungelöschten Kalks. Der untere Block hatte eine durchgehende Rinne zur Aufnahme der Kohlenelektroden und in der Mitte eine Vertiefung zur Aufnahme der der Hitze auszusetzenden Substanz. Der obere Block wurde als

Deckel über den unteren gedeckt. Über der Vertiefung des unteren Blocks war der obere gewölbt, damit die Wärmestrahlen nach unten reflektiert würden. Wenn Moissan die Bildung von Kalciumkarbid vermeiden wollte, so bedeckte er den Kalk des Ofens mit Magnesiumoxyd, welches ein von Kohle nicht reduzierbares Oxyd ist.

Die im elektrischen Ofen als Elektroden verwendeten Kohlen sind Homogenkohlencylinder von 1 m bis 1,5 m Länge und 100—150 mm Durchmesser. Größere Durchmesser verwendet man nicht. Man ordnet für höhere Stromstärken ein Bündel von Kohlencylindern an. Häufig verwendet man auch eine plattenförmige Kohlenelektrode.

Beim Bau eines elektrischen Ofens sind dem Konstrukteur, sowohl was Anordnung als auch was Material anbetrifft, viele Freiheiten gelassen.

Es gibt auch elektrische Öfen mit „Widerstandserhitzung", bei denen die zu schmelzende Masse als Widerstand in den Stromkreis eingeschaltet wird und infolge Joule'scher Wärme schmilzt. Manchmal werden sowohl „Lichtbogenerhitzung" als auch „Widerstandserhitzung" in demselben Ofen verwendet. Eine solche Kombination von Lichtbogenerhitzung und Widerstandserhitzung wird in dem Héroult'schen[1]) Verfahren der Aluminiumdarstellung benutzt. Durch den elektrischen Lichtbogen wird die Schmelzung einer Mischung von Aluminiumoxyd (Al_2O_3) und Kryolith ($Al_2Fl_6 6NaFl$), welch letzterer die Schmelzung des Aluminiumoxyds erleichtert, bewirkt. Die geschmolzene Masse wird dann durch „Widerstandserhitzung" flüssig erhalten.

Eine Beschreibung der Entwicklung und Bauart elektrischer Öfen beider Systeme gab Borchers[2]).

III. Anwendung der Wärme des Lichtbogens zum Schweifsen und Löten.

§ 67. Benardos.

Der elektrische Lichtbogen läßt sich nicht nur bei der Darstellung, sondern auch bei der Bearbeitung der Metalle benutzen. Benardos[3]) verwendete den Lichtbogen zum Schweißen und Löten, indem er das zu bearbeitende Werkstück mit dem einen Pole einer Elektrizitätsquelle

---

1) Héroult, D.R.P. 47165, 1887.

2) Borchers, Entwicklung, Bau und Betrieb elektrischer Öfen. 8⁰. 64 Seiten. Halle 1897.

3) Benardos, D.R.P. Kl. 49, 67615, 7. VII. 1892.

verband und durch Berühren dieses Werkstücks mit einem mit dem anderen Pole der Elektrizitätsquelle verbundenen Kohlenhalter den Bogen erzeugte. Die Hitze des Bogens ist jedoch zu groß, das Metall wurde sofort flüssig und nahm beim Erkalten krystallinische Struktur und eine andere Festigkeit an. Slaby[1]) teilt mit, daß bei Kesseln auf diese Art geschweißte Stellen nicht gehalten haben; die Oberfläche wurde bei Eisen schlackig. Das Benardos'sche Verfahren läßt sich nur zum Schmelzen anwenden, nicht aber zum Schweißen und Löten, weil die Temperatur des Bogens für diese Zwecke zu hoch ist. Alle Versuche, die Temperatur zu erniedrigen und zu regulieren, mißlangen.

Howard ließ den elektrischen Lichtbogen zwischen zwei Kohlenelektroden auf das zu schweißende Stück einwirken mit demselben Erfolg wie Benardos.

§ 68. Zerener.

Günstigere Resultate hat Zerener[2]) erzielt, indem er die Wirkung eines Magnets auf den Lichtbogen zwischen zwei Kohlenelektroden in zweckmäßiger Weise dazu benutzte, den Bogen in Gestalt einer Stichflamme abzulenken. Benardos und Coffin hatten ein magnetisches Feld unter der Stelle angeordnet, an welcher der Lichtbogen erzeugt wurde, jedoch ohne Erfolg.

Zerener[3]) ordnete den Magnet so an, daß der Lichtbogen zwischen den Polflächen lag. Die abgelenkte Flamme besteht aus einer inneren, sehr heißen und einer äußeren, kühleren Flamme. Mit dem inneren Flammenkegel kann man das Eisen von Dunkelrotglut zur Weißglut bringen, also schweißen und hartlöten, mit dem äußeren weichlöten.

Dadurch daß man die abgelenkte Flamme in verschiedene Entfernungen von den zu bearbeitenden Stücken bringen kann, kann man die Temperatur regeln. Hat man mit der abgelenkten Flamme die zusammenzuschweißenden Flächen erhitzt, so genügt ein Druck auf die Flächen, um sie zum Aneinanderhaften zu bringen.

Beim Schweißen des Eisens kommt es darauf an, daß die Entfernung des Lichtbogens vom Material der Stärke des Materials entspricht. Zur Konstanthaltung bezw. Veränderung dieser Distanz hat Zerener selbstregulierende Apparate konstruiert.

Beim Löten von Metallen mit einer Metalllegierung von leichtem Fluß genügt es nicht allein den Lichtbogen als Stichflamme abzulenken, sondern er muß richtig ohne selbstregulierenden Mechanismus reguliert

---

[1]) Slaby, Verh. Ver. Gew. 72, p. 148, 1893.

[2]) Zerener, D.R.P. Kl. 49, 68938, 17. VII. 1891.

[3]) Zerener, Verh. Ver. Gew. 72, p. 211, 1893.

werden. Ein selbstregulierender Mechanismus würde die Handwerkszeuge zu schwer machen.

Zerener hat folgende Anordnung getroffen, um den Bogen in bestimmter Länge festzuhalten. Die Kohlen stehen sich in der Achsenrichtung des Griffes des Lötapparats gegenüber und zwar unter einem Winkel von 30^0 gegen einander geneigt; während nun der Halter der positiven Kohle mit dem Stiele des Lötapparats fest verbunden ist, ist der andere Kohlenhalter um einen Zapfen drehbar und eine auf Zug beanspruchte Feder zwischen dem festen und dem beweglichen Kohlenhalter sucht dieselben auseinanderzuziehen. Dies ist jedoch nur soweit möglich, als es ein Winkelhebel zuläßt, der mit einer Gelenkstange verbunden ist, welche, durch einen Druckhebel beherrscht, die bewegliche Kohle an die feststehende heranzieht. Damit die Bildung des Bogens ruhig erfolgen und dieser gehalten werden kann, ist der Druckhebel mit einer Stellschraube versehen, welche seitlich am Griffe angebracht und deren Drehung mit dem Daumen der den Apparat haltenden Hand leicht zu bewirken ist. Bei diesem Apparate müssen die Kohlen wegen des Abbrandes nachgeschoben werden.

§ 69. Lötkolben der Allgemeinen Elektrizitäts-Gesellschaft, Berlin.

Ein Lötkolben für Weichlötung, der durch den elektrischen Lichtbogen erhitzt wird, wird von der Allgemeinen Elektrizitäts-Gesellschaft in Berlin in den Handel gebracht. In Fig. 74 und Fig. 75 ist derselbe

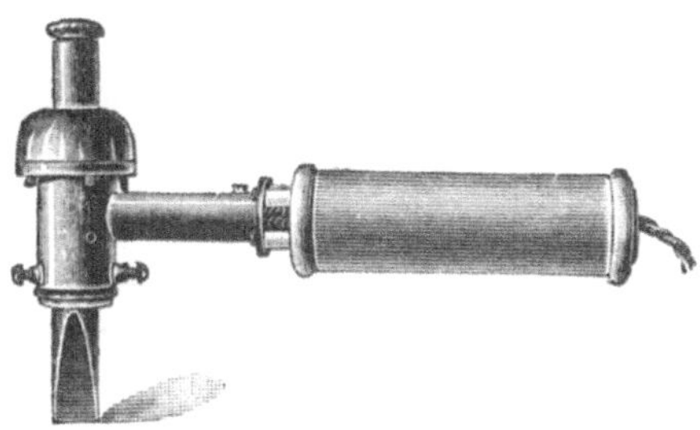

Fig. 74.

in Ansicht und im Schnitt dargestellt. Der Lichtbogen wird (Fig. 75) zwischen einem Kohlenstift A und einem Kupferkolben D gebildet. Die Stromzuführung erfolgt mittelst biegsamer Leitungsschnur durch den Griff und Stiel nach den Klemmschrauben K und L. Bevor der Kolben in Betrieb gesetzt wird, muß die Kohle A im Kohlenhalter B festgeklemmt sein, ohne die Beweglichkeit des letzteren in der Zünderhülse H zu hindern. Alsdann wird der Zünder mit der Kohle unter

Drücken auf den Knopf C in der Federhülse M am Kolbengehäuse soweit hineingeschoben, bis die Kohle auf Widerstand stößt.

In diesem Augenblicke findet Stromschluß statt, sodaß, sobald der Knopf C losgelassen wird, zwischen der Kohle A und dem Kupferstück D ein Lichtbogen entsteht, welcher in kurzer Zeit den Kolben gebrauchsfertig erwärmt.

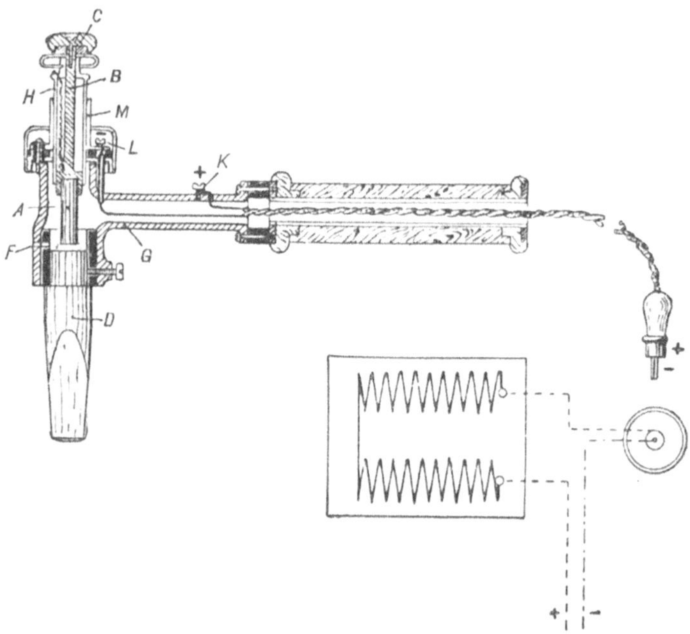

Fig. 75.

Der Lichtbogen kann während des Betriebes durch die Öffnung F beobachtet werden; beim Erlöschen desselben ist nur nötig, behufs neuer Entzündung wieder auf den Knopf C zu drücken. Der Abbrand der Kohle geschieht so langsam, daß ein Nachregulieren der Kohle etwa jede halbe Stunde einmal erforderlich ist. Dem Lötkolben muß ein Beruhigungswiderstand vorgeschaltet werden. Je nach der Wahl desselben kann die Stromstärke und die Wärmeentwickelung des Lichtbogens reguliert werden.

Sechstes Kapitel.

Das Licht des elektrischen Lichtbogens.

I. Vorbemerkungen.

§ 70. Farbe des Bogenlichtes.

Als Einheit des rein weißen Lichtes gilt das zerstreute Licht eines Sommertages; diesem Licht gegenüber erscheint das Licht des Lichtbogens im allgemeinen gelblich. Man empfindet jedoch abends gewöhnlich das Licht des elektrischen Lichtbogens als überwiegend blau. Der Unterschied im Farbeneindrucke soll in einer physiologischen Täuschung bestehen[1]). „Nach der Young-Helmholtz'schen Theorie tritt des Abends bei einbrechender Dunkelheit ein Ausruhen derjenigen Teile der Netzhautelemente ein, welche die blauen Lichtstrahlen zur Empfindung bringen, während die rot uud grün sehenden Nerven das Sehvermögen unterhalten. Diese ermüden nun unter der Belastung und nötigen dadurch die blau sehenden Nerven wieder an der Aufnahme der Lichteindrücke teilzunehmen, die dann das blaue Licht als vorherrschend erkennen lassen.“

O. E. Meyer[2]) untersuchte die Verteilung der verschiedenen Farben im Lichtbogen. Wenn die Stärke des gelben Lichtes = 1 gesetzt wird, so ergibt sich für die verschiedenen Farben eines offenen, normalen Lichtbogens:

Rot	Gelb	Grün	Blau	Violett	äußerst. Violett
2,09	1,00	0,99	0,87	1,03	1,21

Meyer weist darauf hin, daß sich die Farbe nach der Art des Bogens ändert.

---

[1]) E.T.Z. 13, p. 433, 1892.

[2]) O. E. Meyer, Centr. f. El. 1, p. 457, 1883.

Den Ton einer Lichtquelle, welche zu blau erscheint, bezeichnet man als „kalten" Ton. Das Licht eines langen Bogens, welcher violetter gefärbt ist als ein kurzer Bogen, und das eines Bogens mit beschränktem Luftzutritt empfindet man als „kälter" als das eines kurzen offenen Bogens. Die Farbe des Bogenlichtes ändert sich auch je nach der Art der Glocke, mit welcher der Lichtbogen umgeben wird. Ein Lichtbogen mit Opalüberfangglas erscheint blau, während ein Lichtbogen mit Alabasterglas weißer erscheint. Das Kohlenmaterial ist auch von Einfluß auf die Färbung des Lichtes, besonders auch die chemischen Leuchtzusätze im Docht. Mit den „Effektkohlen" werden durch geeignete Zusätze gelbe, rote und weiße Töne erzeugt. Casselmann hatte schon im Jahre 1844 gefunden, daß Zusätze von salpetersaurem Kupferoxyd den Bogen bläulich, von salpetersaurer Strontianerde rötlich, Borsäure grünlich, Chlorzink und Kochsalz gelblich färbten.

Durch Verwendung geeigneter Reflektoren kann bei der indirekten Beleuchtung ein dem Tageslichte an Färbung fast gleich kommendes weißes Licht erzeugt werden.

§ 71. Photometrische Größen.

Bei der Beurteilung einer Lichtquelle hat man folgende Begriffe zu unterscheiden.

1. Lichtquelle. Ein glühender Körper, der Strahlungen aussendet, die vom menschlichen Auge wahrgenommen werden.
2. Lichtstrom. Die Erfüllung eines von einer punktförmigen Lichtquelle ausgehenden räumlichen Winkels mit Licht. (Franz.: Flux lumineux. Engl.: Flux of light.)
3. Lichtstärke. Die Intensität einer punktförmigen Lichtquelle. (Franz.: Intensité lumineuse. Engl.: Intensity of light.)
4. Lichtmenge. Das Produkt eines Lichtstroms mit der Zeit seines Bestehens. (Franz.: Quantité de lumière. Engl.: Quantity of light.)
5. Beleuchtung. Das Verhältnis der auf eine ebene Fläche auftreffenden Lichtströme zu der Flächengröße. (Franz.: Eclairement. Engl.: Illuminations.)
6. Glanz. Die von einer Fläche pro Flächeneinheit ausgesendete Lichtstärke. (Franz.: Eclat intrinsèque. Engl.: Intrinsec Brilliancy.)
7. Belichtung. Produkt aus Beleuchtung und Zeitdauer der Beleuchtung. (Franz.: Eclairement intrinsèque. Engl.: Intrinsec Radiation.)

§ 72. Photometrische Einheiten.

Die Arbeiten von v. Hefner-Alteneck, Blondel, Leonhard Weber haben zu einer einheitlichen Regelung der Frage der photometrischen Einheiten wesentlich beigetragen.

Eine absolute Einheit der Lichtstärke gibt es nicht.

Auf dem internationalen Elektrikerkongreß 1881 und auf der internationalen Konferenz zu Paris 1884 wurde beschlossen, die Violle'sche Platineinheit als Einheit der Lichtstärke zu betrachten. Die Einheit des weißen Lichtes wäre demnach diejenige Lichtmenge, welche in senkrechter Richtung von einem Quadratcentimeter der Oberfläche von geschmolzenem Platin bei der Erstarrungstemperatur ausgegeben wird. In die Praxis hat die Violle'sche Einheit ebensowenig wie die von Lummer und Kurlbaum vorgeschlagene Modifikation derselben Eingang gefunden, weil es sehr schwierig ist, diese Einheit herzustellen.

Die brauchbarste Einheit der Lichtstärke in der Praxis ist die Hefnerlampe, die in allen Teilen gut definiert ist und sich leicht neu herstellen läßt. Die Definition der Hefner-Lampe[1]) ist folgende:

Als Einheit der Lichtstärke dient die frei, in reiner und ruhiger Luft brennende Flamme, welche sich aus dem horizontalen Querschnitt eines massiven, mit Amylacetat gesättigten Dochtes erhebt. Dieser Docht erfüllt vollständig ein kreisrundes Neusilberröhrchen, dessen lichte Weite 8 mm, dessen äußerer Durchmesser 8,3 mm beträgt, und welches eine freistehende Länge von 25 mm besitzt. Die Höhe der Flamme soll, vom Rande der Röhre bis zur Spitze gemessen, 40 mm betragen. Die Messungen sollen erst 10 Minuten nach der Entzündung der Flamme beginnen.

Die Hefner-Lampe hat die Annehmlichkeit, daß sie dem 20. Teil der Violle'schen Platineinheit (bougie décimale) auf 2 % nahekommt.

Die oben definierte Hefner-Lampe dient heute allgemein als Einheit der Lichtstärke. Die Einheit der Lichtstärke wird im internationalen Verkehr mit dem Ausdruck Pyr bezeichnet. Eine Hefner-Einheit und 1 Pyr sind identische Größen. Das internationale Symbol für die Lichtstärke ist J. Die Abkürzung für Hefner-Einheit ist in Deutschland HE (Hefner-Einheit) oder HL (Hefner-Lampe). Die Abkürzungsweise HK (Hefner-Kerze) ist unlogisch.

Aus der Zahl der anderen Einheiten der Lichtstärke seien des geschichtlichen Interesses halber erwähnt:

---

[1]) E.T.Z. 7, p. 139, 1886.

1. Die französische Carcel-Lampe (bec-Carcel), eine Runddochtlampe von 40 mm Flammenhöhe, 30 mm Dochtdurchmesser und einem Verbrauch von 42 g gereinigten Rüböls pro Stunde.
2. Die englische Normalkerze (London spermaceti candle) 44,5 mm Flammenhöhe, Verbrauch 7,77 g pro Stunde.
3. Die deutsche Vereinskerze. Paraffinkerze von 50 mm Flammenhöhe und 20 mm Durchmesser. 12 Kerzen wiegen 1 kg.

Eine Tabelle zum bequemen Vergleich der verschiedenen normalen Lichtstärken hat Violle zusammengestellt.

	Violle Platineinheit	Hefner	Carcel	Deutsche Vereinskerze	Englische Normalkerze
Violle	1	19,5	2,08	16,4	18,5
Hefner	0,051	1	0,106	0,84	0,95
Carcel	0,48	9,4	1	7,9	8,9
Deutsche	0,061	1,19	0,127	1	1,13
Englische	0,054	1,05	0,112	0,89	1

Wenn also 1 Hefner als Normaleinheit gewählt ist, so ist nach der Tabelle 1 Violle = 19,5 HL. Findet man z. B. eine Angabe der Lichtstärke in englischen Normalkerzen, so kann man sie durch Multiplikation mit 1,05 in Hefner-Einheiten verwandeln.

Die übrigen photometrischen Größen lassen sich auf die Einheit der Lichtstärke J, der Zeit T und der Länge L (mm, cm oder m) zurückführen.

Einheit des Lichtstroms. Man bezeichnet als Einheit des Lichtstroms Φ den von der Einheit der Lichtstärke J in den räumlichen Winkel $\omega = 1$ entsendeten Lichtstrom. Die Einheit des Lichtstroms heißt Lumen (Lm). Da ω eine Zahl ist, so ist J die Dimension von Φ.

Einheit des Glanzes. Die Einheit des Glanzes h ist die Helligkeit jener Fläche, deren Flächeneinheit (qmm, qcm oder qm) die Lichtstärke einer Hefner-Einheit besitzt. Die Dimension des Glanzes ist $J \,.\, L^{-2}$.

Einheit der Lichtmenge. Die Einheit der Lichtmenge Q ist das Produkt aus der Einheit des Lichtstromes in Lumen und der Einheit der Zeit. Q wird in Lumensekunden oder Lumenstunden gemessen. Die Dimension von Q ist $J \,.\, T$.

Einheit der Beleuchtung. Die Einheit der Beleuchtung E ist die Beleuchtung der Flächeneinheit durch 1 Lumen. E wird in Lux (Lumen pro Quadratmeter) gemessen. Die Dimension von E ist $J \,.\, L^{-2}$.

Einheit der Belichtung. Die Einheit der Belichtung j ist das Produkt von Beleuchtung und Zeitdauer der Beleuchtung. Die Dimension von j ist $J \,.\, L^{-2} \,.\, T$.

In der folgenden Tabelle sind die von dem Verband Deutscher Elektrotechniker, dem elektrotechnischen Verein, dem Verein der Gas- und Wasserfachmänner angenommenen photometrischen Einheiten nach Leonhard Weber zusammengestellt[1]).

Größe	Internation. Symbol	Name der Einheit	Abkürzung	Dimension	Definitionsgleichung
Lichtstärke	J	Hefnereinheit = Pyr	HE	J	—
Lichtstrom	Φ	Lumen	Lm	J	$\Phi = J \,.\, \omega$
Lichtmenge Lichtabgabe Lichtleistung	Q	Lumensekunde oder Lumenstunde	—	$J \,.\, T$	$Q = \Phi\, T$
Beleuchtung	E	Lux	Lx	$J \,.\, L^{-2}$	$E = \frac{\Phi}{L}$ (L in qmm, qcm od. qm)
Glanz Flächenhelle	h	Hefnereinheiten pro qmm, qcm od. qm	—	$J \,.\, L^{-2}$	$L = \frac{\Phi}{L}$ (L in qmm, qcm od. qm)
Belichtung	j	Luxsekunde	—	$J \,.\, L^{-2} \,.\, T$	$J = E \,.\, T$

§ 73. Räumliche Verteilung der Lichtstärke.

Die von einem Lichtbogen in verschiedenen Richtungen des Raumes ausgesendeten Lichtstärken sind verschieden groß. Den Lichtbogen zwischen vertikalen Kohlenstiften kann man als eine achsial symmetrische Lichtquelle betrachten, d. h. die Lichtverteilung in den verschiedenen Richtungen einer durch die Achse der Kohlenstifte gelegten Ebene ist in allen durch die Achse der Kohlenstifte gelegten Ebenen in den betreffenden Richtungen gleich groß. Wenn man also um den Lichtbogen als Mittelpunkt eine Kugel beschreibt, so ist in allen Meridianebenen die Lichtverteilung in verschiedenen Richtungen verschieden. Die Punkte eines Parallelkreises hingegen haben alle dieselbe Lichtstärke. Bei der Lichtverteilung in einer Meridianebene (ebene Lichtverteilung) unterscheidet man die in horizontaler Richtung vom Bogen ausgesendete Lichtstärke, die maximale Lichtstärke, welche für einen gewöhnlichen Lichtbogen zwischen 40 und 50° unterhalb der Horizontalen liegt, und die mittlere ebene Lichtstärke.

[1]) E.T.Z. 18, p. 474, 1897.

Bei dem Vergleich verschiedener Lichtquellen untereinander muß man die Gesamtlichtausstrahlung in allen Richtungen des Raumes kennen und hat hierzu den Begriff „mittlere sphärische (räumliche) Lichtstärke“ eingeführt. Man erhält die mittlere sphärische Lichtstärke, wenn man die Kurve der Lichtverteilung in einer durch die Kohlenachse gelegten Ebene um die Kohlenachse rotierend denkt und den Radius derjenigen Kugelfläche bestimmt, über welche der gesamte Lichtstrom gleichmäßig verteilt wäre. Der Radius stellt dann die mittlere sphärische Lichtstärke dar. Zur Bestimmung der mittleren sphärischen Lichtstärke gibt es, wenn die ebene Lichtverteilungskurve bekannt ist, zwei Wege, einen umständlicheren analytischen und einen einfacheren graphischen.

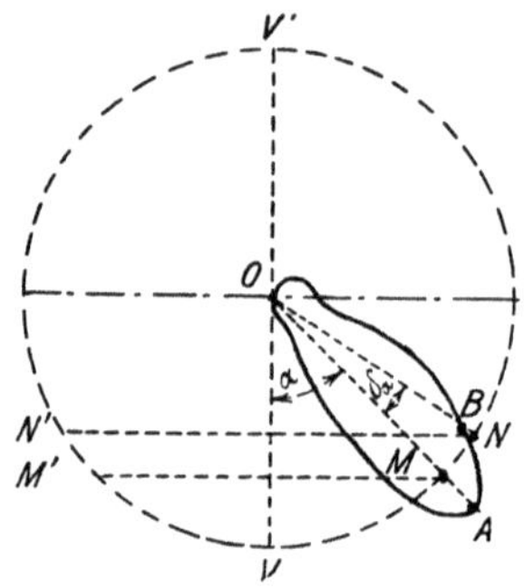

Fig. 76.

Die analytische Methode zur Bestimmung der mittleren sphärischen Lichtstärke ist von Allard im Jahre 1879 angegeben worden[1]). In Fig. 76 stelle die Kurve O A B die ebene Lichtverteilung eines Gleichstromlichtbogens zwischen vertikalen Kohlenelektroden dar. Sie wird durch photometrische Messungen erhalten, die in § 74 besprochen sind. Die Symmetrieachse sei O V. Die Lichtstärke J_α, welche der Bogen in einer Richtung, die von O V um den Winkel α abweicht, aussendet, ist allen denjenigen Punkten gemeinsam, welche auf dem Parallelkreise liegen, den ein Rotationskegel, der durch Rotation des Winkels α um OV entstanden ist, aus der Kugel mit dem Radius OV ausschneidet. Dieser Kegel schneide die um O mit dem Radius $OV = r$ beschriebene Kugel in dem Parallelkreise M M'. O N sei eine Richtung, welche von O A um einen unendlich kleinen Winkel δ_α verschieden ist. Wenn der Strahl O N rotiert, entsteht ein Rotationskegel, der dem ersten unendlich nahe liegt. Der Raum zwischen den beiden Kugeln bestimmt einen räumlichen Winkel δ_ω, in welchem die Lichtstärke überall J_α ist. Dieser

[1]) Blondel, Ecl. El. 2, p. 557, 1895.

räumliche Winkel ist das Verhältnis der Kugelzone MM′ NN′ zum Quadrate des Kugelradius.

Es ist

$$\delta_\omega = 2\,\pi \sin\alpha \cdot \delta_\alpha.$$

Die hierzu gehörige Beleuchtung

$$\delta\Phi = 2\,\pi\,J_\alpha \cdot \sin\alpha \cdot \delta_\alpha.$$

Dann ergibt sich die Gesamtbeleuchtung

$$\Phi = 2\,\pi \int_0^\pi J_\alpha \cdot \sin\alpha \cdot \delta_\alpha$$

und die mittlere sphärische Lichtstärke J_s, da die Oberfläche der Kugel $= 4\,\pi$ ist, wenn $r = 1$ gesetzt wird,

$$J_s = \frac{1}{2} \int_0^\pi J_\alpha \cdot \sin\alpha \cdot \delta_\alpha\,.$$

Häufig bestimmt man auch die mittlere hemisphärische Lichtstärke

$$J_{Hs} = \int_0^{\frac{\pi}{2}} J_\alpha \cdot \sin\alpha \cdot \delta_\alpha,$$

indem man nur die Lichtverteilung in der unteren Halbkugel betrachtet. Die mittlere hemisphärische Lichtstärke hat bei der Beleuchtung unbedeckter Räume Interesse. Bei Vergleichen von Energieverbrauch und Lichtproduktion zweier Lichtquellen ist jedoch immer die mittlere sphärische Lichtstärke einzuführen.

Man kann in der Formel für die mittlere sphärische oder hemisphärische Lichtstärke die Integration vornehmen, indem man für verschiedene Kugelzonen die Mittelwerte von J_α bestimmt. Gewöhnlich nimmt man Zonen von je 10^0, wenn große Genauigkeit verlangt wird, Zonen von 5 zu 5 Grad. Dies Verfahren ist jedoch zeitraubend und umständlich.

Bequemer ist das graphische Verfahren von Rousseau.

In Fig. 77 stelle die Kurve O A B die ebene Lichtverteilungskurve eines Gleichstromlichtbogens dar. Die Lichtstärke ist auf dem Strahl O A bezw. O B in Hefner-Einheiten aufgetragen. Die Lichtverteilungskurve O A B ist aus dem polaren Koordinatensystem in eine Kurve mit rechtwinkligen Koordinaten zu verwandeln. Man zieht als Ordinatenachse eine Parallele zu O V und macht Y Y′ = V V′. Man projiziert nun die Schnittpunkte der Vektoren mit der Kreislinie, z. B. M und N, auf die Ordinatenachse Y Y' und erhält die Punkte m und n. Die zugehörigen Abscissen im rechtwinkligen Koordinatensystem sind die Strahlen O A = m a für Punkt m und O B = n b für n. Auf diese Weise erhält man das in Fig. 77 rechts dargestellte Diagramm. Wenn man den Flächeninhalt desselben in Quadratmillimetern bestimmt, die erhaltene Zahl mit $\frac{2\pi}{r}$ multipliziert und durch den Maßstab der Licht-

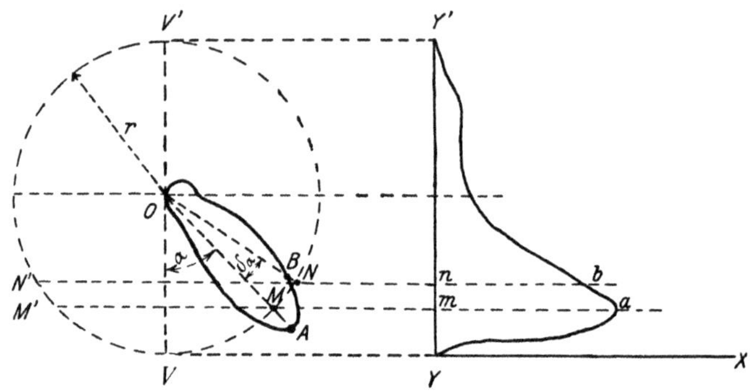

Fig. 77.

stärken in Hefner-Einheiten dividiert, erhält man die mittlere sphärische Lichtstärke in Lumen.

Eine Methode, die mittlere sphärische Lichtstärke experimentell durch eine einzige Messung zu bestimmen, gab Blondel an durch Verwendung seines Lumenmeters. Dasselbe ist in § 74 beschrieben.

§ 74. Photometer.

Die Gesetze der Photometrie gelten für gleichfarbige Lichtquellen. Die Farbe des Bogenlichtes ist aber von der Farbe der Einheitslampe verschieden. Man kann daher, streng genommen, diese beiden Lichtquellen nicht miteinander vergleichen. Die Einstellung der Photometer auf gleiche Helligkeit läßt sich bei verschiedener Färbung der Lichtquelle und des Vergleichslichtes nicht genau durchführen. Bei den „Fleck"-Photometern stellt man auf gleiche Deutlichkeit der Ränder des Fleckes ein. Das Gesetz, daß die Helligkeiten der Beleuchtung einer Fläche sich umgekehrt wie die Quadrate der Entfernungen der Lichtquellen verhalten, bildet die Grundlage der Photometrie. Beim Photometrieren von Bogenlampen verwendet man Zwischenlichter, da die Hefner-Einheit klein und im Betriebe teuer ist. Gewöhnlich wendet man als Zwischenlichter Glühlampen an.

Es sind verschiedenartige Photometer konstruiert worden und in Gebrauch, z. B. das Bunsen'sche Fettfleckphotometer, das Lummer-Brodhun'sche, das Photometer von Wild, Krüß, Leonhard Weber, Rousseau, Elster, Grosse, Blondel-Broca, welche teilweise unter Zuhilfenahme verschiedener Hilfsmittel die Lichtverteilung in verschiedenen Richtungen einer Meridianebene zu messen gestatten. Auf die Beschreibung und Kritik dieser Photometer muß neben den zahlreichen

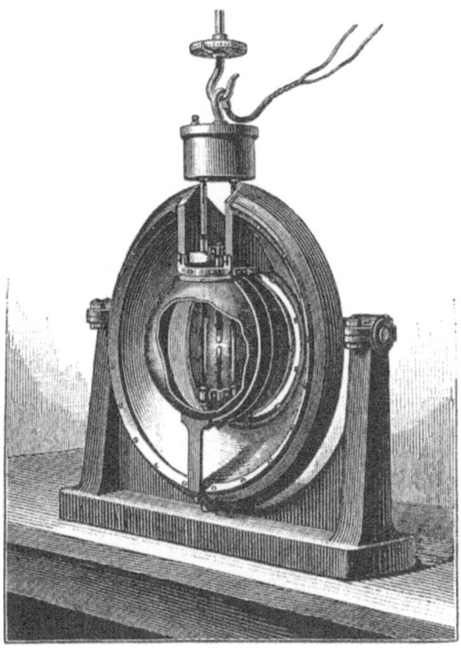

Fig. 78.

Lehrbüchern der Physik auf das Spezialwerk von Krüß[1]) verwiesen werden.

In der Praxis zieht man häufig über die Stärke der Beleuchtung einen Schluß, indem man ein bedrucktes Papierblatt in solche Entfernung vom Auge hält, daß man die Schrift noch gerade ohne besondere Anstrengung lesen kann.

Während zur Bestimmung der mittleren sphärischen Lichtstärke zuerst vermittelst eines der oben genannten Photometer die ebene Lichtverteilungskurve bestimmt werden muß, was zeitraubend ist, und dann

[1]) H. Krüß, Die elektrotechnische Photometrie. Wien, Hartleben.

aus dieser Kurve nach einem der in § 73 angegebenen Verfahren die mittlere sphärische Lichtstärke errechnet werden muß, gestattet das Lumenmeter von Blondel[1]), die mittlere sphärische Lichtstärke durch eine Messung zu bestimmen. In Fig. 78 ist das Blondel'sche Spiegellumenmeter in Ansicht dargestellt. Ein Teil der Kugel an der Vorderseite des Apparates ist in der Figur ausgeschnitten, damit man in das Innere des Apparates blicken kann. Die Öffnung oben dient zum Einführen der Bogenlampe. Die Höhe des Apparates beträgt ungefähr 1 m. In Fig. 79 ist eine schematische Zeichnung des Apparates dargestellt. Die zu messende Lichtquelle L (Fig. 79) wird in den Mittelpunkt einer undurchsichtigen, innen geschwärzten Kugel S S gebracht, aus welcher zwei Kugelzweiecke von je 18^0 ausgeschnitten sind. Der durch diese

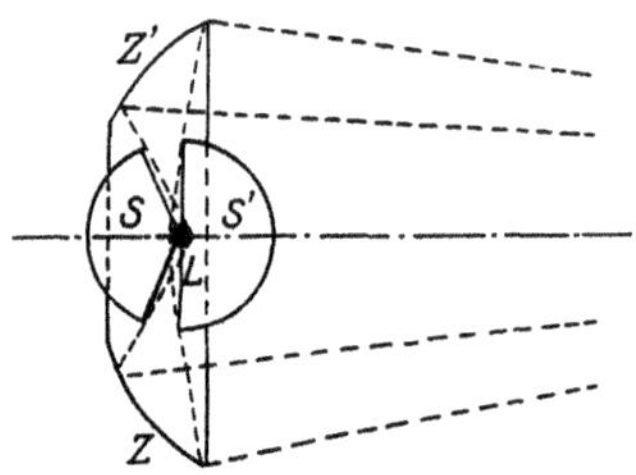

Fig. 79.

Ausschnitte austretende Lichtstrom trifft auf den Spiegel Z Z' (versilberte Glasspiegel eines Rotationsellipsoides, dessen einer Brennpunkt in L und dessen anderer Brennpunkt ein 3 m von L entfernter Punkt ist). Der von den Spiegeln Z Z' zurückgeworfene Lichtstrom trifft auf einen durchsichtigen, lichtzerstreuenden Schirm, der als selbständige Lichtquelle photometriert wird. Durch das Kugelzweieck gelangte $^1/_{10}$ des gesamten Lichtstromes auf den Schirm. Befindet sich das Photometer in einer Entfernung von l Metern vom Schirm, das Vergleichslicht von der Stärke J in der Entfernung l_1, so ist der Lichtstrom

$$\Phi = \frac{10}{K} \frac{l^2}{l_1^2} \cdot J \text{ Lumen},$$

wobei K eine Konstante des Apparates ist, die experimentell bestimmt wird.

Man kann auch das Blondel'sche Lumenmeter zur Bestimmung der mittleren hemisphärischen Lichtstärke benutzen, wenn man die Hälfte der Öffnungen der Kugelzweiecke mit einer undurchsichtigen Halbkugel verdeckt.

---

[1]) Blondel, Ecl. El. 2, p. 557, 1895.

§ 75. Wirkungsgrade der Bogenlampen.

Man kann den Wirkungsgrad einer Lichtquelle von verschiedenen Gesichtspunkten aus betrachten.

Vom rein theoretischen Standpunkte aus betrachtet, definiert man als Wirkungsgrad des Lichtbogens das Verhältnis der sichtbaren Strahlung zu der vom Bogen ausgesendeten Gesamtstrahlung. Alle Lichtquellen erzeugen neben den sichtbaren Strahlen noch unsichtbare Strahlen, ultrarote (Wärmestrahlen) und ultraviolette (aktinische) Strahlen, welche vom menschlichen Auge nicht als Licht wahrgenommen werden. Je höher die Temperatur der Lichtquelle ist, desto größer wird das Verhältnis der sichtbaren Strahlung zur Gesamtstrahlung. Daher ist der auf diese Weise definierte theoretische Wirkungsgrad bei Bogenlampen höher als bei Glühlampen, weil die Temperatur des Lichtbogens höher als die des Glühfadens ist. Bei Glühlampen beträgt der theoretische Wirkungsgrad im Mittel 4 %, bei Bogenlampen im Mittel 10 %. Nakano[1]) bestimmte den theoretischen Wirkungsgrad von Bogenlampen, indem er die Gesamtstrahlung einmal unmittelbar auf eine Thermosäule fallen ließ, das andere Mal nach Durchgang durch eine starke Alaunlösung, und einmal nach Durchgang durch eine Lösung von Jod in Schwefelkohlenstoff. Es ergab sich dann ein theoretischer Wirkungsgrad von 5—18 %. Doch sind diese Bestimmungen nicht genau, da man die einzelnen Strahlungen nicht vollständig von einander trennen kann. Guillaume hat gezeigt, daß man sehr große Fehler durch Absorption der ultraroten Strahlen durch Alaunlösung begehen kann. Dieser theoretische Wirkungsgrad hat für die Beleuchtungstechnik keine Bedeutung.

In der Beleuchtungstechnik handelt es sich darum, festzustellen, welche Lampe sich in Bezug auf die Lichterzeugung am günstigsten im Verhältnis zu der hierzu aufgewendeten elektrischen Energiemenge verhält. Man hat deshalb als praktischen Wirkungsgrad das Verhältnis von aufgewendeter elektrischer Energie zur erzeugten Lichtmenge, Anzahl der Watt pro Hefner-Einheit — spezifischen Wattverbrauch — eingeführt und mit dem Ausdruck Ökonomie belegt. Dieser Begriff und Ausdruck ist sehr unglücklich gewählt, da bei dieser Definition und Ausdrucksweise die Bogenlampe um so ökonomischer arbeitet, je geringer ihre „Ökonomie“ ist. Da unter Wirkungsgrad im allgemeinen in der Technik das Verhältnis der erzeugten Energie zu der zur Erzeugung aufgewendeten Energie verstanden wird, empfiehlt es sich, als praktischen Wirkungsgrad einer Bogen-

[1]) Nakano, El. World 13, p. 313, 1889.

lampe den reziproken Wert der „Ökonomie“, das Verhältnis von erzeugter Lichtmenge zur aufgewendeten Energie,

$$\frac{\text{mittlere sphärische Lichtstärke in Hefner-Einheiten}}{\text{Watt}}$$

zu betrachten. Den so definierten Wirkungsgrad nennt man Lichtausbeute. Unter spezifischer Lichtausbeute versteht man dann die erzeugte mittlere sphärische Lichtstärke in Hefner-Einheiten pro 1 Watt aufgewendete Energie.

Bei allen Vergleichen der Lichtausbeute verschiedener Lampen ist die mittlere sphärische Lichtstärke einzuführen; es ist unzulässig, die mittlere hemisphärische oder die maximale ebene Lichtstärke einzuführen.

II. Gleichstromlichtbogen.

§ 76. Lichtausstrahlung.

Trotter[1]) hat nachgewiesen, daß die Lichtausstrahlung des Kraters in derselben Weise erfolge, als ob der Krater eine flache, glühende Scheibe wäre. Es würde also das von der positiven Kohle ausgestrahlte Licht von einer Ebene ausgehen, welche durch die Kante des Kraters gelegt ist und von dieser Kante begrenzt ist. Nach dem Lambertschen Gesetz[2]) ist die von einem Oberflächenelement nach einer bestimmten Richtung ausgestrahlte Lichtmenge proportional dem Kosinus des Emissionswinkels. Es wird also, wie Uppenborn[3]) zuerst bemerkt hat und Trotter später beweist, die von der Kraterfläche in irgend einer Richtung ausgestrahlte Lichtmenge der in dieser Richtung sichtbaren Kraterfläche, also dem Kosinus desjenigen Winkels proportional sein, welchen die Sehrichtung mit der Scheibe einschließt.

Wenn man in einem Polarkoordinatensystem den leuchtenden Punkt als Ausgangspunkt wählt, von ihm aus unter verschiedenen Winkeln zu einer festen Geraden in ein und derselben Ebene Strahlen zieht und auf diesen Strahlen die dem Kosinus dieser Winkel proportionalen Lichtstärken aufträgt, so ist die Verbindungslinie der Endpunkte auf den Strahlen ein Halbkreis, dessen Durchmesser die feste Gerade ist. Es müßte also, wenn Trotter's Gesetz ohne weiteres gültig wäre, die Lichtausstrahlungskurve des Gleichstromlichtbogens ein Halbkreis sein. Demnach würde am meisten Licht in der Richtung der Mittelsenkrechten auf der Scheibe

[1]) Trotter, E.T.Z. 13, p. 433, 1892.
[2]) Lambert, Photometria. Wien, 1760.
[3]) Uppenborn, Centr. f. El. 11, p. 129, 1889.

ausgesendet werden; diese Lichtverteilungskurve stellt in Fig. 80 der punktierte Halbkreis dar. Später (1894) zeigte Trotter, daß man die leuchtende Scheibe, durch welche man die Kraterfläche ersetzt denken kann, nicht als vollständig gleichmäßig leuchtend annehmen darf, und Frau Ayrton bestätigte diese Behauptung, da sie in der Kraterfläche dunkle und hellere Stellen fand.

Je nach der Richtung, in welcher man auf den Krater blickt, sieht man einen größeren oder kleineren Teil der leuchtenden Fläche. Trotter hat die Größen der Kraterflächen, die sich unter verschiedenen Gesichtswinkeln dem Auge darbieten, gemessen und dargestellt. In Fig. 81 sind Trotter's Kraterumrisse wiedergegeben. Unter jeder Figur steht der Winkel, unter welchem der Krater betrachtet ist. Betrachtet man den Krater z. B. unter einem Winkel von 90^0, also senkrecht zur Mittellinie der Kohlenstifte, so sieht man garnichts von der Kraterhöhlung; schaut man unter einem Winkel von 80^0 den Krater an, so erscheint ein kleiner Teil der Kraterfläche. (Der jeweils sichtbare Teil der Kraterfläche ist in den Figuren schraffiert.) Zwischen 50 und 40^0 scheint der sichtbare Teil der Kraterfläche ein Maximum zu sein. Die Größe des sichtbaren Teiles der Krateroberfläche nimmt nun ab, je kleiner der Winkel zwischen Sehrichtung und Mittellinie wird, weil die negative Kohle einen Teil der Kraterfläche verdeckt. Fällt die Sehrichtung mit der Richtung der Mittellinie der Kohlen zusammen, so sieht man garnichts von der Leuchtfläche des Kraters, weil die negative Kohle die ganze Aussicht versperrt. Würde die negative Kohle nicht vorhanden sein, so würde man in dieser Stellung die vollständige leuchtende Kraterfläche sehen können.

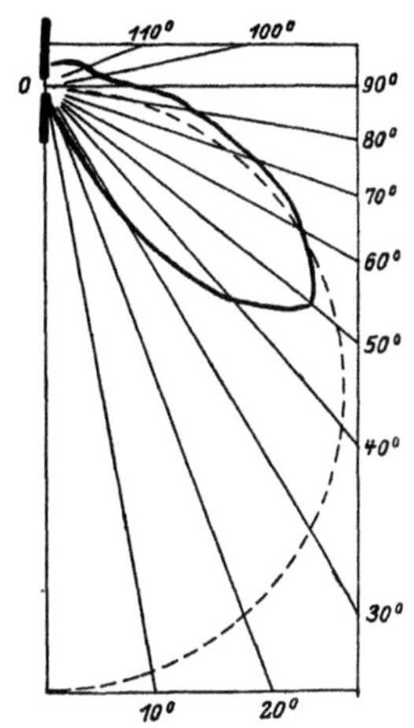

Fig. 80.

Da die negative Kohle die Kraterfläche in gewissen Stellungen verdeckt, so kann die vom Krater ausgestrahlte Lichtmenge nicht nach dem Kosinusgesetz mit dem Emissionswinkel wachsen; die Lichtausstrahlungskurve kann also auch nicht ein Halbkreis sein. In Fig. 80 stellt die ausgezogene Kurve die tatsächliche Lichtausstrahlungskurve eines Gleichstromlichtbogens dar, welche von Wybauw während der Ausstellung zu Antwerpen im Jahre 1885 aufgenommen wurde. Man sieht, daß vom Krater in der Richtung von ungefähr 50^0 ein Maximum von Licht ausgestrahlt wird, während von $0—20^0$ die negative Kohle fast gar kein Licht austreten läßt. Außerdem sieht man in Fig. 80, daß in den Quadranten oberhalb 90⁰ auch noch Licht erscheint. Dies kommt daher, daß auch die Seiten des Kraters glühen, ferner, daß auch die negative Kohle und die Gassäule des Lichtbogens selbst Licht entsenden.

Der Anteil der verschiedenen Teile des Gleichstromlichtbogens an der Lichtausstrahlung ist verschieden. Am meisten Licht strahlt der Krater aus, etwa 85 % der gesamten vom Lichtbogen ausgestrahlten Lichtmenge. Die negative Spitze strahlt ungefähr 10 % aus und der

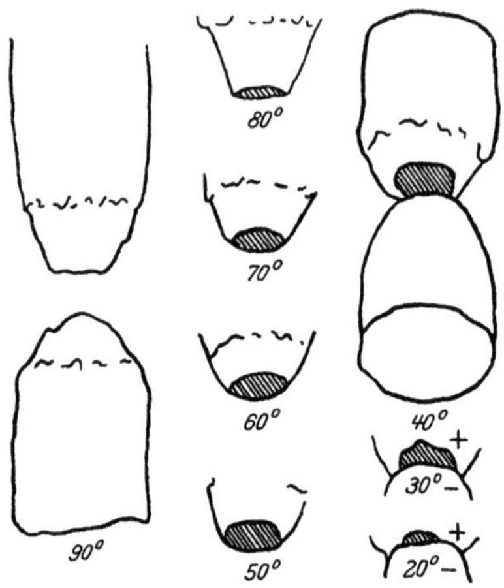

Fig. 81.

Lichtbogen selbst nur etwa 5 %. Bei höheren Stromstärken beteiligen sich auch noch die glühenden Teile außerhalb des Kraters an der positiven Kohle an der Lichtausstrahlung, allerdings in geringem Verhältnis im Vergleich zum Krater.

Allard, Potier, Leblanc, Tresca und Joubert stellten im Jahre 1881 folgende Formel auf zur Bestimmung der mittleren sphärischen Lichtstärke J_s aus der horizontalen Lichtstärke J_h und der in einer Meridianebene gemessenen maximalen Lichtstärke J_m. Sie gaben an:

$$J_s = \frac{J_h}{2} + \frac{J_m}{4}.$$

Uppenborn[1]) hat diese Formel an 7 Lampen verschiedener Größe geprüft und fand eine ziemlich gute Übereinstimmung.

Blondel[2]) leitete aus dieser Formel für den totalen Lichtstrom Φ die Beziehung ab:

[1]) Uppenborn, Centr. f. El. 12, p. 73, 1889.

[2]) Blondel, Ecl. El. 2, p. 557, 1895.

$$\Phi = 4\pi\left(\frac{J_h}{2} + \frac{J_m}{4}\right) \quad \text{oder} \quad \Phi = 2\pi\left(\frac{J_h}{2} + \frac{J_m}{2}\right) + 2\pi \cdot \frac{J_h}{2}.$$

Der erste Klammerausdruck stellt den unteren hemisphärischen Lichtstrom und der zweite Klammerausdruck den oberen hemisphärischen Lichtstrom dar. Wybauw fand bei seinen Messungen auf der Antwerpener Ausstellung mittlere Abweichungen von 6% von diesen Formeln, doch können, namentlich wenn die Formeln auf Lampen verschiedener Systeme angewendet werden, größere Fehler auftreten.

§ 77. Einfluß der Bogenlänge.

Die Schattenwirkung der negativen Kohle wird verringert, wenn man die Elektrodendistanz größer wählt. Es gelangt dann mehr Licht vom Krater ins Freie. Doch tritt mit Vergrößerung der Bogenlänge ein größerer Energieverbrauch ein, sodaß die Lichtausbeute bei größerer Bogenlänge nicht mehr so günstig zu sein scheint, wie bei kleineren Bogenlängen. Der Einfluß der Bogenlänge auf die Lichtausbeute wurde von W. E. Ayrton im Jahre 1893 aufgeklärt. W. E. Ayrton hatte gefunden, daß bei konstanter Stromstärke die vom Bogen ausgesendete Lichtmenge mit der Bogenlänge bis zu einem Punkte wuchs und bei weiterer Vergrößerung der Bogenlänge abnahm. Blondel[1]) bestätigte die Versuche Ayrton's. Er zeigte, daß ein Kohlenpaar von bestimmtem Material und bestimmtem Durchmesser bei konstanter Stromstärke ein Maximum der Gesamtlichtausstrahlung bei einer bestimmten Bogenlänge besitze. Dieses Maximum der Lichtausstrahlung lag bei den von Blondel verwendeten Kohlen (Nanterre) bei einer Bogenlänge von 5—6 mm. Dieser Bogenlänge entsprach eine Elektrodenspannung von 50—55 Volt. Wurde der Bogen bei konstanter Stromstärke noch weiter verlängert, so blieb die ausgestrahlte Lichtmenge konstant oder fiel, während die Spannung mit wachsender Bogenlänge gewachsen war. Demnach war auch die im Bogen verbrauchte Arbeit gewachsen und die Lichtausbeute wurde für Bogenlängen, die größer als 6 mm waren, kleiner. Unterhalb 4 mm Bogenlänge war bei den Blondel'schen Versuchen die Lichtausbeute sehr gering.

Bei Bögen, die mit höheren Stromstärken als 10 Amp. betrieben wurden, fand Frau Ayrton[2]), daß bei konstanter Stromstärke die mittlere sphärische Lichtstärke in Abhängigkeit von der Bogenlänge

---

[1]) Blondel, Ecl. El. 10, p. 289, 1897.

[2]) Mme Ayrton, Ecl. El. 24, p. 458, 1900. (Congrès international d'Electricité.)

2 Maxima und 1 Minimum aufwies. Das erste Maximum lag zwischen der Bogenlänge null und der Bogenlänge 2 mm; das Minimum entsprach der Bogenlänge 2 mm und das zweite Maximum der Bogenlänge 4 mm. Als Grund dafür, daß ein kurzer Lichtbogen bei hoher Stromstärke mehr Licht aussendet als ein längerer bei derselben hohen Stromstärke, fand Frau Ayrton, daß bei kurzem Bogen und hoher Stromstärke die negative Kohle eine sehr zugespitzte Form annimmt und so mehr Licht vom Krater aus ins Freie gelangen läßt. Bei größerer Bogenlänge und hoher Stromstärke plattet sich die negative Spitze mehr ab und versperrt so mehr Licht vom Krater den Austritt ins Freie.

Frau Ayrton zeigte, daß die Krateroberfläche bei konstanter Stromstärke etwas mit der Bogenlänge wächst; es müßte demnach die Lichtausstrahlung bei konstanter Stromstärke mit wachsender Bogenlänge ständig wachsen. Daß nun aber bei Bogenlängen größer als 4—6 mm die Lichtausstrahlung mit wachsender Bogenlänge konstant bleibt oder fällt, schreibt Frau Ayrton der Lichtabsorption durch die Gassäule des Bogens zu. Sie bewies, daß der Bogen Licht absorbiert dadurch, daß er einen Schatten wirft, ferner daß er Gegenstände, die hinter ihn gestellt werden, verbirgt. Außerdem bemerkte Frau Ayrton, daß das Licht des längeren Bogens violetter ist als das Licht des kürzeren Lichtbogens, gleich als ob mehr von den gelben und grünen Strahlen vom Bogen selbst absorbiert werden würden, wenn der Bogen länger ist. Besonders absorbieren die festen, in den Bogen mitgerissenen Kohlenpartikelchen Licht.

§ 78. Einfluß des Kohlendurchmessers und Materials.

Schreihage[1]) hatte den Satz ausgesprochen, daß die mittlere sphärische Lichtstärke eines Bogens von konstanter Stromstärke und konstanter Spannung und Bogenlänge umgekehrt porportional dem Kohlendurchmesser sei. Blondel[2]) fand diese Beziehung für Nanterrekohlen nur bei Elektrodenspannungen zwischen 40 und 45 Volt gültig. Die Kohlen hatten folgende Durchmesser: 16/14, 10/10, 8/6. (Die Zahl links bedeutet nach Blondel den Duchmesser der positiven Kohle in mm, die Zahl rechts den Durchmesser der negativen Kohle in mm.) Im Mittel verhielten sich die Kohlendurchmesser wie 15 : 10 : 7. Die mittleren sphärischen Lichtstärken, welche die drei Kohlenpaare bei konstantem Energieverbrauch gaben, waren 340 . 550 . 730 HE. Die Lichtstärken stehen im Verhältnis 7 : 11,3 : 15, also angenähert umgekehrt proportional

---

[1]) Schreihage, Centr. f. El. 10, p. 604, 1888.

[2]) Blondel, Ecl. El. 10, p. 496, 1897.

dem mittleren Durchmesser. Das Schreihage'sche Gesetz gilt nur in engen Grenzen; es empfiehlt sich daher die Lichtstärke bei konstantem Energieverbrauch in Abhängigkeit vom Kohlendurchmesser experimentell zu bestimmen, anstatt aus dem Schreihage'schen Gesetz zu errechnen.

Für die Lichtausbeute ist eine Verminderung des Durchmessers sowohl der positiven als auch der negativen Kohle günstig. Für die negative Kohle ist es ohne weiteres einzusehen, daß bei einer Verminderung ihres Durchmessers mehr Licht vom Krater ins Freie gelangen kann. Die Verminderung des Durchmessers der negativen Kohle ändert etwas die maximale ebene Lichtausstrahlungsrichtung. In Figur 82 ist

Fig. 82.

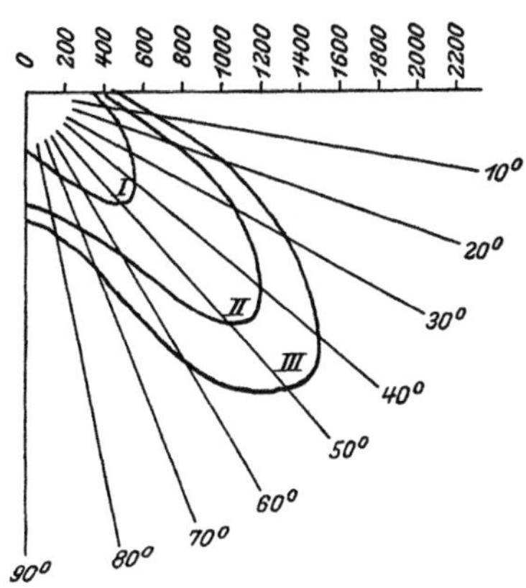

Fig. 83.

eine Aufnahme der Lichtverteilung in verschiedenen Richtungen von Heskett[1]) dargestellt, für zwei Bögen, bei welchen beide positiven Kohlen denselben Durchmesser von 18 mm hatten. In der dick ausgezogenen Kurve hatte die negative Kohle einen Durchmesser von 12 mm, in der dünn ausgezogenen Kurve einen Durchmesser von 7,5 mm bei gleicher Bogenlänge und gleichem Wattverbrauch (468 Watt). Man ersieht aus Figur 82, daß eine Verminderung des negativen Kohlendurchmessers eine größere Lichtmenge in die stark von der Horizontalen abgeneigten Richtungen gelangen läßt, während die Lichtmenge in der Nähe der Horizontalen bei größerem Durchmesser der negativen Kohle größer ist.

Auch die Verringerung des Durchmessers der positiven Kohle erhöht die Lichtausbeute. In Figur 83 sind Beobachtungen von Heskett dargestellt. Drei Bögen von gleicher Länge und gleichem Wattverbrauch (10 Amp., 46 Volt) sind für verschiedene positive Kohlendurch-

---

[1]) Heskett, The Electr. 39, p. 707, 1897.

messer untersucht worden. Heskett beobachtete gleichzeitig den Abbrand, der bei derselben Stromstärke größer wird, wenn der Kohlendurchmesser kleiner gemacht wird. Die Durchmesser der zu Figur 83 gehörigen Kohlen sind in folgender Tabelle zusammengestellt.

Kurve	Durchmesser der positiven Kohle in mm	Abbrand der positiven Kohle in mm pro Stunde	Durchmesser der negativen Kohle in mm	Abbrand der negativen Kohle in mm pro Stunde
I	18	17,8	12	16,5
II	14	26,7	9	27,1
III	13	30,5	8	35,5

Für dieselbe Stromstärke ist bei demselben Kohlenmaterial, demselben Wattverbrauch, derselben Bogenlänge die Lichtausbeute um so größer, wenn bei einem gegebenen negativen Kohlendurchmesser der positive Kohlendurchmesser so dünn als möglich ist. Eine praktische Grenze ist, wie Frau Ayrton bewiesen, der Punkt, bei welchem bei einem bestimmten Durchmesser die Stromdichte so groß wird, daß der Bogen unruhig wird und zu zischen anfängt.

Bei gleichen Durchmessern hat das Kohlenmaterial einen bedeutenden Einfluß auf die Lichtausbeute. Die sogenannten „weichen" Kohlen, welche mehr Ruß enthalten, geben unter gleichen Bedingungen mehr Licht als die sogenannten „harten" Kohlen, welche mehr Graphit enthalten. Die weichen Kohlen haben einen größeren Abbrand als die harten Kohlen.

Die Dochtkohlen geben bei gleichem Kohlendurchmesser, gleicher Bogenlänge, gleicher Stromstärke und gleichem Energieverbrauch eine geringere Lichtausbeute als die Homogenkohlen. Das Dochtmaterial erniedrigt, wie Blondel bewiesen hat, die Helligkeit der glühenden Kraterfläche.

§ 79. Einfluß der Stromdichte.

Für kleine Stromstärken bis 10 Amp. wächst, wie Blondel bewiesen hat, die vom Bogen bei konstanter Spannung und konstantem Kohlendurchmesser ausgestrahlte Lichtmenge mit wachsender Stromdichte.

Blondel und Rey[1]) haben eine umfangreiche Untersuchung ausgeführt über den Einfluß der Stromdichte auf die Lichtausstrahlung des Kraters bei hohen Stromstärken, wie solche in Scheinwerfern und bei

[1]) Blondel et Rey, Bull. El. 9. VII. 1902.

Leuchttürmen angewendet werden. Sie experimentierten mit Strömen von 25—300 Amp. In Figur 84 ist einer ihrer Versuche graphisch dargestellt, welcher sich auf einen Lichtbogen zwischen einer positiven Kohle von 37 mm Durchmesser und einer negativen Kohle von 26 mm Durchmesser bezieht. Die Abscissen stellen die Stromdichten in der positiven Kohle in Amp. pro Quadratcentimeter dar. Die Ordinaten stellen die von einem Quadratmillimeter der Kraterfläche ausgestrahlte mittlere sphärische Lichtstärke in Hefnereinheiten dar.

Die ausgezogene Kurve in Figur 84 bezieht sich auf die Mittelwerte der beobachteten Punkte. Es ergibt sich aus dieser Figur und

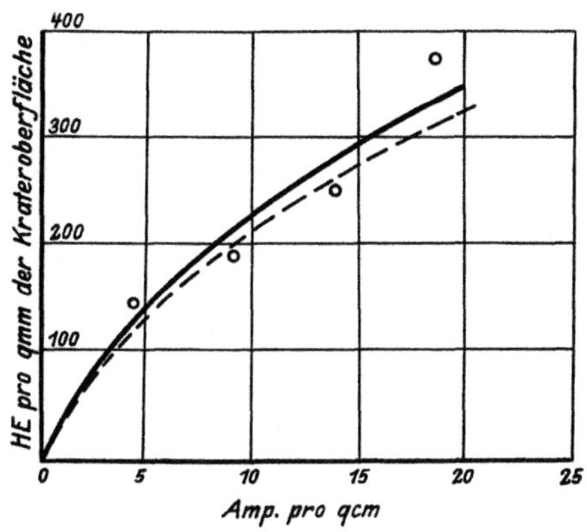

Fig. 84.

aus den anderen zahlreichen Beobachtungen Blondel's und Rey's, daß die pro Quadratmillimeter der Kraterfläche ausgestrahlte mittlere sphärische Lichtstärke mit der Stromdichte in der positiven Kohle bei offenem Bogen wächst.

Abney[1]) behauptete im Jahre 1881, daß die pro Quadratmillimeter der Kraterfläche ausgestrahlte Lichtmenge bei einem bestimmten Kohlenmaterial für verschiedene Bogenlängen und Stromstärken konstant sei; auch Violle[2]) stellte dieselbe Behauptung auf. Er hatte im elektrischen Ofen Bögen bei verschiedenen hohen Stromstärken photographiert und festgestellt, daß die verschiedenen Photogramme gleiche Helligkeit zeigten. Hieraus schloß er, daß die von einem Quadratmillimeter der Kraterfläche ausgestrahlte Lichtmenge von der Stromdichte unabhängig sei. Die Untersuchungen von Blondel und Rey, bei welchen die

---

[1]) Abney, Phil. Trans. 172, p. 890, 1881.

[2]) Violle, C. R. 119, p. 949, 1894.

Lichtstärke photometrisch bestimmt wurde, zeigen jedoch, wenigstens für starke Ströme und offene Bögen, daß die Abney-Violle'sche Behauptung nicht zutreffend ist. Violle hatte den Bogen im elektrischen Ofen photographiert; im Ofen herrschte konstante Temperatur. Blondel und Rey haben mit Recht auf die Unempfindlichkeit und Unzulänglichkeit der von Violle verwendeten photographischen Methode zur Ausführung von Helligkeitsmessungen bei so stark leuchtenden Lichtquellen, wie es die mit starken Strömen gespeisten Kohlenlichtbögen sind, aufmerksam gemacht.

Die in Figur 84 dargestellte punktierte Kurve ist eine Kurve, welche Blondel und Rey berechnet haben. Wie man sieht, weicht diese Kurve wenig von der beobachteten (ausgezogenen) Kurve ab. Die Kurven, welche die Beziehungen zwischen Stromdichte und Lichtstärke pro Quadratmillimeter der Kraterfläche darstellen, sind angenähert Parabeln. Blondel und Rey fanden für Bögen über 15 Amp. Stromstärke folgende empirischen Beziehungen gültig, bei welchen die Konstanten für jedes Kohlenmaterial neu zu bestimmen sind.

Bezeichnet man mit F die leuchtende Kraterfläche in qmm, mit J die Stromstärke in Amp. und mit m eine Konstante, welche für Ströme von 50—300 Amp. = 0,2 ist, so ist

$$F = m \, . \, J^{3/2} \qquad \text{(1)}$$

Der von einem Quadratmillimeter der Krateroberfläche ausgesendete Lichtstrom sei e. Die Stromdichte in der positiven Kohle sei δ (in Amp./qcm); a und b seien die Parameter einer Parabel. Dann lassen sich die Kurven in Figur 84 durch die Beziehung ausdrücken:

$$e\,(e + a) = b \, . \, \delta \qquad \text{(2)}$$

a ist = 200. b war bei Blondel und Rey's Kohlen bei einem Durchmesser D der positiven Kohle von 49 mm = 1000.

Für einen anderen Kohlendurchmesser D' wird $b = 1000 \sqrt{\frac{D'}{D}}$.

Aus Formel 2 ergibt sich e in Hefnereinheiten.

Der gesamte vom Krater ausgehende Lichtstrom ist dann:

$$\Phi = \pi \, . \, F \, . \, e \text{ in Lumen} \qquad \text{(3)}$$

Dieser Lichtstrom ist der theoretische unter der Annahme, daß keine negative Kohle der positiven Kohle gegenübersteht. Um den tatsächlichen Lichtstrom aus dem theoretischen zu erhalten, multiplizierten Blondel und Rey den theoretischen Lichtstrom in Formel 3 mit dem Faktor 0,84 und fanden zwischen dem berechneten Wert

$$\Phi = 0{,}84\, \pi \, . \, F \, . \, e \qquad \text{(4)}$$

und dem experimentell bestimmten Werte einen Unterschied von + 1,4%.

III. Wechselstromlichtbogen.

§ 80. Lichtausstrahlung.

Beim Wechselstromlichtbogen ist die Lichtausstrahlung eine andere als beim Gleichstromlichtbogen. Beim Gleichstromlichtbogen hat die positive Kohle eine viel höhere Temperatur und leuchtet viel heller als die negative Kohle; sie hat demgemäß auch den weitaus größten Anteil an der Lichtausstrahlung. Beim Wechselstromlichtbogen hingegen ist in jeder Periode einmal die untere Kohle und einmal die obere Kohle positiv. Das stärkere Licht wird daher auch in jeder Periode einmal nach oben und einmal nach unten geworfen. Infolgedessen wird das Polardiagramm, welches die Beziehungen zwischen Intensität des ausgestrahlten Lichtes und der Ausstrahlungsrichtung darstellt, nicht mehr die eiförmige Gestalt haben wie beim Gleichstrombogen.

Es bildet sich bei den heute in Wechselstrombogenlampen verwendeten Dochtkohlen an jeder Elektrodenspitze ein kleiner Krater. Nach Blondel[1]) kann man sich beim Wechselstromlichtbogen alles ausgestrahlte Licht von den Kratern ausgehend denken. Nur bei sehr großer Stromdichte nehmen auch Teile außerhalb des Kraters an der Lichtausstrahlung teil. Blondel wendet das Trotter'sche Gesetz auch für den Wechselstromlichtbogen an. Jeder der beiden kleinen Krater würde einen Kreis als Polarkurve geben, welcher die Beziehung zwischen der Intensität des von dem betreffenden Krater ausgestrahlten Lichtes und der Ausstrahlungsrichtung darstellt. In Fig. 85 sind diese Kreise gestrichelt eingezeichnet. Da nun aber das von jedem Krater ausgestrahlte Licht von der anderen Kohle teilweise verdeckt wird, ergibt sich für die von einem Krater ausgehende Lichtausstrahlungskurve eine ähnliche eiförmige Gestalt wie für den Gleichstrombogen. Außerdem ist in Fig. 85 noch eine dritte, kleinere Lichtkurve eingezeichnet, welche das von den gasförmigen Teilen des Bogens sowie das von den außerhalb der Krater gelegenen glühenden Elektrodenteilen ausgestrahlte Licht darstellt. Diese drei Lichtverteilungskurven setzen sich zu einer resultierenden Lichtverteilungskurve des Wechselstromlichtbogens zusammen, welche in Fig. 86 dargestellt ist. Während beim Gleichstromlichtbogen die typische Gestalt der Lichtverteilungskurve eiförmig ist, gleicht die Lichtverteilungskurve eines Wechselstromlichtbogens dem Flügelpaare eines Schmetterlings, worauf Uppenborn zuerst aufmerksam gemacht hat. Die Lichtverteilungskurve zeigt in der Horizontalen einen Einschnitt. Der normale

[1]) Blondel, Ecl. El. 2, p. 557, 1895.

Wechselstromlichtbogen strahlt also am wenigsten Licht in horizontaler Richtung aus. Die maximale Lichtausstrahlung findet in einer Richtung von 50—60° von der Horizontalen nach oben und unten statt. Wenn man die Stromdichte erhöht und die Bogenlänge klein macht, so nimmt der Bogen selbst sowie die außerhalb der Krater glühenden Elektrodenteile einen besonders großen Anteil an der Lichtausstrahlung in horizontaler Richtung. Der Einschnitt zwischen den beiden Flügeln verschwindet dann fast ganz. So stellt Fig. 87 eine Lichtausstrahlungskurve dar, welche Blondel an einem Wechselstromlichtbogen eines Scheinwerfers von 5 mm Bogenlänge bei sehr hoher Stromdichte aufgenommen hat. Der Einschnitt in der Horizontalen ist hier nur sehr gering.

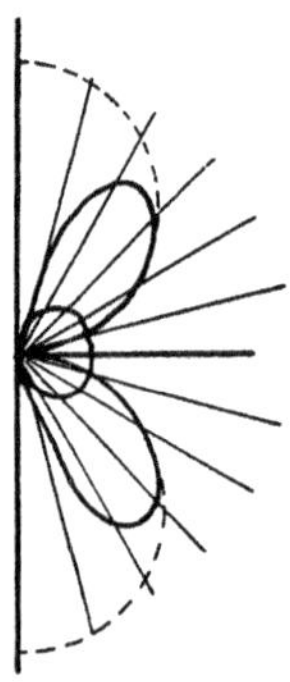

Fig. 85.

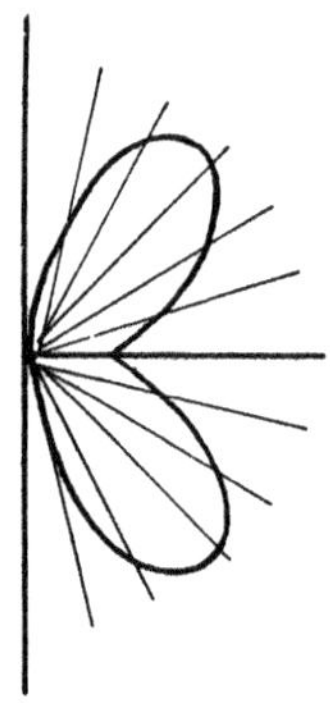

Fig. 86.

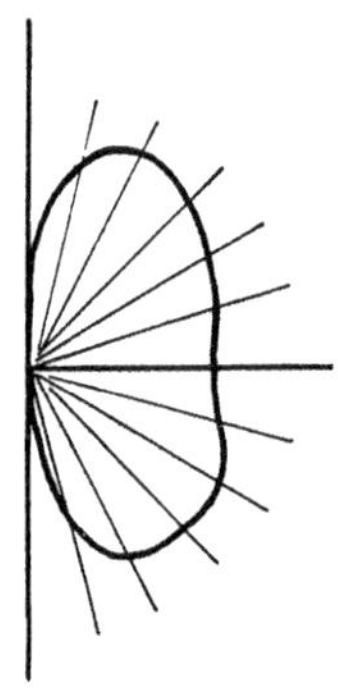

Fig. 87.

Häufig zeigt der unterhalb der Horizontalen liegende Flügel der Lichtverteilungskurve bei vertikaler Anordnung der Kohlen des Wechselstromlichtbogens einen größeren Maximalwert der ausgestrahlten Lichtintensität als der oberhalb der Horizontalen liegende Flügel. Der Grund dieser Erscheinung ist der, daß die obere Kohle durch den aufsteigenden warmen Luftstrom erwärmt wird und infolgedessen etwas mehr Licht ausstrahlt als die untere Kohle.

Blondel stellte folgende empirische Formel auf, um die mittlere sphärische Lichtstärke J_s aus der horizontalen Lichtstärke J_h und der maximalen Lichtstärke J_m unterhalb der horizontalen und der maximalen Lichtstärke $J_{m'}$ oberhalb der Horizontalen zu berechnen.

$$J_s = \frac{J_h}{2} + \frac{J_m + J_{m'}}{4}.$$

Diese Formel gilt für Ströme unterhalb 10 Amp.

Für Ströme stärker als 15 Amp. gibt er die Formel an:

$$J_s = \frac{J_h}{8} + \frac{J_m + J_{m'}}{4}.$$

Blondel[1]) zeigt, daß die Anwendung dieser Formel für Ströme höher als 15 Amp. gute Übereinstimmung mit den von Helios in einer Versuchsreihe unabhängig von ihm errechneten Werten zeigt.

Für Ströme von 8—12 Amp. empfiehlt Blondel die Formel:

$$J_s = \frac{J_h}{4} + \frac{J_m + J_{m'}}{4}.$$

§ 81. Einfluß der Bogenlänge.

Da jede Kohle durch Schattenbildung einen Teil des von der anderen Kohle erzeugten Lichtes nicht zur Geltung kommen läßt, kann man durch Vergrößerung der Elektrodendistanz, bei welcher die Schattenwirkung jeder Elektrode vermindert wird, eine größere Lichtwirkung

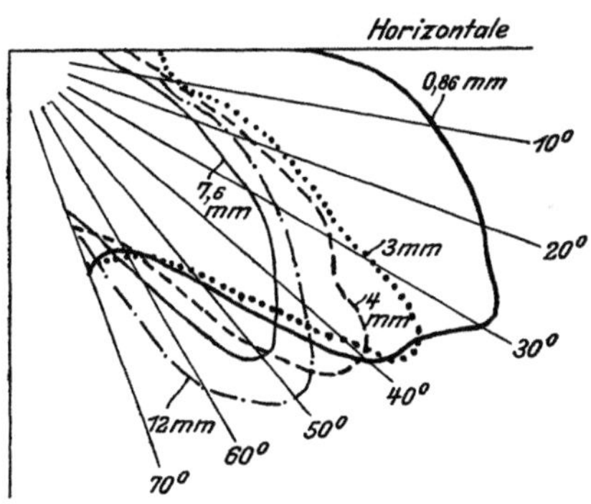

Fig. 88.

erhalten. Da aber der längere Bogen auch eine größere Energiemenge erfordert, so muß die Energie proportional der Verlängerung der Bogenlänge gesteigert werden. Läßt man den Energieverbrauch konstant und verlängert die Elektrodendistanz, so wird trotz der verminderten Schattenwirkung die ausgestrahlte Lichtmenge geringer. In Fig. 88 hat Görges[2]) dargestellt, wie die Helligkeit bei wachsender Bogenlänge und demselben Energieverbrauch abnimmt. Die Kurven stellen die Helligkeit pro Watt für eine 12 Amp. Lampe dar; ein Millimeter entspricht 0,25 Hefner-Einheiten. Die neben die Kurven geschriebenen Zahlen geben die Lichtbogenlängen an. Blondel und Jigouzo[3]) untersuchten den Einfluß der Bogenlänge des Wechselstromlichtbogens auf die mittlere

[1]) Blondel, Ecl. El. 2, p. 557, 1895.

[2]) Görges, E.T.Z. 16, p. 548, 1895.

[3]) Blondel and Jigouzo, El. World 29, p. 232, 1897.

sphärische Lichtstärke bei verschiedenem Energieverbrauch mit dem Blondel'schen Lumenmeter. Der Strom wurde konstant auf 10 Amp. gehalten. Die Spannung wurde auf den der größeren Bogenlänge entsprechenden höheren Betrag gesteigert. Die zu den Untersuchungen verwendeten Kohlen waren Dochtkohlen von 10 mm Durchmesser. Die Periodenzahl betrug konstant 42 Perioden pro Sekunde. Die Beobachtungen Blondel's und Jigouzo's sind in folgender Tabelle zusammengestellt.

I. Dochtkohlen von Carré.

Spannung	Watt am Wattmeter	Volt-ampere	Leistungs-faktor	Mittlere sphärische Lichtstärken in HL	Bogen-länge in mm	Mittlere sphärische Lichtstärke in HL pro 1 Watt aufgewendete Energie
30,5	240	305	0,787	120	0,0	0,395
36,0	310	360	0,849	267	1,0	0,742
39,8	358	398	0,895	366	1,5	0,925
44,9	410	449	0,915	412	2,5	0,920
48,5	448	485	0,925	380	4,0	0,780
II. Dochtkohlen von Helios.						
24,5	218	245	0,889	160	0,0	0,655
28,5	265	285	0,933	254	1,5	0,890
33,2	320	332	0,963	208	3,5	0,622
38,0	368	380	0,968	203	5,0·	0,534

Aus dieser Tabelle läßt sich erkennen, daß die Lichtstärke zuerst mit wachsender Bogenlänge bis auf einen Maximalwert steigt und bei noch weiterer Verlängerung des Bogens und gesteigertem Energieverbrauch bei konstanter Stromstärke wieder fällt.

§ 82. Einfluß des Kohlendurchmessers und Materials.

Beim Wechselstromlichtbogen hat der Durchmesser der Kohlen denselben Einfluß auf die Lichtausbeute wie bei Gleichstrom. Eine Vergrößerung des Kohlendurchmessers verringert bei demselben Effektverbrauch die Lichtausstrahlung. Blondel und Jigouzo erhielten mit zwei Dochtkohlen von 10 mm Durchmesser eine mittlere sphärische Lichtstärke von 360 HL; wurden die 10 mm Dochtkohlen durch Dochtkohlen von 14 mm Durchmesser ersetzt, so betrug die mittlere sphärische Lichtstärke bei demselben Energieverbrauch nur 292 HL. Das Gesetz von

Schreihage, nach welchem die Intensität der Lichtausstrahlung umgekehrt proportional dem Kohlendurchmesser sei, wurde von Blondel und Jigouzo nicht bestätigt gefunden. Der Grund ist der, daß das Schreihage'sche Gesetz den Einfluß der Bogenlänge nicht mitberücksichtigt.

Das Material der Kohlen ist bei einer Beurteilung der Lichtausbeute des Wechselstromlichtbogens zu berücksichtigen. Bei Homogenkohlen ist die Lichtausbeute geringer als bei Dochtkohlen und bei Dochtkohlen wechselt sie unter gleichen elektrischen Verhältnissen je nach der Beschaffenheit und Fabrikation der Kohlen. Gesetzmäßigkeiten über den Einfluß des Kohlenmaterials lassen sich nicht aufstellen; man muß jede Kohlensorte einer speziellen experimentellen Prüfung unterziehen.

§ 83. Einfluß der Stromdichte.

Der Einfluß der Stromdichte auf die Lichtausstrahlung bei konstanter Spannung ist genauer von Blondel und Jigouzo untersucht worden. Eine ihrer Versuchsreihen ist in Fig. 89 dargestellt. Die Ver-

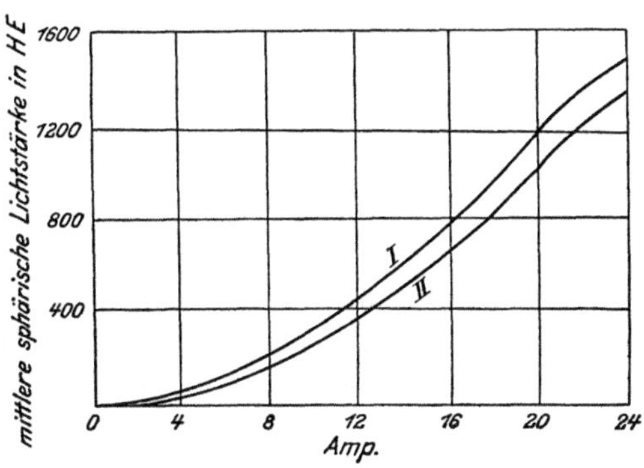

Fig. 89.

suche beziehen sich auf Dochtkohlen von 10 mm Durchmesser. Kurve I wurde mit Nanterrekohlen, Kurve II mit Helioskohlen aufgenommen. Die Spannung betrug konstant 41 Volt. Man ersieht aus der Figur, daß die Lichtausstrahlung mit wachsender Stromdichte zunimmt. Bei ungefähr 20 Amp. biegen sich die Kurven etwas nach unten. (Bei dieser Stromstärke verbrennen die Kohlenspitzen stark; diese Stromstärke kommt bei 10 mm Kohlen für die Praxis nicht in Betracht.) Bei Stromstärken unterhalb 20 Amp. nähert sich die Kurve, welche die Beziehungen zwischen Stromdichte und Lichtausstrahlung für dasselbe Kohlenpaar bei konstanter Spannung darstellt, einer Parabel.

Nach Blondel und Jigouzo's Untersuchungen gibt es also für eine Kohle von bestimmtem Material und bestimmtem Durchmesser bei einer bestimmten Stromstärke und Bogenlänge ein Maximum der mittleren sphärischen Lichtstärke pro 1 Watt aufgewendete Energie.

§ 84. Flimmern.

Da in jeder halben Periode der Strom von einem Werte null auf einen Maximalwert steigt und wieder auf null zurücksinkt, muß auch die ausgestrahlte Lichtmenge, welche eine Funktion der Stromstärke ist, periodischen Schwankungen unterworfen sein. Blondel[1]) photographierte das während verschiedener Perioden vom Wechselstromlichtbogen ausgesandte Licht. Er erhielt am Ende einer jeden halben Periode, also während der Strom durch null ging, dunkle Stellen und in der Mitte jeder halben Periode hell leuchtende Stellen. Hierbei zeigte sich, daß die leuchtenden Stellen heller waren, wenn sie von derjenigen Kohle ausgegangen waren, welche während der betreffenden halben Periode positiv war.

Das menschliche Auge ist gegen schnelle Lichtschwankungen ziemlich unempfindlich. Nach Görges nimmt das Auge, wenn die Periodenzahl erhöht wird, bald kein Flimmern mehr wahr, obwohl die Variationen im Licht noch sehr bedeutend sind. Die Grenze der Erkennbarkeit des Flimmerns ist subjektiv verschieden und liegt im Mittel bei 60 Perioden pro Sekunde. Bei 40 Perioden ist das Flimmern unerträglich, bei 50 Perioden noch schwach bemerkbar. Das Flimmern wird, wie Görges bemerkt, weniger bemerkbar, wenn der Lichtbogen mit einer Mattglasglocke umgeben wird. Auch mildert ein Reflektor, der nach dem Vorgange von Helios vielfach dicht über dem Lichtbogen angebracht wird, das Flimmern erheblich, indem er auch die Lichtimpulse der unteren Kohle, wenn diese positiv ist, nach unten sendet und dadurch bei 50 Perioden dem Auge 100 Lichtimpulse zukommen läßt.

Görges untersuchte die Schnelligkeit, mit welcher die Lichtvariationen den Stromvariationen folgen, indem er das ausgestrahlte Licht auf lichtempfindliches Papier fallen ließ. Es zeigte sich, daß sich die Lichtintensität fast momentan ändert und anscheinend alle Variationen der Stromkurve wiederspiegelt. Noch bei 300 Perioden pro Sekunde konnte auf dem lichtempfindlichen Papier festgestellt werden, daß die Lichtintensität den Stromschwankungen folgt, während das menschliche Auge schon bei 60 Perioden für diese Schwankungen unempfindlich wird. Duddell[2]) stellte fest, daß das Licht in noch viel

---

[1]) Blondel, Lum. El. 42, p. 551, 618, 1891.

[2]) Duddell, The Electr. 46, p. 270, 1900.

höherem Maße den Stromschwankungen folgt, als es aus den Görges'schen Versuchen hervorgeht. Duddell lagerte über einen Gleichstromlichtbogen die oscillatorische Entladung eines in Serie mit einer Selbstinduktionsspule geschalteten Kondensators. Der Strom im Lichtbogen bestand also aus einem großen, konstanten Teile, auf welchem eine kleine Welle variabler Stromstärke lagerte, die nach einigen Schwingungen aufhörte. Duddell fand nun, daß bei einem 8 Ampere-Gleichstromlichtbogen mit Homogenkohlen durch diese aufgelagerte Welle eine deutliche Veränderung sowohl des vom Krater als auch von der Gassäule des Bogens ausgehenden Lichtes hervorgerufen wurde, wenn die Amplitude der Stromänderung 3 % von der Gleichstromstärke betrug bei einer Zahl von 4300 Wechseln pro Sekunde. Wurde bei derselben Wechselzahl die Amplitude der aufgelagerten Stromwelle auf 2 % der Gleichstromstärke verringert, so konnte eine Veränderung im Licht nicht mehr genau festgestellt werden. Diese Lichtschwankungen beziehen sich auf die aktinischen Strahlen, welche auf die photographische Platte wirken. Die sichtbaren Strahlen dürften sich wohl in ähnlicher Weise verhalten, vielleicht nicht bis zu demselben Grade von Empfindlichkeit.

§ 85. Momentanwerte von Strom und Licht.

Um einen genauen Einblick in den jeweiligen Zusammenhang zwischen der Stromstärke und dem ausgestrahlten Licht beim Wechselstromlichtbogen zu erhalten, muß man die Momentanwerte dieser Größen bestimmen. Man kann dann erkennen, daß die Stärke des in einer bestimmten Richtung ausgestrahlten Lichtes während einer Periode Schwankungen unterworfen ist. Bei den von Görges mitgeteilten Beobachtungen wurden die momentanen Beziehungen zwischen Spannung, Stromstärke und Licht für die horizontale Richtung bestimmt, ferner für eine Richtung, die von der horizontalen um 35° nach oben, und für eine Richtung, die von der horizontalen um 35° nach unten abwich. Die Kurven für den horizontalen Strahl zeigen nur eine geringe Lichtstärke und bei verschiedenartigen Stromkurven der Betriebsmaschine nahezu gleiche Lichtmaxima. Für die beiden geneigten Strahlen ergaben sich keine wesentlichen Unterschiede in dem Verlauf der variabeln Größen zwischen dem nach oben und dem nach unten gerichteten Strahl. In Fig. 90 ist die Görges'sche Aufnahme dargestellt. Das Licht wurde für einen Strahl gemessen, der um 35° nach unten von der Horizontalen abwich. Die Stromkurve der Betriebsmaschine war flach. Man ersieht aus Fig. 90, daß die in ein und derselben Richtung während einer Periode ausgestrahlte Lichtmenge nicht für beide Kohlen gleich ist. Die Lichtmenge, welche von derjenigen Kohle ausgestrahlt wird, welche während der halben Periode positiv ist, ist größer als die von derselben Kohle ausgestrahlte Lichtmenge, wenn diese Kohle negativ ist. Das negative Lichtmaximum erhebt sich nur wenig von dem Lichtminimum, das beim Wechsel der Polarität der Kohle auftritt.

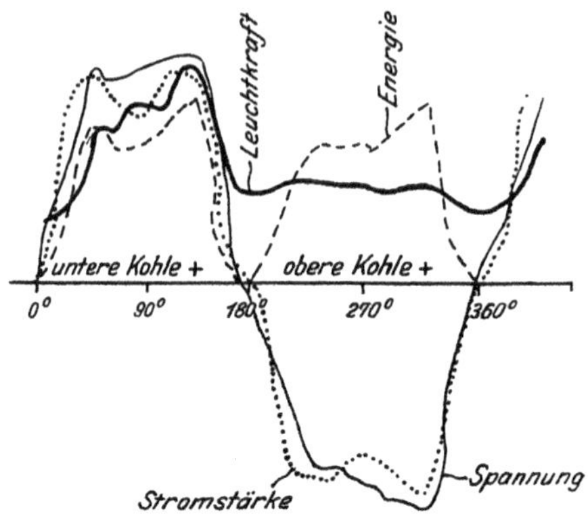

Fig. 90.

Eingehendere Versuche über den Zusammenhang der Momentanwerte der variabeln Größen machten Fleming und Petavel[1]). Sie untersuchten einen Wechselstromlichtbogen zwischen Dochtkohlen von

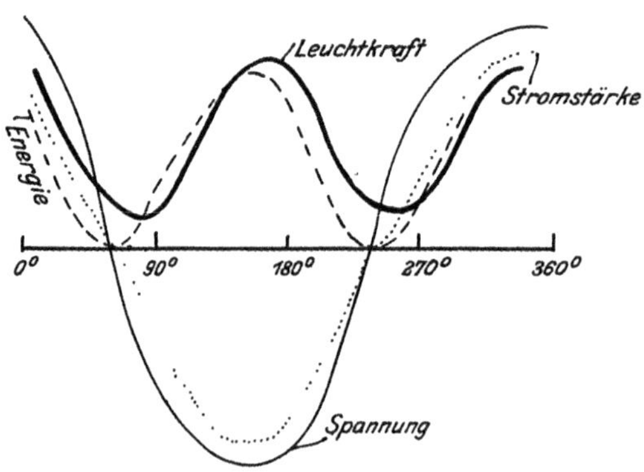

Fig. 91.

15 mm Durchmesser bei einer konstanten effektiven Stromstärke von 14 Ampere und beobachteten das in einer bestimmten Richtung ausgestrahlte Licht. In Fig. 91 ist eine ihrer Beobachtungen dargestellt, welche das von dem Bogen allein ausgestrahlte Licht (das von den

[1]) Fleming and Petavel, Phil. Mag. 41, p. 315, 1896.

Kratern ausgestrahlte Licht ist nicht mitgemessen), die Spannung an den Kohlen, den Strom im Bogen und die aufgewendete Arbeit für einen Bogen von 5,5 mm Länge bei 83,3 Perioden pro Sekunde wiedergibt. Der Effektivwert der Spannung betrug 39 Volt. In diesem Diagramm ist auffallend, daß die von der Gassäule ausgestrahlte Lichtmenge nie null wird. Fleming und Petavel lassen es unentschieden, ob dieses schwache Leuchten der Gasstrecke während des Stromdurchgangs durch null von einem Weiterleuchten des glühenden Dampfes in der Gasstrecke oder durch Licht hervorgerufen ist, welches von den Kratern ausging, obwohl man das letztere sorgfältig fernzuhalten versucht hatte.

In Fig. 92 ist das vom Krater der unteren Kohle während mehrerer Perioden in derselben Richtung ausgestrahlte Licht für einen Bogen von 4,2 mm Länge bei 83,3 Perioden pro Sekunde dargestellt. Man sieht aus dieser Figur, daß die vom Krater ausgestrahlte Lichtstärke zwischen

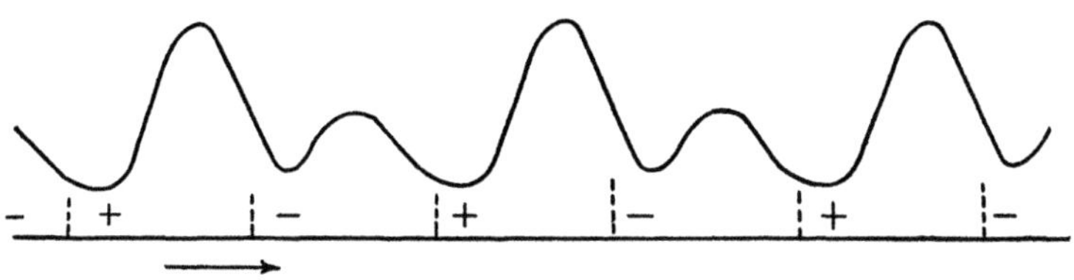

Fig. 92.

einem Minimum und zwei Maximalwerten in jeder Periode schwankt, welch letztere an Größe verschieden sind. Wenn der Krater positiv ist, erreicht die Intensität des ausgestrahlten Lichtes den höheren Maximalwert. Der kleinere Maximalwert der Lichtintensität tritt dann auf, wenn die Kohle negativ ist. Außerdem ist in Fig. 92 zu erkennen, daß die Lichtkurve steiler ansteigt und sanfter absteigt, woraus Fleming und Petavel den Schluß ziehen, daß die Kohlen schneller warm werden und sich langsamer abkühlen; besonders wenn der Krater negativ ist, tritt das langsame Absteigen der Lichtkurve deutlich hervor. Der Grund ist der, daß, wenn die negative Kohle ihr Maximum der Wärme erreicht hat, die positive Kohle, welche ihr gegenüberliegt, sich von ihrem Wärmemaximum, welches höher liegt als das der negativen Kohle, abzukühlen beginnt und der sich abkühlenden negativen Kohle Wärme zustrahlt und somit die Abkühlung der negativen Kohle verzögert. Fleming und Petavel stellten ferner fest, daß bei derselben Periodenzahl für einen kurzen Lichtbogen (3,2 mm) ein Nacheilen der Amplitude der Lichtkurve gegenüber der Amplitude der Effektkurve stattfindet, während es unter denselben Verhältnissen bei langem Bogen (12 mm) nicht zu bemerken war.

Die Versuche von Burnie[1]) über das Verhalten der Momentanwerte von Strom und Licht bestätigen die Versuche von Fleming und Petavel. Inwiefern die Temperatur der Kohlen den Stromschwankungen folgt, ist schon in § 62 besprochen worden.

§ 86. Einfluß der Kurvenform des Generators.

Die äußerst geringe Deformation, welche der Bogen auf die Stromkurven in Fig. 90 und Fig. 91 bei den Versuchen von Görges und Fleming und Petavel ausgeübt hat, läßt sich nach den Duddell-Marchant'schen Untersuchungen dadurch erklären, daß Görges und Fleming und Petavel zu ihren Versuchen Dochtkohlen verwendet haben.

Rößler und Wedding[2]) untersuchten den Einfluß verschiedenartiger Strom- und Spannungskurven des Generators auf die Leuchtkraft des Wechselstromlichtbogens. Sie nahmen nur die Spannungs- und Stromkurven verschiedener Generatoren auf. Leider haben sie nicht auch untersucht, in welcher Weise die Stromkurven vom Bogen deformiert wurden. Aus den Versuchen von Rößler und Wedding geht hervor, daß unter angenähert denselben Verhältnissen die Leuchtkraft des Lichtbogens umso größer wird, je flacher die Stromkurve des Generators ist. So erhielten sie bei 40 Perioden pro Sekunde und einem Betriebsstrom von ungefähr 9,5 Ampere als Mittelwert der mittleren sphärischen Lichtstärke unter der Horizontalen für 1 Watt aufgewendete Energie:

Bei einer spitzen Kurve	0,710 HE.
- - flachen -	1,024 HE.

Görges erhielt ähnliche Resultate. Er fand für eine 12 Amperelampe bei 50 Perioden pro Sekunde als mittlere sphärische Lichtstärke pro 1 Watt aufgewendete Energie:

Bei einer spitzen Kurve	0,796 HE.
- - flachen -	0,960 HE.

Als Grund, weshalb die Lichtausbeute bei flachen Stromkurven größer ist als bei spitzen, führt Görges an, daß bei spitzen Stromkurven auf eine kurz andauernde hohe Stromstärke eine längere Zeit folgt, in welcher die Stromstärke sehr gering ist. In dieser Zeit werden sich die Kohlen stark abkühlen. Mit abnehmender Temperatur nehme auch die Intensität der sichtbaren Strahlung schnell ab. Die Zeiten

---

[1]) Burnie, Ecl. El. 13, p. 365, 1897.

[2]) Rößler und Wedding, E.T.Z. 15, p. 315, 1894.

geringer Stromstärke würden dann für die Lichtausbeute sehr wenig in Betracht kommen.

Rößler und Wedding gelangen zu dem Schlusse, daß die Lichtentwicklung des Wechselstrombogens von dem einfachen Mittelwerte der Stromstärke abhängt. Man würde dann für eine rechteckige Stromkurve ein Maximum der Lichtentwicklung erhalten.

Blondel hatte schon 1893 darauf hingewiesen, daß die Auslöschungen des Wechselstrombogens am Ende jeder halben Periode am kürzesten seien für rechteckige Kurven. Leider lassen sich aber rechteckige Stromkurven in der Praxis nicht erzeugen.

§ 87. Einfluß der Periodenzahl.

Rößler und Wedding sprachen nach einem Versuche, bei welchem nach einer Erhöhung der Periodenzahl um 33 % die Lichtentwicklung um 6 % zugenommen hatte, die Möglichkeit einer Zunahme der Lichtausbeute mit steigender Periodenzahl aus. Blondel[1]) nahm sie zuerst

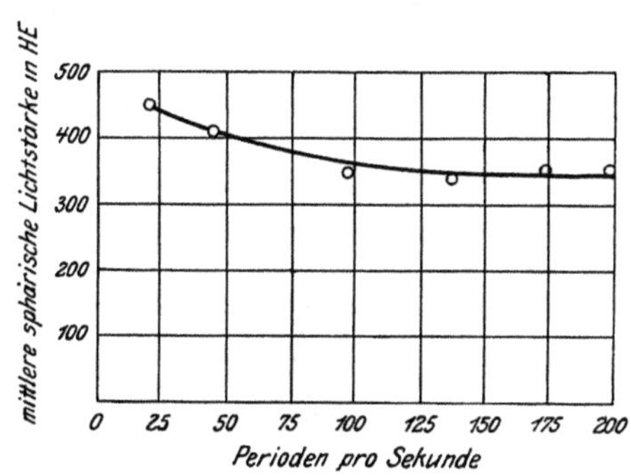

Fig. 93.

an, bewies aber später auf Grund eingehender Versuche in Gemeinschaft mit Jigouzo[2]) das Gegenteil. In Fig. 93 ist eine diesbezügliche Beobachtungsreihe von Blondel und Jigouzo für einen Wechselstrombogen zwischen Heliosdochtkohlen von 10 mm Durchmesser bei konstantem Energieverbrauch von 330 Watt und verschiedenen Periodenzahlen dargestellt. Man sieht aus dieser Figur, daß die Lichtausbeute bei demselben Energieverbrauch bei kleineren Periodenzahlen größer ist, eine Tatsache, die schon von Fleming und Petavel (1896) festgestellt worden war und von Duddell und Marchant (1899) bestätigt worden

[1]) Blondel, Lum. El. 42, p. 619, 1891.

[2]) Blondel und Jigonzo, El. World 29, p. 232, 1897.

ist. Die Fleming-Petavel'schen Beobachtungen sind in Fig. 94 dargestellt. Die beiden gestrichelten Kurven gelten für Wechselstrom. Die Kurve für die niedrigere Periodenzahl liegt höher als diejenige für die höhere Periodenzahl. Die Lichtausbeute ist also bei demselben Energieverbrauch höher bei kleinerer Periodenzahl. Allerdings darf nicht übersehen werden, daß bei kleineren Periodenzahlen die Stabilität des Wechselstromlichtbogens geringer wird, sodaß der Vorteil, den man in der Lichtausbeute durch Erniedrigung der Periodenzahl erhalten könnte, durch die Unmöglichkeit, wegen der Stabilität des Bogens eine gewisse Grenze der Periodenzahl zu unterschreiten, nicht zur Geltung kommen kann.

Der Grund der Erscheinung, daß die Lichtausstrahlung des Wechselstromlichtbogens bei niedrigerer Periodenzahl günstiger wird, ist nach Blondel und Jigouzo der, daß bei konstanter Spannung und konstanter Stromstärke die Bogen für höhere Periodenzahlen länger werden. Bei einem Versuche von Blondel und Jigouzo war die Bogenlänge unter sonst konstanten Verhältnissen bei 25 Perioden 1 mm, bei 100 Perioden 2 mm und bei 200 Perioden 3,25 mm. Da aber die Lichtausbeute oberhalb einer gewissen Bogenlänge ungünstiger wird, ist es wohl möglich, daß die durch die Erhöhung der Periodenzahl hervorgerufene Vergrößerung der Bogenlänge die Lichtausbeute bei Erhöhung der Periodenzahl ungünstiger macht.

§ 88. Vergleich der Lichtausbeute bei Gleichstrom und Wechselstrom.

Die Untersuchungen der Prüfungskommission[1]) der Frankfurter Ausstellung hatten ergeben, daß von den ausgestellten Lampen die spezifische Lichtausbeute der Gleichstromlampen bei gleichem Energieverbrauch größer war als die der Wechselstromlampen. Der Unterschied betrug 100⁰ zu Gunsten des Gleichstrombogens.

Rößler und Wedding verglichen die mittlere sphärische Lichtstärke unterhalb der Horizontalen für 1 Watt aufgewendete Energie bei einer Wechselstrombogenlampe und einer Gleichstrombogenlampe von annähernd gleichem Wattverbrauch. Die Wechselstromlampe brannte (bei flacher Kurve des Wechselstromgenerators) mit einer Stromstärke von 9,4 Amp. und einer Spannung an den Kohlen von 31,1 Volt. Die Gleichstromlampe brannte mit einer Stromstärke von 6,8 Amp. und einer Elektrodenspannung von 42,4 Volt. Der Wattverbrauch der Wechsel-

[1]) Offizieller Bericht über die internationale Elektrotechnische Ausstellung in Frankfurt a. M. 1891, Band 2, p. 127.

stromlampe betrug 288 Watt, derjenige der Gleichstromlampe 288,3 Watt. Als mittlere hemisphärische Lichtstärke ergaben sich pro Watt bei der Gleichstromlampe 2,65 HL, bei der Wechselstromlampe 1,01 HL. Die mittlere hemisphärische Lichtstärke ist also bei gleichem Energieverbrauch für die Gleichstromlampe ungefähr 180% größer als für die Wechselstromlampe.

Fleming und Petavel verglichen auch die spezifische Lichtausbeute vom Gleichstrom- und Wechselstrombogen bei gleichem Energieverbrauch. Ihre Beobachtungen sind in Figur 94 dargestellt. Sie

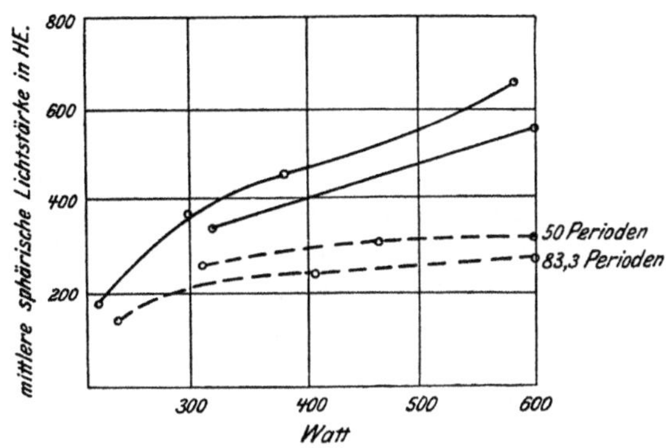

Fig. 94.

variierten den Energieverbrauch in den Grenzen von 200—600 Watt. Die gestrichelten Kurven beziehen sich auf den Wechselstrombogen zwischen Dochtkohlen von 15 mm Durchmesser; die ausgezogenen Kurven beziehen sich auf den Gleichstromlichtbogen und zwar waren für die niedere Gleichstromkurve beide Kohlen Dochtkohlen von 15 mm Durchmesser und für die höher- liegende Kurve die obere Kohle eine Dochtkohle von 15 mm Durchmesser, die untere eine Homogenkohle von 9 mm Durchmesser. Man sieht aus den Kurven, daß bei gleichem Energieverbrauch der Wechselstrombogen eine geringere spezifische Lichtausbeute liefert als der Gleichstrombogen. Die spezifische Lichtausbeute ist nach den Untersuchungen von Fleming und Petavel beim Gleichstrombogen ungefähr 90% größer als beim Wechselstrombogen. Daß der Gleichstrombogen zwischen den beiden gleich dicken Dochtkohlen eine geringe Lichtausbeute liefert als der Gleichstrombogen zwischen einer dickeren oberen und einer dünneren unteren Kohle, findet seine Erklärung darin, daß die dicke untere Kohle schon bei 70° unterhalb der Horizontalen kein Licht mehr austreten läßt, während bei der dünneren unteren Kohle dies erst bei 80° unterhalb der Horizontalen eintritt.

Blondel vermutete, daß der hohe Prozentsatz der Überlegenheit der Lichtausbeute des Gleichstrombogens gegenüber dem Wechselstrombogen dadurch hervorgerufen sei, daß sich der Lichtbogen während der langwierigen photometrischen Messungen verändert hätte. Er verglich deshalb in einer größeren Versuchsreihe in Gemeinschaft mit Jigouzo die Lichtausbeute des Gleichstrom- und Wechselstrombogens, wobei die photometrischen Messungen mit dem Lumenmeter ausgeführt wurden. Um unter möglichst gleichartigen und vergleichbaren Bedingungen zu arbeiten, ließen Blondel und Jigouzo den Gleichstrombogen sowohl als auch den Wechselstrombogen zwischen Kohlen derselben Sorte (Siemens Marke A) brennen. Für den Gleichstrom- und den Wechselstrombogen wurde dieselbe Stromdichte angewendet. Es ergab sich, daß — unter Vernachlässigung des Effektverlustes im Beruhigungswiderstand beim Gleichstrombogen — die spezifische Lichtausbeute des Gleichstrombogens 50—100% höher als die des Wechselstrombogens bei gleichem Energieverbrauch war.

Um von den Wechselstromlampen eine größere Lichtausbeute im Raume unter der Horizontalen zu erhalten, hat zuerst Coerper an der oberen Kohle einen Reflektor angebracht, welcher die von der unteren Kohle erzeugte Lichtmenge wieder nach unten werfen soll. Nach einer Untersuchung von Rößler und Wedding ist die ungünstige Lichtausbeute des Wechselstrombogens gegenüber dem Gleichstrombogen wesentlich durch die mangelhafte Ausführung des Reflektors in optischer Beziehung verursacht. Sie fanden, daß von der gesamten entwickelten Lichtmenge bei Benutzung des Reflektors nur 70% für die Beleuchtung des Raumes unter der Horizontalen zur Geltung kommen. Wenn es gelingen sollte Reflektoren herzustellen, welche die Lichtstrahlen vollkommener reflektieren, so ließe sich vielleicht ein weiterer Teil der jetzt verloren gehenden 30% zur Beleuchtung des Raumes unterhalb der Horizontalen nutzbar machen.

Über die Lichtausbeute zwischen Gleichstrom- und Wechselstrombogen mit eingeschlossenem Lichtbogen (bei beschränktem Luftzutritt) fand Matthews[1]) folgende Zahlen:

Gleichstrom	0,76	Kerzen pro Watt
Wechselstrom ohne Reflektor	0,53	- - -
- mit -	0,68	- - -

Die Zahlen sind Mittelwerte aus 5 Beobachtungen bei 6,6 Amp. Bögen; die Lampe brannte mit mattierter innerer und durchsichtiger äußerer Glocke.

---

[1]) Matthews, E.T.Z. 23, p. 615, 1902.

IV. Lichtstreuung und Lichtverteilung in Bogenlampen.

§ 89. Klarglasglocken.

Die Angaben über Lichtausbeute im Vorhergehenden bezogen sich, wenn nicht anders bemerkt war, auf den nakten Lichtbogen. Bei der Anwendung des Lichtbogens in den Bogenlampen erfordert die Empfindlichkeit des Lichtbogens gegen äußere Luftströmungen, daß man ihn mit einer Glocke umgibt.

Umgibt man den Bogen mit einer Glocke aus klarem Glase, so blendet er das Auge sehr. Der Glanz des Bogens ist so stark, daß die Pupille des Auges sich beim Anblick des Bogens sofort verkleinert und den Anblick nicht mehr verträgt. Außerdem hat der Bogen in einer Klarglasglocke den Nachteil, daß er sehr starke Schlagschatten erzeugt. In Amerika wird der Bogen in Klarglasglocken häufig, fast ausschließlich zur öffentlichen Beleuchtung verwendet. Wenn man die Aufhängehöhe des Bogens in Klarglasglocke sehr hoch wählt, mildert sich für das Auge der Glanz etwas. Immerhin bleibt der Anblick des Lichtbogens in Klarglasglocke für das Auge unangenehm. Man sieht, wenn man den Bogen in einer Klarglasglocke betrachtet — so lange man überhaupt den Anblick ertragen kann — nicht nur den Lichtbogen, sondern auch die Kohlenhalter in der Glocke.

Die von der Klarglasglocke ausgehenden Lichtstrahlen verlaufen nahezu radial. Die Klarglasglocken absorbieren von allen Glockenarten am wenigsten Licht.

§ 90. Lichtstreuende Glocken.

Um die harten Schlagschatten zu vermeiden und um das Auge zu schonen, wendet man lichtzerstreuende Mittel an. Nach Blondel[1]) ist ein durchschimmerndes Material dann lichtzerstreuend, wenn es in jedem Punkte seiner Oberfläche einen einfallenden Lichtstrahl in ein kleines, kegelförmiges und sehr divergierendes Strahlenbündel verwandelt. Die lichtzerstreuenden Glocken bestehen aus rauhem Glas oder aus Opalglas (durch und durch milchig). Alabasterglas ist das beste dieser Art. Glocken aus diesen Materialien lassen den Bogen selbst nicht, wie dies bei Klarglasglocken der Fall ist, sichtbar er-

---

[1]) Blondel, The Electr. 39, p. 615, 1897.

scheinen, da der größte Teil der Glocke selbst leuchtend erscheint. Je größer die leuchtende Oberfläche der Glocke ist, desto weicher und angenehmer ist das Licht. Der Grad der Streuung des Lichtes hängt von dem größten horizontalen Querschnitt der Glocke ab.

Um die Dicke des Opalglases zu verringern, ohne die Glocke zu schwächen, hat man Opalinglocken (Opalüberfangglasglocken) konstruiert. Bei diesen besteht die Glocke aus hellem Glase, welches im Inneren der Glocke mit einer dünnen Schicht von Opalglas überzogen ist. Die Opalinglocken lassen einen größeren Teil des Lichtes direkt hindurchgehen, sie sind daher nur halbzerstreuend. Durch die Verschiedenheit der Dicke der inneren Opalschicht kann man Glocken von allen Graden der Lichtdurchlässigkeit, von vollständiger Durchlässigkeit bis zur vollständigen Lichtzerstreuung erzeugen.

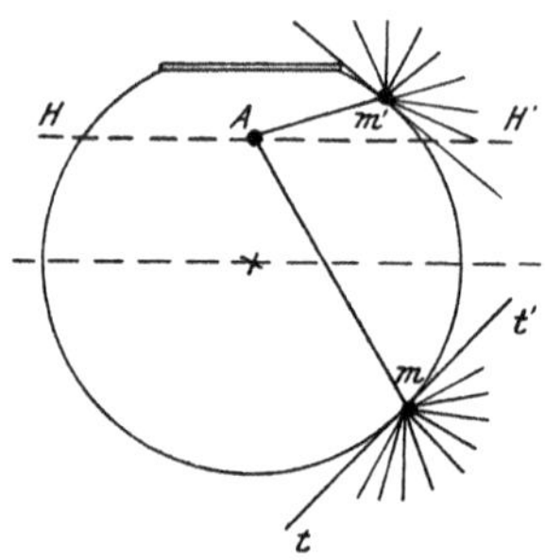

Fig. 95.

Die Kugeln aus rauhem Glase gehören auch zur Klasse der halbzerstreuenden Glocken. Sie sind jedoch nicht so vorteilhaft und angenehm wie die anderen Glocken. Es erscheint bei ihnen nur ein kleiner Teil ihrer Oberfläche leuchtend. Der Anblick einer solchen Glocke ist ebenso unangenehm wie der einer Opalinglocke, deren Opalschicht zu dünn ist. Die Rauhglasglocken schwärzen sich sehr leicht im Gebrauch unter dem Einfluß des Kohlenstaubes.

Die Lichtverteilung, die von einer Opalglasglocke ausgeht, ist nach Blondel in Figur 95 dargestellt. Der Lichtbogen befindet sich in A. Der Strahl, welcher den Punkt m' an der Oberfläche der Glocke trifft, tritt nicht in derselben Richtung aus der Glocke heraus, sondern wird in ein Strahlenbündel zerlegt, das sich nach verschiedenen Richtungen hin erstreckt. Infolgedessen erhält auch der Raum links oberhalb von m' Licht. Da aber der Gleichstromlichtbogen nur wenig Licht in den Raum oberhalb der Horizontalen H H' entsendet, wird nur wenig Licht nach oben geworfen werden. Der Hauptlichtstrom geht vom Bogen in Richtungen aus, wie sie in Figur 80 dargestellt waren. Trifft ein Strahl unterhalb der Horizontalen H H', z. B. A m, die Glocke, so wird er in ein Strahlenbündel zerlegt, das teils in der Richtung t', teils in der Richtung t von der Glocke ausgesendet wird. Während also beim nackten Gleichstrombogen oder beim Bogen in Klarglasglocke der Winkelbereich von ungefähr 30⁰ zu beiden Seiten der Vertikalen dunkel bleibt, wird er bei den lichtzerstreuenden Glocken beleuchtet. Daher eignet sich die Klasse der Opalglasglocken gut zur direkten Beleuchtung Freilich ist mit der Anwendung von diffundierenden Glocken ein Lichtverlust verbunden.

Damit ein möglichst großer Teil der Glockenoberfläche erleuchtet erscheine, empfiehlt es sich den Bogen nicht in den Mittelpunkt einer kugelförmigen Glocke zu stellen, sondern höher.

Opal- und Opalüberfangglasglocken sind als schlecht zu bezeichnen, wenn vom Lichtbogen mehr sichtbar ist als ein kleines glühendes Pünktchen; das Pünktchen darf nicht blenden.

§ 91. Reflektoren.

Um die eigentliche Lichtquelle dem Auge fernzuhalten (damit das Auge nicht geblendet wird) und um eine geringe Schattenbildung zu erzielen, kann man das vom Lichtbogen erzeugte Licht gegen eine diffus reflektierende Fläche werfen und von da erst in den zu beleuchtenden Raum gelangen lassen. Wenn der Reflektor in geeigneter Weise angebracht ist, kann man auch das in den Raum oberhalb der Horizontalen vom Gleichstromlichtbogen gesendete Licht zur Flächenbeleuchtung nutzbar machen. Man nennt die Beleuchtung unter ausschließlicher Verwendung von Reflektoren „indirekte Beleuchtung".

Die Reflektoren aus versilbertem Glase sind leicht zerbrechlich, außerdem leidet der Silberspiegel durch die Hitze. Metallreflektoren sind zu leicht oxydierbar. Man verwendet daher heute im allgemeinen als diffus reflektierende Fläche weiß emaillierte Eisenplatten. Gut emaillierte Platten haben einen Wirkungsgrad von 80—90%.

Bei der indirekten Beleuchtung läßt man die Lichtstrahlen, die bei oberer positiver Kohle nach unten fallen, durch einen Reflektor nach oben auf einen zweiten Reflektor werfen, von welch letzterem aus sie dann ins Freie gelangen. Man verwendet auch häufig eine sogenannte „invertierte" Bogenlampe, bei welcher bei vertikaler Anordnung der Kohlenstifte die positive Kohle unten steht. Da der Krater selbst wie ein Reflektor wirkt, ist bei dieser Anordnung der untere Reflektor entbehrlich. Doch bietet eine untere positive Kohle gewisse Betriebsnachteile, da sich im Krater Massenteilchen ansammeln und den Bogen unruhig machen. Man kann den zweiten (oberen) Reflektor entbehren, wenn man über eine stark reflektierende, matt weiß gestrichene Decke verfügt. In Figur 96 ist der Gang der Lichtstrahlen einer derartigen Lampe von Körting und Mathiesen in Leipzig-Leutzsch dargestellt, bei welcher die Zimmerdecke als zweiter Reflektor verwendet wird. Derartige Lampen sind in solchen Räumen am Platze, in denen Arbeiten

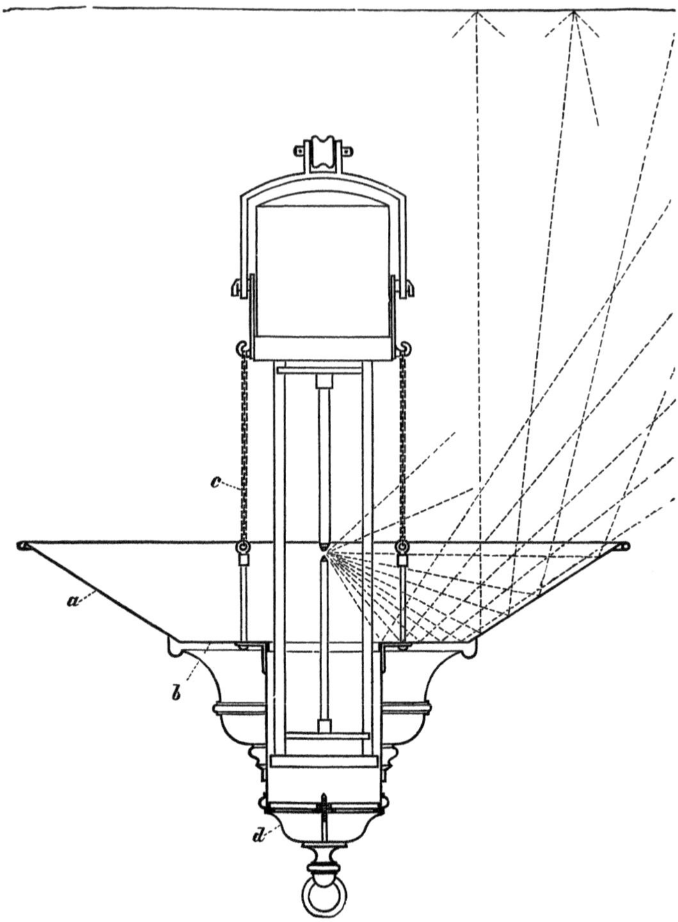

Fig. 96.

verrichtet werden, welche das Auge anstrengen, z. B. in Zeichensälen, Hörsälen und Fabrikwerkstätten, in denen Präzisionsarbeiten ausgeführt werden. Der Raum wird auf diese Art äußerst gleichmäßig erhellt.

Eine Zwischenstufe zwischen direkter Beleuchtung und indirekter Beleuchtung bildet die sogenannte halbindirekte Beleuchtung. Dieselbe beruht auf der Verwendung eines durchsichtigen, diffundierenden

Teiles und eines reflektierenden Teiles. Derartige Lampen sind in ihrer Wirkung von der Beschaffenheit der Decke unabhängig. Die erste halbindirekte Lampe wurde von Hrabowski konstruiert. In Figur 97 ist eine Lampe für halbindirekte Beleuchtung von Körting und Mathiesen

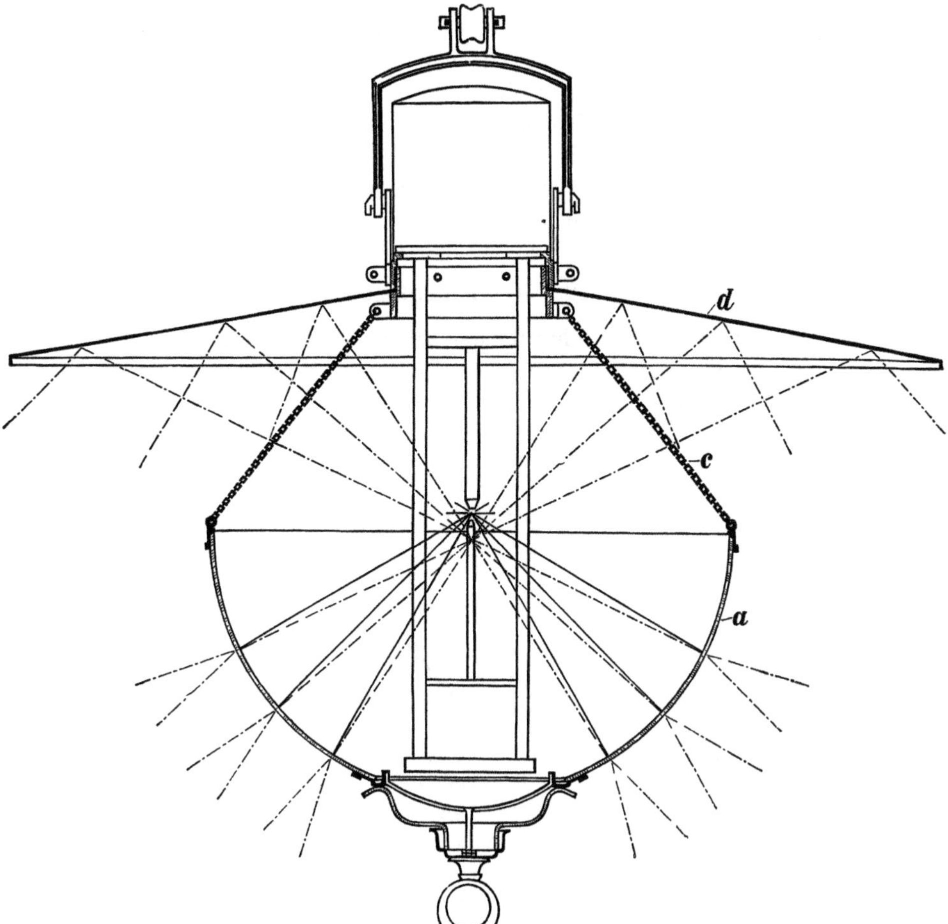

Fig. 97.

abgebildet. Eine oben offene halbrunde Glocke a aus Opalglas fängt fast den ganzen Lichtstrom auf und läßt die Lichtstrahlen teils unter starker Streuung durch das Glas hindurchtreten, teils von der glänzenden Oberfläche desselben nach oben reflektieren. Die reflektierten Strahlen werden von einem emaillierten Reflektor d aufgefangen und durch eine zweite Reflexion nach unten geworfen. Eine derartige Lampe blendet fast gar nicht. Die halbindirekte Beleuchtung wird mit Erfolg in Webereien, Spinnereien, Druckereien u. s. w. angewendet. Derartige halbindirekte Lampen wurden in München (1895) auch zur Straßenbeleuchtung in einer Ausführungsform von Schuckert & Co. verwendet. Anstatt einer unteren Opalglocke hatten diese Lampen einen unteren Körper, der durch ebene Polygone aus Opalinglas gebildet war. Für die Straßenbeleuchtung eignen sich jedoch diese halbindirekten Lampen nicht besonders, da die Bodenfläche nur in nächster Nähe der Lampe gut beleuchtet wird.

In ihrer äußeren Erscheinung sind die indirekten und halbindirekten Lampen unelegant und plump.

§ 92. Holophanglocken.

Man suchte schon frühzeitig die bei der Diffusion des Lichtes bei den im vorhergehenden beschriebenen Lichtverteilungsarten auftretenden Lichtverluste durch Anwendung von Glasprismen, welche das Licht zer-

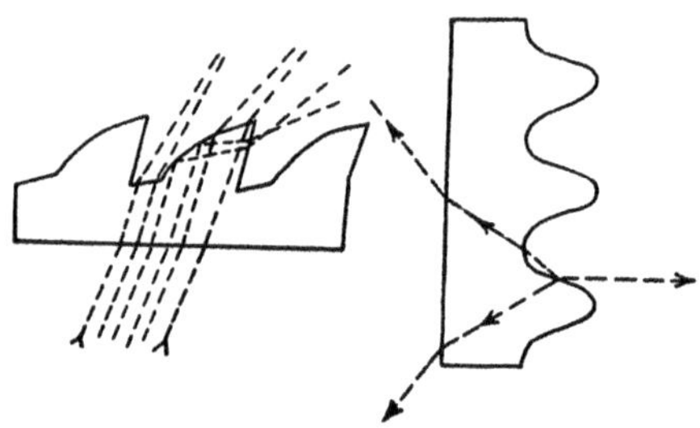

Fig. 98.

streuen, zu verringern. Eine Klarglasglocke wurde mit kleinen, lichtbrechenden Glaselementen besetzt, von denen jedes eine Divergenz der aus dem Innern der Glocke kommenden Strahlen bewirkte. Glatte Riffeln bewirkten eine gewisse Streuung des Lichtes in einer zur Ebene der Riffeln senkrechten Richtung. Die Diffusion des Lichtes, welche durch solche Riffeln bewirkt wird, ist nicht zufriedenstellend. Raffard schlug im Jahre 1881 vor, zwei Scheiben zu benutzen, von denen jede Riffeln trug, und die Riffeln senkrecht zn einander zu stellen, um nach zwei Richtungen Lichtzerstreuung zu erhalten. Trotter verwendete im Jahre 1883 nur eine Glasscheibe, welche sowohl auf der Innenseite als auch auf der Außenseite geriffelt war. Die Riffeln Trotter's hatten kreisförmigen Querschnitt. Sie zerstreuten das Licht nicht genug; auch fand bei Trotter's Anordnung ein erheblicher Lichtverlust durch innere

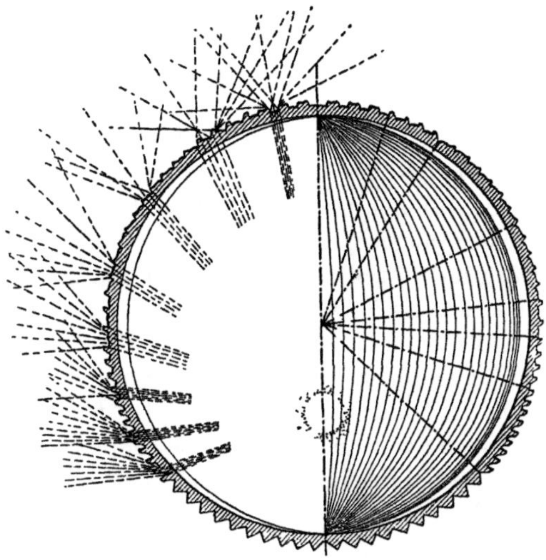

Fig. 99.

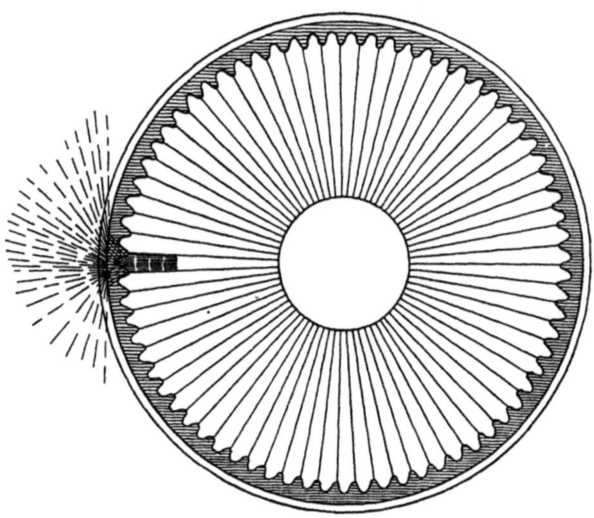

Fig. 100.

Spiegelung statt. Frédureau konstruierte Glocken, die nur auf der Außenseite prismatische oder parabolische Glaskörperchen trugen, Wahlström solche, die nur mit kleinen Prismen auf der Außenseite der

Glocke besetzt waren. Die Diffusion, welche durch solche Glocken erzeugt wurde, war nur gering.

Blondel[1]) gelang es, das Problem durch Konstruktion der „Holophanglocken“ zu lösen. Die Holophanglocken, welche, wie der Name sagt (ὅλος = ganz und φαίνω = scheine), ganz und gleichmäßig erleuchtet erscheinen, sind innen und außen geriffelt. Die äußeren Riffeln unterscheiden sich von den früher verwendeten durch ihr Profil. In Fig. 98 sind die von Blondel konstruierten Riffeln dargestellt. Jede Riffel ist aus zwei Flächen zusammengesetzt, von denen die eine das Licht bricht, die andere reflektiert. Spitze Winkel sind vermieden. Durch diese Anordnung erhält man, wie Blondel angibt, eine gute Zerstreuung des Lichtes ohne bedeutenden Lichtverlust. Die äußeren Riffeln sind in Meridiankreisen angeordnet, die inneren in Parallelkreisen und zerstreuen das Licht in horizontalen Ebenen. In Fig. 99 ist ein Schnitt durch eine Holophanglocke nach einem Meridiankreise dargestellt, in Fig. 100 ein Schnitt der Holophanglocke mit einer Horizontalebene. Die Profile der Riffeln müssen für bestimmte Zwecke besonders berechnet werden[2]). Die Holophanglocken führen eine gleichmäßige Bodenbeleuchtung herbei.

§ 93. Wirkungsgrade der Glocken.

Jede Glasglocke absorbiert eine gewisse Lichtmenge. Das Verhältnis des aus der Glocke ins Freie gelangenden nutzbaren Lichtstromes zu dem vom Bogen ausgehenden Lichtstrom nennt man den Wirkungsgrad der Glocke. Die Differenz der beiden Lichtströme ergibt den Lichtverlust in der Glocke.

Am günstigsten ist der Wirkungsgrad einer Klarglasglocke. Doch stehen ihrer Verwendung die in § 89 besprochenen Unannehmlichkeiten entgegen. Wedding fand, daß bei Opalinglocken bei verschiedener Dicke der Opalschicht die Lichtverluste in der Glocke zwischen 40—55 % schwankten.

Gutrie und Reidhead[3]) haben Versuche über den Lichtverlust bei verschiedenen Glocken angestellt. In Fig. 101 sind ihre Resultate graphisch dargestellt. Kurve I bezieht sich auf einen nackten Lichtbogen, II auf einen Bogen mit Klarglasglocke, III auf einen Bogen mit mattgeschliffener Glocke, IV auf einen Bogen mit Opalglocke. Die Ziffern an der Abscissenachse bedeuten die Lichtstärken in englischen

---

[1]) Blondel, The Electr. 39, p. 615, 1897.

[2]) Blondel, The Electr., 36, 1. XI. 1895.

[3]) Gutrie und Reidhead, E.T.Z. 15, p. 240, 1894.

Normalkerzen. Über die verschiedenen Lichtstärken gibt folgende Tabelle Aufschluß.

	Nackter Bogen	Klarglas-glocke	Matte Glocke	Opal-glocke
Mittlere sphärische Lichtstärke . .	319	235	160	144
Mittlere hemisphärische Lichtstärke	450	326	215	138
Werte in % der mittleren sphärischen Lichtstärke	100	53	23	19
Werte in % der maximalen ebenen Lichtstärke	100	82	47	33

Nach dieser Tabelle beträgt der Lichtverlust in der Klarglasglocke 47 %, bei der matten Glocke 77 % und bei der Opalglocke 81 %. Diese Verluste verändern sich mit der Dicke der Glocke, mit deren

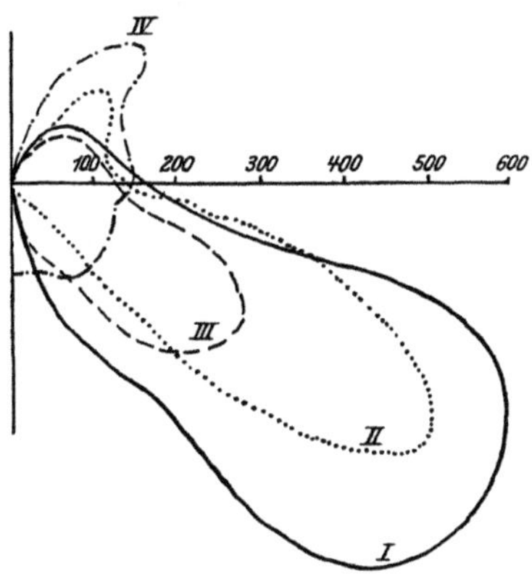

Fig. 101.

Durchmesser und mit der Stellung des Lichtbogens im Inneren der Glocke. Bei der halbindirekten Beleuchtung tritt nach Körting und Mathiesen ein Lichtverlust von 60 % gegenüber dem nackten Lichtbogen auf. Bei der total indirekten Beleuchtung, bei der eine weiße Decke die Lichtstrahlen nach unten reflektiert, beträgt der Lichtverlust ungefähr 40 %. Bei den Holophanglocken beträgt der Lichtverlust ungefähr 25 %. Im übrigen sei davor gewarnt, den hier mitgeteilten Zahlen über den Lichtverlust in den verschiedenen Glockenarten eine absolute Bedeutung beizumessen. Die Lichtverluste hängen von zu vielen Nebenumständen ab und verändern sich mit denselben. Im allgemeinen ist diejenige Glocke vorzuziehen, welche das angenehmste Licht gibt, wenn auch einige Prozente optischen Wirkungsgrades dabei geopfert werden.

§ 94. Glocken und Reflektoren bei Wechselstrom.

Die Lichtverteilung des nackten Wechselstromlichtbogens ist schon in § 80 besprochen worden. Das in den Raum oberhalb der Horizontalen entsendete Licht ist, wenn man den Bogen mit einer Klarglasglocke umgibt, für die Horizontalbeleuchtung verloren. Man kann es bei der indirekten Beleuchtung nutzbar machen; dieselbe hat vor der indirekten Beleuchtung bei Gleichstrom sogar den Vorzug, daß die Hälfte des Lichtstromes nur einmal reflektiert zu werden braucht, während bei Gleichstrom bei der indirekten Beleuchtung der Lichtstrom zweimal reflektiert wird und jede Reflexion mit einem Lichtverlust verbunden ist.

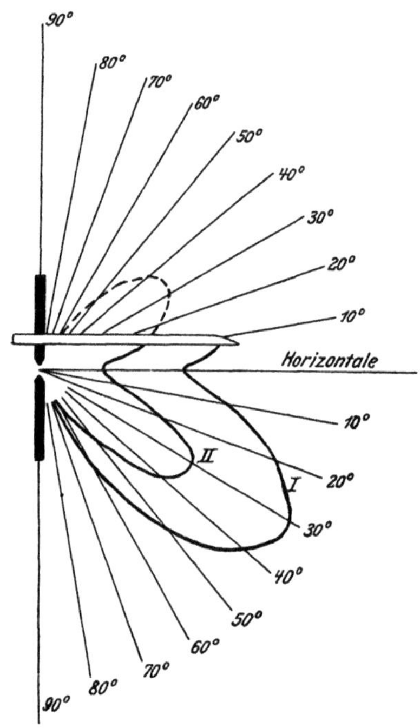

Fig. 102.

Lichtzerstreuende Glocken vermögen nach den Untersuchungen von Blondel nicht die Symmetrie der beiden Äste der Lichtverteilungskurve des Wechselstromlichtbogens aufzuheben. Sowohl bei einer Opalin- als auch bei einer Opalglasglocke fand Blondel, daß ein großer Teil des Lichtes für die Bodenbeleuchtung verloren geht.

Um die von der unteren Kohle nach oben gesendete Lichtmenge auch für die Bodenbeleuchtung nutzbar zu machen, hat Coerper einen Reflektor konstruiert. Derselbe wird an der oberen Kohle angebracht Sein sphärischer Winkel soll möglichst 2π sein. Der Reflektor ist im Gegensatz zu den bei der indirekten Beleuchtung verwendeten Reflektoren klein und stört in keiner Weise das Aussehen der Lampe.

In Fig. 102 stellt die Kurve II die Lichtverteilung des Wechselstromlichtbogens ohne Reflektor und die Kurve I die Lichtverteilung des Wechselstromlichtbogens mit Reflektor nach einer Messung von Helios & Co. in Köln a. Rh. dar. Der Wechselstrombogen wurde mit 10 Ampere gespeist. Der Effektverbrauch betrug 310 Watt. Die Lichtstärke in den einzelnen Richtungen unterhalb der Horizontalen ist durch Verwendung des Reflektors fast auf das Doppelte gestiegen. Der Maßstab von Kurve I und II ist nicht ganz der nämliche. Der Reflektor absorbiert etwa 20—30 % des Lichtes. Das vom Wechselstromlichtbogen erzeugte Licht erleidet dann weitere Verluste, je nach der Art der Glocke, mit welcher man die Lampe umgibt. Die Verwendung von Alabasterglasglocken ist beim Wechselstrombogen nicht so notwendig wie beim Gleichstrombogen, da durch den Reflektor schon ein Teil des Lichtes diffus geworden ist. Im allgemeinen genügt es daher, den mit einem Reflektor versehenen Wechselstromlichtbogen in eine Opalinglocke einzuschließen.

Blondel schlägt auch die Holophanglocken zur Verwendung beim Wechselstromlichtbogen vor, wobei dann der Reflektor wegfallen würde. Es ist zu diesem Zwecke eine Holophanglocke zu konstruieren, in deren Mittelpunkt sich der Lichtbogen befindet. Die Riffeln der Glocke müssen dann so angelegt sein, daß sie alle Lichtstrahlen nach unten in der Glocke richten. In einer derartigen Glocke können aber keine Bögen mit langen Kohlen brennen.

Siebentes Kapitel.

Chemische Vorgänge im Lichtbogen.

I. Chemische Vorgänge unter Anteilnahme des Elektrodenmateriales.

§ 95. Kohlenelektroden. Gesundheitliches.

Über die chemischen Wirkungen von elektrischen Funken bestehen zahlreiche Beobachtungen, weniger über die chemischen Wirkungen von Lichtbögen.

Stokes[1]) hatte beobachtet, daß das Spektrum des Lichtbogens sehr weit ins Ultraviolett reiche.

Die Verbindungen, welche die Kohle mit den die Elektroden umgebenden Gasen eingeht, sind gasförmig. Dewar[2]) stellte fest, daß sich im Kohlelichtbogen bei Gegenwart von Wasserstoff und Stickstoff Cyanwasserstoffsäure und beim Brennen des Bogens in Luft Kohlenoxyd und Kohlendioxyd bilde. Berthelot[3]) zeigt, daß sich im Kohlelichtbogen bei Gegenwart von Wasserstoff Acetylen bildet. Auch Lepsius[4]) erhielt Acetylen, wenn er durch den Kohlelichtbogen Wasserstoff leitete. Leitete er Wasserdampf durch den Kohlebogen, so erhielt er Wassergas.

Jamin und Maneuvrier[5]) brannten einen Kohlelichtbogen in einer Schwefelkohlenstoffatmosphäre, der etwas Luft beigemischt war. Der Schwefelkohlenstoff verbrannte unvollständig, eine Schwefelwolke erfüllte das Gefäß, in welchem der Bogen brannte; der Schwefel setzte sich auf den Wänden des Gefäßes ab. War jedoch die Luft aus dem Gefäß gepumpt worden, sodaß der Bogen in einer reinen Schwefel-

---

1) Stokes, Phil. Trans. 152, II, p. 599, 1862.
2) Dewar, Proc. Roy. Soc. 30, p. 85, 1880.
3) Berthelot, C. R. 54, p. 640, 1862.
4) Lepsius, Chem. Ber. 23, p. 1637, 1890.
5) Jamin et Maneuvrier, C. R. 95, p. 6, 1882.

kohlenstoffatmosphäre brannte, so setzte sich eine braunschwarze Masse auf den Wänden des Gefäßes ab. Jamin und Maneuvrier vermuteten, daß diese Masse eine neue Verbindung von Kohlenstoff und Schwefel sei. Schwefel oder Kohlenstoff allein hatte sich nicht an das Gefäß angesetzt.

Bei der praktischen Anwendung des Lichtbogens zwischen Kohlenelektroden in den Bogenlampen, bei welchen die gebildeten Gase ins Freie gelangen können, mußte untersucht werden, ob die Menge des im Bogen gebildeten Kohlenoxyds hinreichend sei, um für die menschliche Gesundheit gefährlich zu werden. Bei Bogenlampen, welche im Freien brennen, fällt diese Befürchtung fort. Gréhant[1]) untersuchte die giftigen Wirkungen der Verbrennungsgase vom Kohlelichtbogen, indem er diese Verbrennungsgase von Hunden einatmen ließ und den Einfluß des in den Verbrennungsgasen enthaltenen Kohlenoxyds auf das Blut untersuchte. Die in den Verbrennungsgasen des Kohlelichtbogens enthaltene Kohlenoxydgasmenge ergab sich als gering. Immerhin genügte das von Bogenlampen erzeugte Kohlenoxydgas, wenn die Lampen in kleinen ungelüfteten Räumen brannten, Vergiftungserscheinungen bei Menschen hervorzurufen. In größeren Räumen jedoch und in solchen kleinen Räumen, die regelmäßig und häufig gelüftet werden, sind keine schädlichen Einflüsse auf den Menschen zu befürchten.

Bei den in neuerer Zeit verwendeten Effektkohlen, welche mit Fluor- und Borsalzen getränkt sind, lag die Befürchtung nahe, daß für die menschliche Gesundheit nachteilige Gase, insbesondere flüchtige Fluorverbindungen, Fluorwasserstoffsäure, Fluorbor, in die Luft gelangen könnten. Wedding untersuchte daher Effektkohlen in dieser Hinsicht und fand, daß keiner der gefürchteten Stoffe in auch nur für die Praxis nachweisbaren Spuren beim Brennen der Effektkohlen aufgetreten ist.

§ 96. Metallelektroden in Luft.

Das Elektrodenmaterial des in atmosphärischer Luft brennenden Lichtbogens geht mit dem Sauerstoff der Luft Verbindungen ein. Während jedoch die Oxydationsprodukte bei Kohlenelektroden gasförmig sind und in die Luft entweichen, sind die Oxydationsprodukte der meisten Metalle fest und bleiben auf den Elektroden haften; da die meisten Metalloxyde schlechte Leiter der Elektrizität sind, veranlassen sie ein Klettern des Bogens über die noch nicht oxydierten Schichten. Die Oxydation der Metallelektroden tritt besonders stark auf, wenn der Bogen mit hoher Stromstärke betrieben wird, ist aber auch bei schwachen Stromstärken stets zu beobachten.

---

[1]) Gréhant, C. R. 120, p. 815, 1895.

Aber während z. B. bei einem Strom von 6 Amp. Kupferelektroden sich nach einiger Zeit mit einer dicken schwarzen Oxydkruste bedecken, die, nach dem Erkalten der Elektroden mit dem Finger berührt, abbröckelt, überziehen sich Kupferelektroden bei schwachen Strömen, z. B. 0,06 Amp., nur mit einem dünnen schwarzen Oxydhäutchen, durch dessen Vorhandensein keine Änderung im Durchmesser der cylindrischen Elektroden, die größer als 0,01 mm gewesen wäre, nachgewiesen werden konnte.

Bei Platinelektroden fand schon de la Rive[1]) Oxydationsprodukte des Platins im Lichtbogen, sowohl wenn der Bogen in reiner als auch wenn er in verdünnter Luft brannte.

Immerhin ist es möglich, daß es sich bei dem so schwer oxydierbaren Platin um fein verteilten Platinstaub handelt. Bei den Versuchen von Guye und Monasch zeigte sich auf den Platinelektroden nach dem Brennen des Bogens in Luft ein schwärzlicher Anflug von Staub. Eine Analyse konnte nicht unternommen werden, da die Masse des Anflugs zu gering war.

Bei Eisenelektroden bemerkte de la Rive die Bildung braunroter Oxyde in Luft von Atmosphärendruck und wenn der Eisenbogen in verdünnter Luft brannte, schwärzliche Oxydationsprodukte. Bei Eisen wird die Oxydschicht sehr dick und die Elektrodenspitzen verschlacken leicht, was auch Gold[2]) und Arons[3]) hervorheben.

Bei Silber färben sich die Elektrodenspitzen im Bogen schwarz.

Besonders stark ist die Oxydschichtbildung bei Aluminium. Wie v. Lang[4]) bemerkt, verschlackten bei seinen Versuchen mit Aluminiumelektroden die Elektroden sehr schnell und der Bogen kletterte. Da er mit Niederspannung arbeitete, mußte er, um den Aluminiumbogen durch Elektrodenkontakt zu erzeugen, zuerst die Elektroden sorgfältig von der ihnen anhaftenden Schicht befreien. Bei den Versuchen von Guye und Monasch[5]) bei Hochspannung zeigte der Aluminiumbogen von allen untersuchten Metallen die stärkste Oxydschicht und war wegen dieser Schicht so unruhig, daß selbst in der normalen Zone keine Spannungsablesungen ausgeführt werden konnten, da die Voltmeternadel um einen Betrag von 100 Volt pendelte.

Bleielektroden sendeten in den Lichtbogen einen weißblauen Nebel, welcher die Glocke, in welcher der Bogen brannte, undurchsichtig machte

---

[1]) A. de la Rive, Pogg. Ann. 76, p. 270, 1849.
[2]) Gold, Wien. 104, IIa, p. 815, 1895.
[3]) Arons, Wied. Ann. 57, p. 199, 1896.
[4]) v. Lang, Wied. Ann. 63, p. 191, 1897.
[5]) Guye und Monasch, Ecl. El. 34, p. 305. 35, 18. 1903.

und sich auf den Wänden der Glocke als weißblauer Staub niedersetzte. Auf den Elektroden setzten sich die Oxydationsprodukte in farbigen Ringen ab; ein schwarzer Ring aus Bleisuboxyd, ein gelber Ring aus Bleioxyd, der in einen Ring von rötlichbrauner Farbe überging.

Bei Antimonelektroden traten ähnliche Erscheinungen wie bei Blei auf.

Bei Cadmium steigt kein Nebel in die Luft, wohl aber bilden sich verschiedenartige Oxydationsstufen. In Figur 103 ist eine Cadmiumelektrode nach einem Versuch von Guye und Monasch in Luft dargestellt.

Ring I ist schwarz. Ring II ist braun. Cadmiumoxyd ist ein braunes Pulver. Ring III, welcher den Rest des Kegels und den Anfang des cylindrischen Teiles der Elektrode bedeckt, ist gelb.

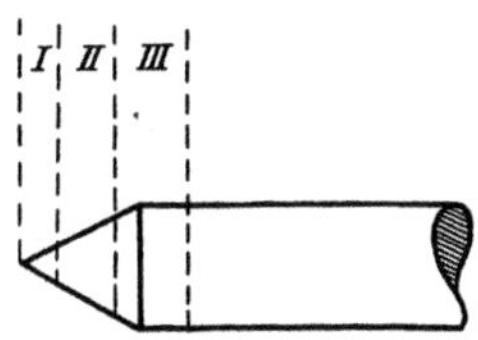

Fig. 103.

Magnesiumelektroden bedeckten sich mit einer weißen Schicht von Magnesia.

Nickelelektroden bedeckten sich mit ganz dünnen Oxydschichten und zeigten die Farbenringe, welche auch beim Anlassen des Eisens auftreten.

§ 97. Metallelektroden in Stickstoff.

Der Lichtbogen in einer Stickstoffatmosphäre wurde eingehend von Arons[1]) untersucht. Arons erzeugte den Stickstoff durch vorsichtiges Erwärmen einer konzentrierten Lösung von $(NH_4)_2 SO_4$ und $2 Na NO_2$ und trocknete ihn.

Am auffallendsten ist das Ergebnis, daß Arons zwischen Silberelektroden bei Niederspannung und bei Atmosphärendruck in Stickstoff keinen dauernden Lichtbogen erhielt. Zur Erklärung dieser Ausnahme führt er an, daß bei der Entstehung des Lichtbogens chemische Vorgänge zwischen dem Elektrodenmaterial und dem umgebenden Gase eine Rolle spielen. J. J. Thomson schloß aus gewissen Erscheinungen bei Gasentladungen, daß einem Übergang von Elektrizität von dem Gase zur

1) Arons, Drud. Ann. 1, p. 700, 1900.

Metallelektrode die Bildung einer chemischen Verbindung vorausgehe. Zwischen Silber und Stickstoff besteht nur eine geringe chemische Verwandtschaft.

Bei den Versuchen von Guye und Monasch in Stickstoff zeigten Silberelektroden bei Hochspannung keine Ausnahme in der Bogenbildung; da jedoch bei diesen Versuchen der Stickstoff nicht ganz rein war, sondern 3,5% Verunreinigungen, hauptsächlich Sauerstoff enthielt, kann hieraus nicht auf das Verhalten des Silbers bei Hochspannung in reinem Stickstoff geschlossen werden. Es ist sehr schwer, für den Bogen eine absolut sauerstofffreie Stickstoffatmosphäre zu erzeugen.

Daß sich in einer Stickstoffatmosphäre im Lichtbogen zwischen Metallelektroden Metallnitride bilden, zeigte Arons an einigen Metallen. Aluminiumelektroden zeigten sich bei den Arons'schen Versuchen „nach längerem Brennen des Bogens in einer Stickstoffatmosphäre mit einer ziemlich starken grauschwarzen Kruste bedeckt, die beim Eintragen in heiße Kalilauge leicht als Nitrid erkannt wird."

Auch bei Magnesium wies Arons die Nitridbildung nach. Bei den andern von ihm untersuchten Metallen konnte er keine Nitridbildung feststellen. Das Metall zeigte sich häufig fein zerstäubt als schwarzer Anflug auf der Kathode wie auch auf der Glasglocke, in welcher der Bogen brannte.

Wie Arons bemerkt, wird man erst einen Einblick in die Natur der sich im Lichtbogen abspielenden chemischen Verbindungen erhalten können, wenn die Verhältnisse der Bildung und Zersetzung der Oxyde und Nitride bei sehr hohen Temperaturen untersucht sein werden.

§ 98. Metallelektroden in Wasserstoff.

In Wasserstoff konnte Grove (1840) wohl zwischen Holzkohle, aber nie zwischen Metallelektroden einen dauernden Lichtbogen erhalten. Zu demselben Ergebnis gelangte Herwig[1]), welcher Gleichstrom von 95 Volt Spannung anwendete; auch Stenger[2]) erhielt in H keinen dauernden Metalllichtbogen. Am gründlichsten untersuchte Arons den Lichtbogen in einer reinen Wasserstoffatmosphäre. Zu seinen Versuchen verwendete er Gleichstrom von 105 Volt Spannung. Er fand, daß bei einigen Metallen in H-Atmosphären überhaupt kein Bogen erzeugt werden konnte, bei anderen nur unter ganz bestimmten Umständen, bei keinem Metalle jedoch konnte er einen Lichtbogen in einer H-Atmosphäre erzeugen, wenn der Druck höher als 400 mm Hg-säule betrug.

---

[1]) Herwig, Pogg. Ann. 149, p. 523, 1873.

[2]) Stenger, Wied. Ann. 25, p. 31, 1885.

Kupfer und Aluminium, die in einer Stickstoffatmosphäre leicht einen Lichtbogen lieferten, versagten bei Arons in H so gut wie vollständig. Platin und Silber erforderten sehr hohe Stromstärken, die sofort die Elektrode gefährdeten, sodaß Arons namentlich für Silber keine Messungen ausführen konnte. Dasselbe fand Arons für Eisen und besonders wegen des niedrigen Schmelzpunktes für Blei. Am günstigsten verhielten sich nach Arons Cadmium, Zink und Magnesium.

Crew und Basquin[1]) konnten Bögen zwischen Eisen-, Zink- und Magnesiumelektroden in einer H-Atmosphäre erhalten und machen besonders auf die reduzierende Wirkung des Wasserstoffs bei Eisenelektroden aufmerksam. Eisenelektroden, die zuvor in einer Sauerstoffatmosphäre gebrannt hatten und mit einer dicken Oxydschicht bedeckt waren, zeigten, nachdem sie in H gebrannt hatten, wieder metallischen Glanz. Eine chemische Verbindung von Wasserstoff und Elektrodenmaterial konnten Crew und Basquin nicht nachweisen. Arons bemerkt: „inwieweit das Verhalten der Metalle in H-Atmosphäre mit den chemischen Beziehungen zwischen ihm und dem Gas zusammenhängt, dürfte bei der geringen Kenntnis von den Hydrüren, die zum Teil überhaupt noch nicht dargestellt und, soweit sie dargestellt, zum Teil noch bestritten sind, noch nicht zu entscheiden sein".

II. Chemische Vorgänge ohne Anteilnahme des Elektrodenmaterials.

§ 99. Bildung der Oxyde des Stickstoffs.

Während in atmosphärischer Luft bei gewöhnlichen Temperaturen Sauerstoff und Stickstoff neben einander bestehen, ohne mit einander Verbindungen einzugehen, verliert der Stickstoff bei den hohen Temperaturen im Lichtbogen seine chemische Trägheit und bildet mit dem Sauerstoff der Luft Verbindungen.

Erzeugt man einen Lichtbogen zwischen Kupferelektroden bei Hochspannung in einer Glasglocke, so kann man nach wenigen Minuten bemerken, wie sich die Glocke mit einem gelblichen Gase anfüllt. Nachdem der Bogen etwa 10 Minuten gebrannt hat, ist das Gas dunkelbraunrot. Das Gas, das sich in der Glocke gebildet hat, ist teils Stickstoffdioxyd, teils Stickstoffperoxyd. Läßt man dieses Gas aus der Glocke in die Luft entweichen, so bemerkt man denselben stechenden Geruch,

---

[1]) Crew and Basquin, Proc. Amer. Acad. 33, p. 335, 1897/98.

der für die rote, rauchende Salpetersäure charakteristisch ist. Bei Einwirkung von Wasser auf dieses Gas entsteht Salpetersäure. Bei den Versuchen von Guye und Monasch hatten sich die Kupferelektroden nach dem Erkalten mit einem bläulich weißen Staub bedeckt, wenn der Bogen in feuchter Luft gebrannt hatte; dies Pulver ist Kupfernitrit oder Kupfernitrat. Brannte der Bogen in getrockneter Luft, so zeigte sich nie eine Spur dieses Pulvers auf den Elektroden.

Schon Priestley hatte im Jahre 1785 auf die Bildung von HNO_3 beim Durchschlagen von Funken durch die Luft hingewiesen. Cavendish[1]) stellte hierüber genauere Versuche an, indem er die gebildete Salpetersäure durch Kalilauge absorbieren ließ.

Wills[2]) beschrieb die Erzeugung der Stickstoffoxyde durch den elektrischen Funken. Dewar[3]) fand, daß sich im Kohlelichtbogen in feuchter Luft Salpetersäure und Cyanwasserstoffsäure bilden. S. P. Thompson[4]) hebt den charakteristischen Geruch, der beim Brennen von gewöhnlichen Bogenlampen in geringem Maße entsteht, hervor und führt sein Entstehen nicht nur auf die Verbindung des Kohlenstoffs mit dem Stickstoff, sondern auch auf die Verbindung von N und O untereinander zurück. Bei hoher Spannung tritt dieser Geruch schneller und stärker auf.

Wie v. Lepel[5]) fand, wächst die Ausbeute an Stickstoffoxydationsprodukten im Lichtbogen, „wenn man auf eine möglichst große Aureole Bedacht nimmt“.

Die Aureole des Bogens und mithin die Menge des erzeugten Stickstoffperoxyds wächst bei konstanter Stromstärke mit der Bogenlänge.

Die Erzeugung größerer Mengen Stickstoffoxyd durch längere Lichtbögen ist in neuester Zeit als unliebsame Begleiterscheinung bei den „Effektbogenlampen“ beobachtet worden. Während nämlich bei Bogenlampen zwischen gewöhnlichen Kohlen, bei denen der Krater den Hauptanteil an der Lichtausstrahlung hat, der Bogen nur klein ist und kaum merkliche Mengen Stickstoffoxyde in die Luft entsendet, ist bei Verwendung von Effektkohlen, bei welchen der Lichtbogen selbst der Hauptträger der Lichtausstrahlung ist, zur Erreichung einer hohen Lichtwirkung ein langer Lichtbogen notwendig. Der lange Lichtbogen sendet beträchtliche Mengen von Stickstoffoxyden aus, welche, wenn auch ohne

---

1) Cavendish, Phil. Trans. 75, II, p. 372, 1785.
2) Wills, Chem. News. 38, p. 304, 1878.
3) Dewar, Proc. Roy. Soc. 30, p. 85, 1880.
4) S. P. Thompson, El. Rev. 37, p. 573, 1895.
5) v. Lepel, Chem. Ber. 30 (1), p. 1027, 1897.

nachteiligen Einfluß auf die menschliche Gesundheit, gewissen Waren schädlich werden können. Daher fügen Gebr. Siemens & Co.[1]) in Charlottenburg den Bogenlampen mit Effektkohlen einige Gramm Ammoniumkarbonat bei, welches sich unter dem Einfluß der Stickstoffoxyde und der feuchten Luft in Ammoniumnitrat verwandelt.

§ 100. Erzeugung von Stickstoffsalzen aus Luft.

Das Problem, durch den Lichtbogen direkt aus Luft Salpetersäure oder deren Salze im großen zu gewinnen, beschäftigt schon lange die Industrie. In Amerika hat sich an dem Niagara-Fall eine Gesellschaft gebildet (E.T.Z. 23, p. 871, 1902), welche die Gewinnung von Stickstoffverbindungen aus atmosphärischer Luft zur Herstellung künstlicher

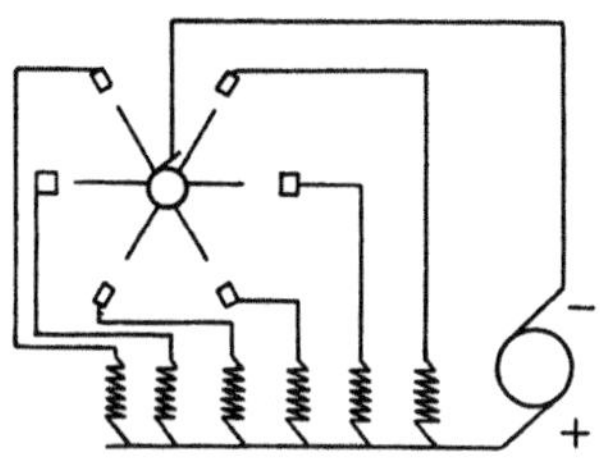

Fig. 104.

Düngemittel bezweckt. Die Methode von Bradley und Lovejoy besteht darin, daß man mit Gleichstrom von 10 000 Volt Spannung Lichtbögen bildet und diese durch schnelles Auseinanderreißen der Elektroden wieder unterbricht. Die durch die Wirkung der Lichtbögen erzeugte stickstoffoxydhaltige Luft wird mit Kalium- oder Natriumhydroxyd in Berührung gebracht, um Kali- oder Natronsalpeter zu bilden.

Das Schaltungsschema ist in Fig. 104 dargestellt. Als Dynamo dient eine große Gleichstrom-Serienbogenlichtmaschine von 10 000 Volt, deren negativer Pol zu einer um eine senkrechte Achse drehbaren Walze führt, von welcher, wie Fig. 104 im Horizontalschnitt zeigt, in einer Ebene sechs Kontaktstücke ausgehen. Diesen sechs Kontakten stehen im Kreise sechs andere Kontaktstücke in solcher Entfernung gegenüber, daß sie denselben bei einer Drehung der Walze zwar sehr nahe kommen, sie jedoch nicht berühren. Diese Kontaktstücke sind sorgfältig isoliert an der Innenwand einer weiten und hohen, allseitig geschlossenen Trommel befestigt, in der sich übereinander 23 derartige Kontaktsätze an Walze und Trommelwand befinden. Die an der Trommelwand be-

[1]) Gebr. Siemens & Co., D.R.P. Kl. 21 f., No. 137 507.

festigten Kontakte stehen, jeder einzelne unter Zwischenschaltung einer Drosselspule, mit dem positiven Pole der Dynamo in Verbindung. Bei schneller Umdrehung der Walze durchschlägt der Lichtbogen in dem Augenblicke, in welchem zwei Kontaktstücke einander sehr nahe kommen, die kurze zwischen denselben befindliche Luftstrecke, während die Drosselspule verhindert, daß der Strom einen hohen Betrag erreicht, bevor er durch die bei der Weiterdrehung sofort erfolgende Entfernung der Kontaktstücke von einander wieder unterbrochen wird. Die Drehung der Walze geschieht durch einen kleinen direkt mit ihr gekuppelten Elektromotor von 500 Umdrehungen pro Minute. Da nun die sechs Kontaktpaare einer Horizontalebene bei einer vollen Walzendrehung 36 Lichtbögen erzeugen und 23 derartige Kontaktsätze vorhanden sind, so entstehen und verlöschen bei 500 Umdrehungen pro Minute 414 000 Lichtbögen.

Durch diesen Apparat wird atmosphärische Luft hindurchgetrieben und passiert ihn mit einer Geschwindigkeit von 5 amerikanischen Kubikfuß per Kontakt in der Sekunde. Da nun $6 \times 23 = 138$ Kontakte vorhanden sind, so ergeben sich 690 Kubikfuß oder 19,5 cbm Luft per Stunde. Diese Luft enthält 2,5% Stickstoffoxyde, wenn sie den Apparat verläßt, sodaß sich die Menge der in einer Stunde erzeugten Stickstoffoxyde zu ungefähr 635 g berechnet. Wie groß die hierzu aufgewendete Arbeit ist, ist leider nicht bekannt gemacht.

Achtes Kapitel.

Bogenlampen.

I. Innere Schaltung der Lampen.

§ 101. Handregulatoren.

Damit ein Lichtbogen zwischen Kohlenelektroden bei Niederspannung entsteht, müssen die Elektroden in Berührung gebracht werden und dann voneinander entfernt werden. Beim Entfernen der Elektroden bildet sich der Lichtbogen. Da jedoch die Kohlen sich im Lichtbogen

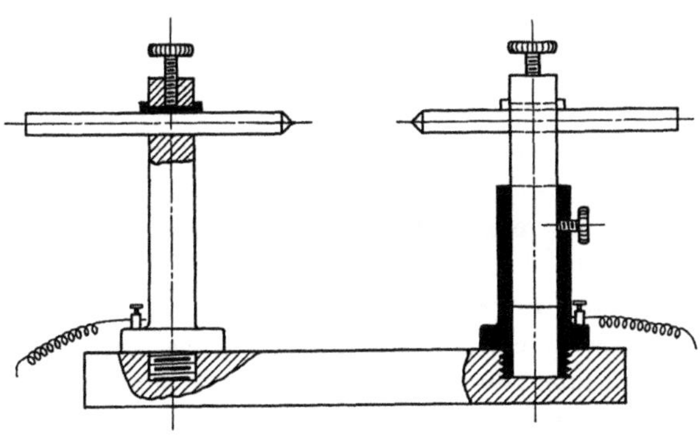

Fig 105.

mit der Zeit verzehren, so werden sie kürzer und die Entfernung der Elektroden voneinander sowie der zwischen ihnen brennende Bogen wird immer länger. Der größeren Elektrodenentfernung und Bogenlänge entsprechen andere Verhältnisse der Stromstärke, Elektrodenspannung und Lichtausstrahlung, sodaß es zur Erzielung eines gleichmäßigen Lichtes notwendig ist, die Elektrodenentfernung konstant zu erhalten. In den ersten Zeiten nach der Entdeckung des Lichtbogens, solange der Lichtbogen ausschließlich zu wissenschaftlichen Untersuchungen in Laboratorien verwendet wurde, wurde die Regulierung der Bogenlänge sowie der Elektrodenkontakt zum Entzünden des Lichtbogens von Hand besorgt.

Die Handregulatoren sind sehr einfach in ihrer Konstruktion. Auf einer Grundplatte sind zwei Säulen senkrecht aufgeschraubt, welche an ihren freien Enden je eine Bohrung haben. Durch diese Bohrungen werden die Elektroden gesteckt und durch eine Klemmschraube an der Säule befestigt. Derartige Handregulatoren werden heute noch zu gewissen wissenschaftlichen Untersuchungen über den Lichtbogen verwendet, und viele Projektionslampen und Lampen für Bühnenbeleuchtung haben nur Handregulierung.

Die Handregulatoren für Niederspannung bestehen meistens aus Holz. In Fig. 105 ist ein Handregulator dargestellt, welchen Guye und Monasch für ihre Versuche mit hochgespanntem Wechselstrom entworfen hatten. Die Grundplatte bestand aus Ebonit, die Säulen aus Messing. Der Cylinder rechts ist ein Hohlcylinder, in welchem ein massiver Cylinder auf und nieder, sowie nach rechts und links bewegt werden kann. Hierdurch wird erreicht, daß die Elektroden gut centriert und in beliebige Stellungen zu einander gebracht werden können.

§ 102. Kerzen.

Um der Notwendigkeit des Regulierens der Bogenlänge infolge Abbrand zu entgehen, konstruierte G. Jablochkoff im Jahre 1876 die nach ihm benannte „Kerze". Er stellte die beiden Kohlenstäbe parallel, sodaß ihre Entfernung immer dieselbe blieb. Die Kohlen hatten einen Durchmesser von 3—4 mm und waren durch eine isolierende Schicht getrennt, damit der Bogen nicht zwischen den Elektroden klettere. Jablochkoff verwendete als isolierende Masse Gips oder Porzellan. An der Spitze waren die Kohlenstäbe durch ein Stück eines halbleitenden Körpers mit einander verbunden, welches beim Einschalten des Stromes verbrannte und den Bogen entzündete. In der Hitze des Bogens schmolz auch die Zwischenschicht ab und verflüchtigte sich teilweise. Damit die Kohlen gleichmäßig abbrennen, muß die Kerze mit Wechselstrom gespeist werden. Eine solche Kerze brannte nur zwei Stunden.

In Fig. 106 ist eine Kerze der Société Générale d'Electricité[1]) in Paris dargestellt, welche im Jahre 1877 patentiert wurde. Als Elektroden wurden keine Kohlenstäbe verwendet, sondern eine Metallseele, welche in einer isolierenden Schicht aus Anthracit eingebettet ist. Es wurden Metallstückchen (Zink) in die isolierende Schicht eingeführt, wodurch das selbsttätige Wiederanzünden der Kerze nach dem Verlöschen ermöglicht werden sollte. Die mittlere Brenndauer einer solchen Kerze betrug nur eine halbe Stunde. Um eine größere Brenndauer zu erzielen, wurden vier solcher Kerzen auf einem den Strom leitenden Ring derart angeordnet, daß sich die eine nach dem Abbrennen der anderen selbsttätig entzündete.

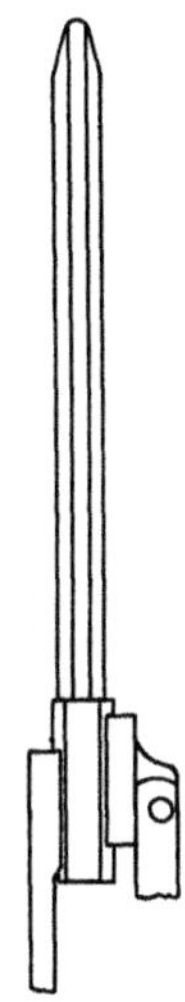
Fig. 106.

Jamin konstruierte im Jahre 1879 eine Kerze, bei welcher als isolierende Zwischenschicht die Luft diente. Hierbei kletterte der Bogen zwischen den Kohlenelektroden umher. Um ihn an der Spitze der Elektroden festzuhalten, benutzte er einen „Blasmagneten", d. h. die abstoßende Wirkung eines Magnets auf den Lichtbogen.

Die kurze Brenndauer der Kerzen rief noch verschiedenartige Konstruktionen hervor, um eine neue Kerze nach dem Verlöschen der anderen selbsttätig einzuschalten. Man schaltete auch mehrere Kerzen in einen Stromkreis hintereinander, die gleichzeitig brennen sollten; erlosch eine Kerze, so war der Stromkreis unterbrochen und alle anderen Kerzen im Stromkreise erloschen auch. Man konstruierte daher Kurzschlußvorrichtungen für die erloschene Kerze und Vorrichtungen, um eine zufällig erloschene Kerze wieder zu entzünden (Wilde). Die Kerzen mit parallel gestellten Elektroden sind, so einfach sie auch sind, zu keiner Bedeutung in der Beleuchtungstechnik gelangt. In neuerer Zeit versucht man dieselben wieder zu verbessern.

§ 103. Hauptstromlampen.

Um den Lichtbogen zur Beleuchtung technisch verwenden zu können, mußte man auf Mittel sinnen, die Regulierung automatisch bewerkstelligen zu lassen. Die erste automatische Regulierung wurde von W. E. Staite im Jahre 1846 konstruiert. Die Bewegung der Kohlenstifte gegeneinander wurde durch ein Uhrwerk ausgeführt, das aus einem Differentialtriebwerk bestand und die Kohlenstifte nähern und voneinander entfernen konnte. Doch sind derartige Regulierwerke für die Regulierung des Lichtbogens nicht brauchbar, da sie keine Rücksichten auf den die Lampe speisenden Strom nehmen. Man ging deshalb dazu über, den Lampenstrom selbst zur Regulierung zu verwenden. Der Grundgedanke dieser Regulierung ist der, daß der Bogenlampen-

[1]) D.R.P. Kl. 21, 8785. 14. 8. 1877.

strom ein Solenoid umfließt, welchem ein beweglicher Eisenkern gegenübersteht, der durch ein Gegengewicht ausbalanciert ist; der Eisenkern ist durch mechanische Zwischenglieder mit den Kohlenhaltern verbunden. Wird der Bogen durch Abbrand länger, so wird sein scheinbarer Widerstand größer und die Stromstärke schwächer. Infolgedessen wird auch das magnetische Feld des Solenoids geschwächt und der Eisenkern bewegt sich in einer Richtung, welche ein Annähern der Kohlen bewirkt. Wird umgekehrt die Entfernung der Kohlen zu klein, so wird der Strom zu stark, das magnetische Feld des Solenoids wird verstärkt und zieht den Eisenkern an. Hierdurch werden die Kohlen voneinander entfernt.

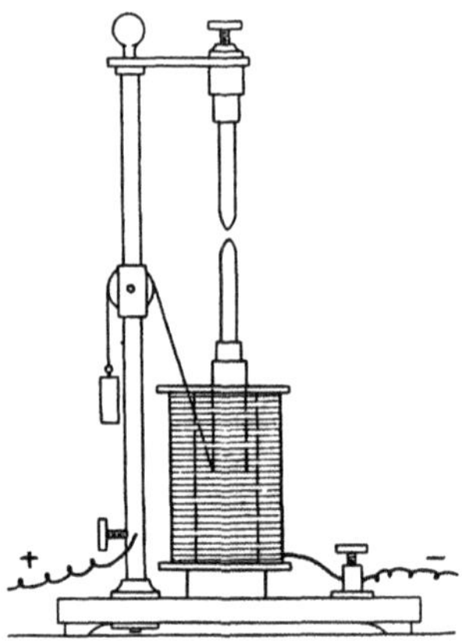

Fig. 107.

Die erste derartige Lampe wurde von Archereau im Jahre 1848 konstruiert (Fig. 107). Die obere Kohle war fest. Die untere Kohle war direkt mit einem Eisenkern verbunden, der in ein Solenoid hineinragte und durch ein Gegengewicht in einer Gleichgewichtsstellung gehalten war. Wurde der Strom ausgeschaltet, so verschwand das magnetische Feld und das Gegengewicht fiel und hob dabei die untere Kohle bis zum Kontakt mit der oberen Kohle. In dieser Stellung wurde der Bogen entzündet. Wurde nämlich der Strom eingeschaltet, so wurde das Solenoid magnetisch und zog den Eisenkern an; dabei wurden die Kohlen, welche vorher in Berührung gestanden hatten, voneinander getrennt und der Bogen bildete sich.

Foucault konstruierte im Jahre 1849 einen elektrischen Regulator, der ein kompliziertes Uhrwerk hatte.

Serrin konstruierte im Jahre 1860 eine Lampe mit einem Uhrwerk zur Trennung der Kohlen voneinander. Der obere Kohlenhalter hatte ein Übergewicht über den unteren. Wenn der obere Kohlenhalter sich nach abwärts bewegte, so bewegte sich gleichzeitig der untere Kohlenhalter nach aufwärts.

Foucault und Dubosc konstruierten (1863) eine Lampe, die zwei Uhrwerke trägt. Derartige Lampen wurden noch in verschiedenen Ausführungsformen von Jaspar, v. Hefner-Alteneck, Markus, Gaiffe, Stöhrer u. a. konstruiert. In der Beleuchtungstechnik können sie nicht verwendet werden. Die Foucault-Dubosc'sche sowie die v. Hefner-Alteneck'sche werden noch vielfach im Laboratorium verwendet. Man bezeichnet die soeben aufgezählten Lampen als Einzellichter. Die Lampen können nämlich nicht in einen Stromkreis hintereinander geschaltet werden. Wenn die eine Lampe verlöscht, so ist der Strom unterbrochen und alle andern Lampen verlöschen auch. Man suchte sich vor dem Verlöschen sämtlicher Lampen zu schützen, indem man Kurzschlußvorrichtungen anbrachte. Auch so eignen sich diese Lampen nicht zum Hintereinanderschalten, da sie sich gegenseitig stören.

Man bezeichnet derartige Lampen, bei denen das Solenoid von dem ganzen, den Bogen speisenden Strom durchflossen wird, als Hauptstromlampen. In Fig. 108 ist diese Regulierungsart schematisch dargestellt.

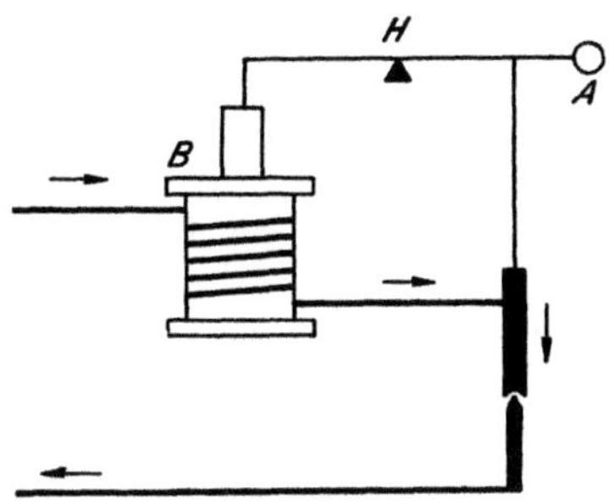

Fig. 108.

Bei dieser Anordnung ist die untere Kohle, im Gegensatz zur Anordnung von Archereau, fest, und die obere beweglich. Die obere Kohle will sich unter dem Einfluß des Gewichtes A der unteren Kohle nähern, wird aber zurückgehalten durch den Zug, welchen das magnetische Feld auf der anderen Seite des Hebels H auf den Eisenkern B ausübt. Die Regulierung muß nun so berechnet sein, daß sich die beiden Kräfte auf beiden Seiten des Hebelarmes gerade das Gleichgewicht halten; in dieser Lage sind die Bogenlänge und Stromstärke normal. Wird dann die Bogenlänge durch Abbrand größer, so wird die Stromstärke schwächer. Das magnetische Feld wird schwächer. B wird nicht mehr mit derselben Kraft angezogen, folglich erhält A das Übergewicht und senkt die obere Kohle herunter. Wird nun z. B. die obere Kohle zu weit gesenkt, so wird die normale Bogenlänge unterschritten, der Widerstand wird zu klein, die Stromstärke zu groß. Das Größerwerden der Stromstärke hat eine Verstärkung des magnetischen Feldes zur Folge; der Eisenkern B wird in das Solenoid hereingezogen, der Hebelarm rechts von H gehoben, also auch die obere Kohle gehoben und die Bogenlänge vergrößert. So wiederholt sich das Spiel der Regulierung während des Funktionierens der Lampe. Wird die Lampe stromlos, so fallen bei dieser Anordnung die Kohlen aufeinander, da das Solenoid auf den Eisenkern keine Zugkraft mehr ausübt; die Kohlen trennen sich und der Bogen entzündet sich, sowie wieder der Strom eingeschaltet wird. Der Reguliermechanismus der Hauptstromlampen tritt nur in Kraft, wenn sich die Stromstärke ändert. Bei der normalen Stromstärke der Bogenlampe halten sich die magnetische Wirkung des Solenoids auf B und das Gewicht A das Gleichgewicht. Die Hauptstromlampen regulieren auf konstante Stromstärke.

Bezeichnet man mit i die Stromstärke, mit n die Anzahl Windungen des Solenoids, mit P den Überschuß des Gewichtes auf der rechten Seite des Drehpunktes des Hebels über das der linken Seite, und bedeutet K eine Konstante, so ist bei gleichen Längen der Hebelarme

$$K \cdot n \cdot i = P \quad \ldots \ldots \ldots \ldots \quad (1)$$

$$i = \frac{P}{n \cdot K} \quad \ldots \ldots \ldots \ldots \quad (2)$$

Schaltet man nun zwei Hauptstromlampen hintereinander, so fließt in beide ein Strom von derselben Stärke. Beginnt die eine Lampe zu regulieren, z. B. weil der Bogen für die Stromstärke zu lang geworden ist, so führt die Regulierung die Kohlen zusammen. Der Widerstand der Bogenstrecke wird dadurch verkleinert, die Stromstärke wächst im ganzen Kreise. Die andere Lampe hatte bis dahin ruhig gebrannt. Da nun durch das Regulieren der ersten Lampe die Stromstärke im Kreise gewachsen ist, wird auch das magnetische Feld der zweiten Lampe stärker und die zweite Lampe zieht ihre Kolben auseinander, obwohl sie gar keine Regulierung von sich aus notwendig hatte, sondern nur, weil die erste Lampe sich reguliert hatte. Die Regulierung der zweiten Lampe wirkt ihrerseits wieder auf die erste Lampe zurück. Man sieht also, daß eine Lampe die andere im ruhigen Brennen beeinflußt, sodaß zu Beleuchtungszwecken ein Hintereinanderschalten von Hauptstromlampen unmöglich ist. Man half sich damit, daß man, um von einer Maschine aus mehrere Bogenlampen zu speisen, die Wechselstrommaschine mit so viel getrennten Wicklungen versah, als Lampen gespeist werden sollten. Man hatte sogar vorgeschlagen, um auch mit Gleichstrommaschinen mehrere Hauptstromlampen betreiben zu können, die Gleichstrommaschinen mit mehreren Kollektoren auszurüsten. Die Hauptstromlampen lassen sich jedoch mit Erfolg verwenden, wenn alle Lampen eines Kreises parallel geschaltet sind; damit die Lampen bei dieser Schaltung funktionieren, ist es notwendig, daß die Spannung der Maschine konstant bleibt. Doch ließen sich die damaligen Stromerzeuger nicht auf konstante Spannung regulieren.

Ein weiterer Schritt in der Verwendbarkeit der Bogenlichtbeleuchtung geschah im Jahre 1878, als Loutin, Fontaine und Mersanne die ersten Nebenschlußlampen konstruierten.

§ 104. Nebenschlußlampen.

Während bei den Hauptstromlampen die Regulierspule von demselben Strome durchflossen wird, wie der Lichtbogen selbst, ist bei den Nebenschlußlampen die Regulierspule parallel zum Bogen geschaltet. Die Windungen der Regulierspule bestehen aus dünnem Draht von hohem

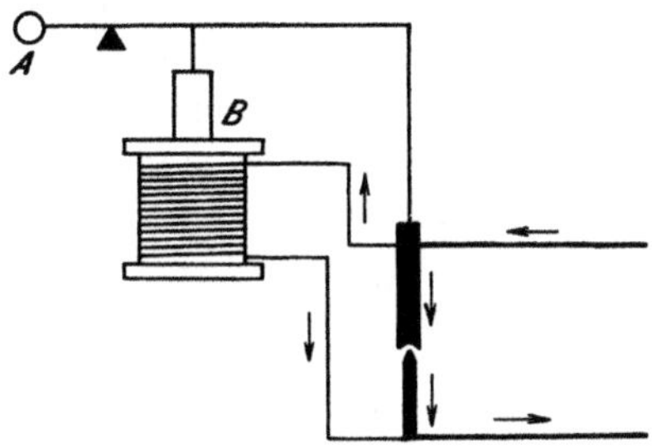

Fig. 109.

Widerstande. Der von der Maschine ankommende Strom teilt sich daher in einen großen Teil, der durch den Bogen fließt, und in einen kleinen Teil, der durch die Regulierspule fließt. In Fig. 109 ist das Regulierschema einer Nebenschlußlampe dargestellt.

Durch das Gewicht A werden die Kohlen auseinandergezogen. Wenn der Bogen normal brennt, ist das magnetische Feld in der Regulierspule so stark, daß der Zug, den es auf den Eisenkern B ausübt, in Richtung fallender Bogenlänge dem durch das Gegengewicht A ausgeübten Zug in Richtung wachsender Bogenlänge das Gleichgewicht hält und die Bogenlänge konstant ist. Wird nun durch den Abbrand die Bogenlänge größer, so wächst die Spannung an den Klemmen des Bogens. Da die Regulierspule parallel zu den Bogenklemmen liegt, ist auch die Spannung an der Regulierspule gestiegen. Der größeren Spannung an der Regulierspule entspricht, da ihr Widerstand konstant bleibt, eine größere Stromstärke, durch welche das Feld verstärkt wird. Der Eisenkern B wird angezogen und bewegt die obere Kohle abwärts, verringert also die Bogenlänge. Ist die Bogenlänge zu klein geworden, so fällt die Spannung an den Bogenklemmen und das Regulierspiel findet in entgegengesetztem Sinne statt. Während also bei den Hauptstromlampen bei einer Verstärkung des magnetischen Feldes der Regulierspule eine Entfernung der Kohlen erfolgt, findet bei den Nebenschlußlampen bei einer Verstärkung des magnetischen Feldes der Regulierspule eine Annäherung der Kohlen statt. Ist der Strom unterbrochen, so ist das magnetische Feld aufgehoben, der Eisenkern B losgelassen und die Kohlen werden unter der Wirkung des Gegengewichtes A auseinandergezogen. Wird der Strom eingeschaltet, so wird die Regulierspule stark magnetisch, da kein Strom durch die von einander entfernten Kohlen fließen kann. Der Eisenkern B wird angezogen, die Kohlen einander bis zur Berührung genähert. In diesem Augenblicke fließt der Hauptteil des Stromes durch die Kohlen, da der Widerstand der sich berührenden Kohlen geringer ist als der Widerstand der dünndrahtigen Regulierspule. Das magnetische Feld ist also geschwächt, A gewinnt die Oberhand und zieht die Kohlen auseinander, sodaß ein Lichtbogen entsteht. Bezeichnet man den Widerstand der Regulierspule mit r, die Spannung an den Bogenklemmen bezw. an der Regulierspule mit E, den Strom in der Regulierspule mit i, so ist in der Regulierspule

$$i = \frac{E}{r} \qquad (1)$$

Hat die Regulierspule n Windungen, bedeutet P das Gegengewicht und K eine Konstante, so ist die Gleichgewichtsgleichung für den normal brennenden Bogen

$$n \cdot K \cdot i = P. \qquad (2)$$

Wird i ersetzt durch die Beziehung in (1), so ist

$$n \cdot K \cdot \frac{E}{r} = P, \qquad (3)$$

woraus folgt

$$E = \frac{P \cdot r}{n \cdot K} \qquad (4)$$

Die Nebenschlußlampe reguliert also auf konstante Spannung.

Die Nebenschlußlampen beeinflussen sich, wenn sie hintereinander geschaltet sind, auch gegenseitig in der Regulierung, doch in weit geringeren Grenzen als die Hauptstromlampen. Treten im äußeren Stromkreise starke Schwankungen auf, so übertragen sie sich auch auf jede Nebenschlußlampe.

Die vollkommenste innere Schaltung einer Bogenlampe ist die von Hefner-Alteneck im Jahre 1879 erfundene Differentialschaltung.

§ 105. Differentiallampen.

Die Differentiallampe ist eine Kombination von Hauptstrom- und Nebenschlußlampe. Sie hat zwei Solenoide, eins von dickem Draht, das mit dem Bogen hintereinander geschaltet ist, und eins von dünnem

Draht, das parallel zum Bogen gelegt ist. In Fig. 110 ist das Schema der Differentialschaltung dargestellt. Der Zweck der Schaltung ist der, daß die zwei Spulen in ihren Wirkungen einander entgegenwirken. Auf die Bewegung des Kerns hat nur die Differenz der Wirkungen der beiden Spulen einen Einfluß, daher der Name Differentiallampen. Gewöhnlich verwendet man einen gemeinsamen Eisenkern für beide Spulen. Die obere Kohle ist beweglich. Einem Heben des Kerns entspricht ein Senken der oberen Kohle. Die Ströme in den beiden Solenoiden verhalten sich umgekehrt wie die Widerstände der Solenoide.

Eine Verstärkung des magnetischen Feldes in der Hauptstromspule zieht den Kern B an und sucht die obere Kohle zu heben. Eine Ver-

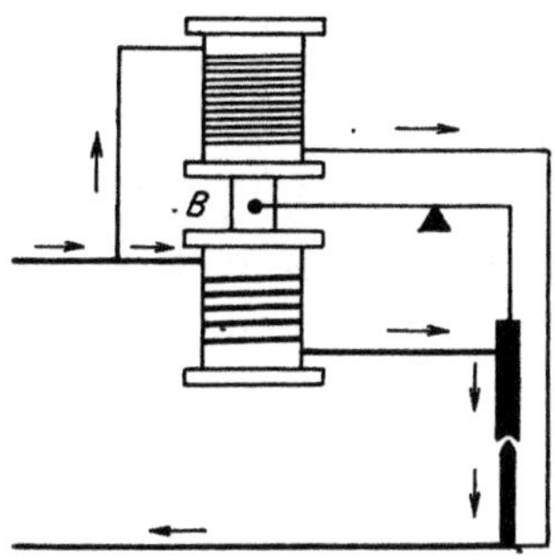

Fig. 110.

stärkung des magnetischen Feldes der Nebenschlußspule hingegen zieht den Kern an und sucht die obere Kohle zu senken. Bei normal brennendem Bogen, wenn die gewünschte Bogenlänge erreicht ist, halten sich die Wirkungen beider Solenoide das Gleichgewicht. Ist die Lampe stromlos, so berühren sich die Kohlen; wird Strom in die Lampe gesendet, so wird die Hauptstromspule magnetisch, zieht B an, entfernt die Kohlen und der Bogen ist gebildet. Wird der Bogen länger, so wird der Strom schwächer und die Wirkung der Hauptstromspule geringer. Gleichzeitig wird mit wachsender Bogenlänge die Spannung größer und infolgedessen wächst die Wirkung der Nebenschlußspule. Ist die normale Bogenlänge erreicht, so heben sich die Wirkungen beider Spulen auf. Wächst nun der Lichtbogen wegen des Abbrandes, so steigt die Spannung an den Klemmen des Bogens. Die Nebenschlußspule tritt in Kraft, verstärkt ihr Feld und zieht den Eisenkern B in sich hinein; sie bewirkt also ein Heben von B, dem ein Senken der oberen Kohle, also eine Verkleinerung der Bogenlänge entspricht.

Ändern sich Spannung und Stromstärke gleichmäßig und in demselben Sinne, so bleibt das Gleichgewicht und die normale Bogenlänge erhalten. Bezeichnet N die Anzahl der Windungen der Hauptstromspule, n diejenige der Nebenschlußspule, J und i die diesbezüglichen Stromstärken, r den Widerstand der Nebenschlußspule, E die Spannung an den Klemmen, K eine Konstante, so gilt für den Fall, daß der Bogen normale Länge hat, also die magnetischen Wirkungen der beiden Spulen sich aufheben, die Gleichung

$$K \cdot N \cdot J = n\,i \qquad (1)$$

Nun ist aber $i = \frac{E}{r}$, also

$$K N J = \frac{n \cdot E}{r} \qquad (2)$$

$$\frac{K N \cdot r}{n} = \frac{E}{J} \qquad (3)$$

K, N, r, n sind alle konstant, $\frac{E}{J}$ ist aber der scheinbare Widerstand des Lichtbogens. Die Differentiallampe reguliert also auf konstanten scheinbaren Widerstand. Derartige Lampen kann man also zu mehreren Stück hintereinanderschalten, da sie immer auf konstanten Widerstand regulieren und sich gegenseitig nicht beeinflussen. Die Stromverhältnisse des äußeren Stromkreises werden durch diese Lampen nicht beeinflußt.

Anstatt zwei Spulen zu verwenden, kann man die Hauptstromwicklung und die entgegengesetzt gerichtete Nebenschlußwicklung auf derselben Spule aufbringen.

Es gibt auch Übergangsformen von Differentiallampe zu Hauptstromlampe oder Nebenschlußlampe, je nachdem man die Wirkung der einen Spule schwächer wählt und dafür ein Gegengewicht einführt.

Die Regulierarten gelten im Prinzip sowohl für Gleichstrom als auch für Wechselstrom. Bei Wechselstrom muß der weiche Eisenkern mit Rücksicht auf Wirbelströme unterteilt werden.

Als „Fehler" einer Lampenkonstruktion bezeichnet man die relative Schwankung der Amperewindungszahl der Regulierspule. Betreffs der mathematischen Behandlung der Fehler der Lampenkonstruktionen bei den verschiedenen Schaltungen sei auf die Broschüre von Luxenberg[1]) hingewiesen.

---

[1]) Dr. M. Luxenberg, Die Bogenlichtschaltungen, Leipzig 1897, 50 S., Gr. 8°, 2. Aufl.

II. Äufsere Schaltung der Lampen.

§ 106. Reihenschaltung. (Hintereinanderschaltung.)

Die Erfindung der Differentiallampe ermöglichte es, mehrere Lampen hintereinander in einen Stromkreis zu schalten. Die ersten technischen Beleuchtungsanlagen mit Bogenlampen wurden in dieser Weise ausgeführt. Eine Differentiallampe brauchte ungefähr 44 Volt. Man schaltete 10—100 solcher Lampen hintereinander (Thomson-Houston, Brush). Die Maschine, welche den Kreis speiste, mußte dann eine Klemmenspannung von 440 bezw. 4400 Volt plus dem Spannungsverluste in den Leitungsdrähten aufbieten können. In dem ganzen Stromkreise war die Stromstärke konstant. In Fig. 111 ist das Schaltungsschema

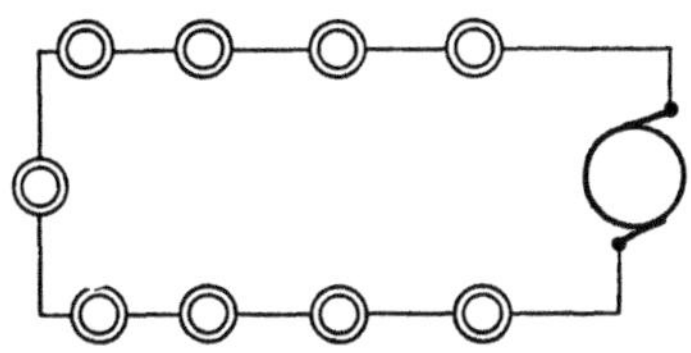

Fig. 111.

dargestellt. Die Stromerzeuger waren Hauptstrommaschinen. Ein Nachteil dieses Systems ist der, daß alle Bogenlampen dieselbe Stromstärke haben müssen; infolgessen haben alle auch gleiche Kerzenstärke und man kann nicht an einem Orte, wo man eine stärkere Helligkeit benötigt, in den Kreis eine Lampe von größerer Leuchtkraft einschalten. Wenn eine Lampe im Kreise ausgeht, wäre der ganze Stromkreis unterbrochen und alle Lampen würden verlöschen. Man hat daher selbsttätig wirkende Kurzschlußvorrichtungen konstruiert, durch welche im Falle des Verlöschens einer Lampe der Strom im Kreise nicht unterbrochen wird. Außerdem besteht, wenn eine Lampe verlöscht, für die Nebenschlußspule der Lampe die Gefahr, daß sie der hohen Stromstärke wegen durchbrennt. In Fig. 112 ist eine selbsttätige Kurzschlußvorrichtung, wie sie Körting und Mathiessen ausführen, dargestellt. Durch diese Kurzschlußvorrichtung wird erreicht, daß der Strom im Kreise nicht unterbrochen wird und daß die Nebenschlußspule nicht durchbrennt. Durch das bei der Verlängerung des Lichtbogens verursachte Anwachsen der Lichtbogenspannung wird das magnetische Feld der Nebenschlußspule stärker und zieht den Eisenkern stärker als unter normalen Verhältnissen an. Hierbei wird der um d drehbare Ausrückhebel l durch einen an dem Eisenkern befestigten Anschlag mitgenommen und durch eine kurze Drehung des Hebels wird die Sperrklinke e freigegeben. Es fällt dann die auf der Stange f befindliche Kohle g auf die Kohle h, wodurch der Kurzschluß hergestellt ist. Wenn die Lampe nach Einsetzen neuer Kohlenstifte oder Beseitigung der Ursache, welche den Kurzschluß veranlaßt hat, wieder eingeschaltet werden soll, so hebt man durch einen Druck auf einen nach außen ragenden Hebel die obere Kontaktkohle so weit ab, bis sich die Sperrklinke e wieder auf den Vorsprung des Ausrückhebels l legt.

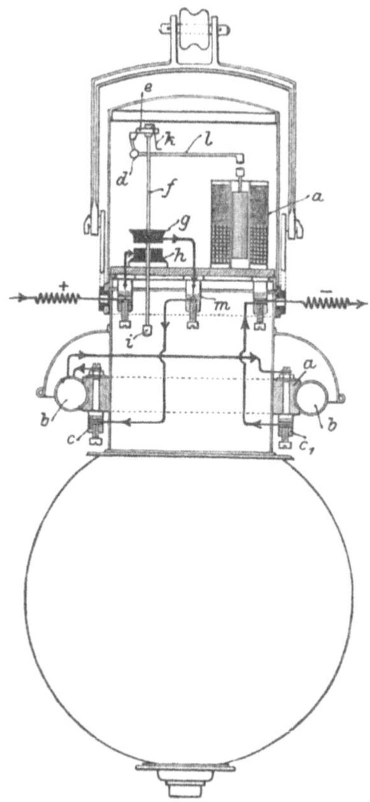

Fig. 112.

Ist eine Lampe im Kreise kurz geschlossen, so ändern sich die Stromverhältnisse im Kreise. Der Widerstand ist geringer geworden. Man muß also, um gleiche Stromstärke im Kreise zu erhalten, entweder die Spannung an der Maschine herabsetzen, oder einen der Bogenlampe äquivalenten Widerstand einführen. Diesen Widerstand nennt man Ersatzwiderstand. Der Ersatzwiderstand ist in Fig. 112 an der Lampe selbst angebracht. Natürlich bedeutet die Einfügung eines Ersatzwiderstandes einen nutzlos verbrauchten Energiebetrag. Es ist deshalb vorteilhafter, die Spannung an der Maschine durch Schwächen der Erregung herabzusetzen. Früher zog man vor, Ersatzwiderstände einzufügen, weil die Maschine bei schwacher Erregung stark am Kollektor feuerte.

Die Nebenschlußlampen mit Schwebemagnet eignen sich auch für Hintereinanderschaltung; sie entfernen die Kohlen voneinander, sobald der Bogen durch irgend welche Umstände zu klein geworden ist. Die in Verbindung mit Nebenschlußlampen zur Hintereinanderschaltung verwendeten Maschinen müssen Compound- oder Nebenschlußmaschinen sein. Die Nebenschlußlampen sind etwas billiger als die Differentiallampen. Andererseits erfordern sie pro Lampe etwa 5 Volt mehr, wodurch bei gleicher Lampenzahl der Stromerzeuger für hintereinander geschaltete Nebenschlußmaschinen größer sein muß als bei Differentiallampen. Werden Nebenschlußlampen in Reihe geschaltet, so muß ein Anlaßwiderstand zu Hilfe genommen werden. Derselbe soll verhindern, daß während des Einschaltens die für die betreffenden Lampen normale Stromstärke überschritten wird. Bei Nebenschlußlampen darf der Anlaßwiderstand erst 10—15 Minuten nach Einschalten des Stromes ausgeschaltet werden, wenn alle Lampen normal brennen. Bei Differentiallampen in Reihe kann man von einem Anlaßwiderstand absehen. Fügt man ihn ein, so kann er schon nach einer Minute ausgeschaltet werden. Zum Schutze der Nebenschlußspule verwendet man häufig Minimalausschalter. Sowie die Stromstärke in der Lampe einen gewissen Betrag unterschreitet, schaltet er die Lampe aus.

Die reine Reihenschaltung wird zur Beleuchtung von Gärten, Bahnkörpern, Fabrikhöfen und (besonders in Amerika) zur Straßenbeleuchtung verwendet. Ein Nachteil dieser Beleuchtungsart ist der, daß jeder Lampenkreis seine eigene Maschine und Schaltanlage haben muß; es ist einheitlicher und bequemer, die Lampen von einem vorhandenen großen Verteilungsnetz abzuzweigen. Auch haben die kleinen Maschinen zur Beleuchtung in Reihe einen kleineren Wirkungsgrad, als die großen Generatoren in Zentralen.

§ 107. Parallelschaltung.

Die Hauptstromlampen und Differentiallampen eignen sich zum Betriebe in Parallelschaltung. Von einer Hauptleitung konstanter Potentialdifferenz werden die einzelnen Lampen parallel abgezweigt. Diese Schaltung ermöglicht, daß man von einer Hauptleitung Lampen verschiedener Stromstärken, also verschiedener Leuchtstärke, abzweigen kann. Hinsichtlich des Verbrauches an Leitungsmaterial ist eine Parallelschaltungsanlage der reinen Reihenschaltungsanlage unterlegen, da bei einer Parallelschaltungsanlage zwei Hauptleitungen bestehen und noch für jede parallel geschaltete Lampe die Leitungsdrähte hinzukommen, während in einer Reihenschaltungsanlage nur eine fortlaufende Leitung besteht. Ein Vorteil der Parallelschaltungsanlage ist die größere Unabhängigkeit der Lampen voneinander und die größere Löschbarkeit des Systems. Die Parallelschaltung der Bogenlampen hat Bedeutung gewonnen, nachdem Parallelschaltungsanlagen für Glühlampen eingeführt worden waren. Man konnte so von derselben Hauptleitung aus je nach Bedarf Glühlampen oder Bogenlampen abzweigen. Die reine Parallelschaltung von gewissen Bogenlampen, welche eine Spannung von 40—50 Volt benötigen, wurde zwischen einer Hauptleitung von 65 Volt ausgeführt, ein Fall, der heute nur noch geschichtliches Interesse hat. Als Stromerzeuger verwendet man Nebenschluß- oder Compoundmaschinen, welche auf konstante Spannung reguliert werden. Das Schaltungsschema ist in Fig. 113 dargestellt. Da die Spannung der Hauptleitung größer ist als die von den Bogenlampen benötigte Spannung, können die Lampen nur ruhig brennen, wenn man einen Widerstand in die Abzweigung einführt. Man nennt diesen Widerstand Vorschalt-, Ballast- oder Beruhigungswiderstand. Wäre der Widerstand nicht vorhanden, so würde beim Einschalten einer Lampe, in welchem Augenblicke sich die Kohlen berühren, der Widerstand sehr klein, die Stromstärke sehr groß und die Hauptstromspule würde den Eisenkern kräftig anziehen und die Kohlen entfernen. Sind die Kohlen entfernt, so wird der Widerstand sehr groß, das Feld der

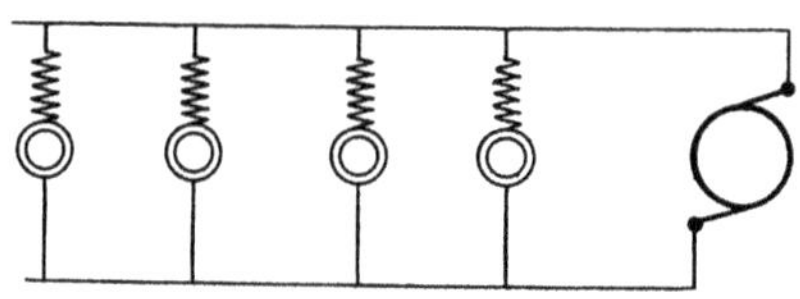

Fig. 113.

Hauptstromspule wird geschwächt und die Kohlen werden einander stark genähert. Jetzt beginnt wieder ein Entfernen der Kohlen und die Kohlen pendeln in weiten Grenzen um ihren normalen Abstand und das Licht ist unerträglich unruhig. Ist dagegen der Vorschaltwiderstand eingeschaltet, so herrscht in ihm dieselbe Stromstärke wie in der Lampe. Von dem Gesamtwiderstande ändert sich jetzt nur ein Teil, der andere bleibt konstant; infolgedessen wird die durch die Widerstandsänderung hervorgerufene Änderung der Stromstärke weit geringer sein als in dem Falle, in welchem sich der Gesamtwiderstand ändert. Der Vorschaltwiderstand dämpft also die Stromschwankungen und das Licht ist viel ruhiger. In dem Falle, daß die Spannung der Hauptleitung 65 Volt beträgt, die Bogenlampe aber nur 45 Volt benötigt, muß der Vorschaltwiderstand so berechnet werden, daß in ihm ein Spannungsverlust von 20 Volt auftritt. Immerhin ist also durch den Vorschaltwiderstand ein Energieverlust bedingt. Um diesen zu vermeiden, ersetzt man häufig den Vorschaltwiderstand durch einen Widerstand in der Hauptleitung selbst, indem man sie aus Eisen oder Phosphorbronze macht. Der Vorschaltwiderstand vermeidet einen direkten Kurzschluß des Stromerzeugers, wenn sich die Kohlenstifte berühren. Die Erfahrungen im Anlagenbau haben gezeigt, daß eine Anlage ökonomischer arbeitet, je weniger Kapital in den Leitungsanlagen festgelegt ist. Man erzielt eine Ersparnis an Leitungsmaterial, wenn man geringere

Stromstärken anwendet, da man dann mit kleineren Kupferquerschnitten auskommt. Infolgedessen unterließ man den Bau von Anlagen mit 65 Volt Spannung und ging zu Anlagen von 100—120 und noch höherer Spannung über. Wollte man hier je eine Bogenlampe parallel von den Hauptleitungen abzweigen, so würde die im Vorschaltwiderstand jährlich verzehrte Energie größer sein als die in der Bogenlampe verzehrte Energie. Man ging daher zur Gruppenschaltung über.

Bei Wechselstrom hat man in den Transformatoren ein bequemes Mittel, die Spannung der Hauptleitung auf den für die Bogenlampe notwendigen Betrag herabzutransformieren. Als Vorschaltwiderstände verwendet man bei Wechselstromlampen mit Erfolg Drosselspulen.

§ 108. Gruppenschaltung.

Die Gruppenschaltung ist dadurch charakterisiert, daß bei ihr Gruppen von hintereinander geschalteten Lampen parallel geschaltet werden. Die Anzahl der hintereinander geschalteten Lampen richtet sich nach der Spannung der Hauptleiter. Als Stromerzeuger verwendet man Nebenschluß- oder Compoundmaschinen. In Fig. 114 ist das Schal-

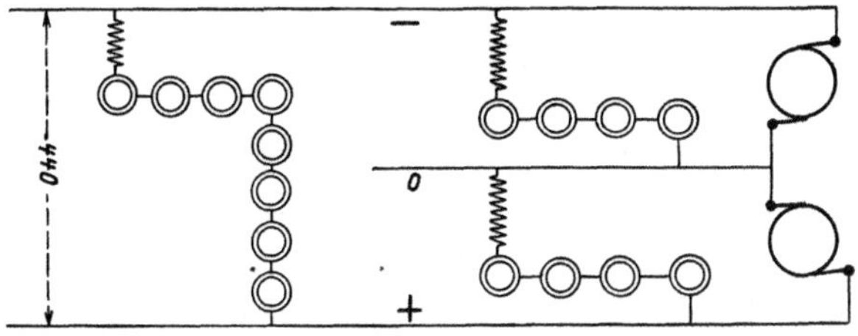

Fig. 114.

tungsschema einer Gruppenschaltung für ein Dreileitersystem von 440 Volt dargestellt. Die in einer Gruppe hinter einandergeschalteten Lampen müssen alle dieselbe Kerzenstärke haben, da sie alle von demselben Strome durchflossen werden. Beträgt die Spannung zwischen den Hauptleitern 100—120 Volt, so schaltet man Gruppen von 2 Lampen hintereinander, die 80—90 Volt benötigen. Der noch zur Verfügung stehende Betrag der Spannung wird im Vorschaltwiderstand verzehrt. Zur Gruppenschaltung verwendet man Differential- oder Nebenschlußlampen. Von den hintereinander geschalteten Lampen muß jede mit einer Kurzschlußvorrichtung versehen sein, um ein Verlöschen der anderen, in Reihe geschalteten Lampen zu verhindern. Es muß dann für die erloschene Lampe ein Ersatzwiderstand eintreten.

Je mehr Lampen hintereinander geschaltet sind, desto entbehrlicher wird der Vorschaltwiderstand, da eine Lampe für die andere gewissermaßen den Vorschaltwiderstand bildet und die Stromschwankungen dämpft. Bei größerer Zahl hintereinander geschalteter Lampen wird jedoch ein Anlaßwiderstand notwendig. Eine Nebenschlußlampe braucht ungefähr 50 Volt, eine Differentiallampe dagegen nur 40—44. Man kann also bei 220 Volt nur 4 Nebenschlußlampen, aber 5 Differentiallampen hintereinander schalten.

Die für Wechselstromlampen notwendige Spannung ist geringer als bei Gleichstromlampen. Eine Wechselstromdifferentiallampe braucht ungefähr 34, eine Wechselstromnebenschlußlampe ungefähr 38 Volt. Man kann daher in eine Wechselstromleitung von 120 Volt 3 Wechselstromlampen hintereinander schalten, während man bei Gleichstrom von 120 Volt nur 2 Lampen hintereinander schalten kann.

Häufig werden Wechselstrombogenlampen, namentlich im Anschluß an Motorennetze, mit Drehstrom betrieben. Die Lampengruppen müssen dann so angeordnet werden, daß die einzelnen Phasen möglichst gleichmäßig belastet sind.

III. Konstruktion der Bogenlampen.

§ 109. Konstruktionselemente.

Bei der großen Anzahl von Bogenlampenkonstruktionen ist es unmöglich, jede einzelne zu beschreiben. S. P. Thompson[1]) stellte die einzelnen Konstruktionselemente der verschiedenen Ausführungsformen der Bogenlampen zusammen, welche einen guten Einblick in die Konstruktionsmöglichkeiten der Bogenlampe geben.

Die wichtigsten Hilfsteile bei der Bogenlampenregulierung sind die Elektromagnete und deren Ausgleicher. Die Elektromagnete und Solenoide (welch letztere schwächer sind) haben verschiedenartige Pflichten zu erfüllen und müssen dementsprechend konstruiert werden; manche sollen auf kurze Entfernungen kräftig wirken, andere wiederum gleichmäßig auf weitere Entfernung. Thompson unterscheidet:

a) Magnete für kurzen Bereich.

1. Hufeisen mit kurzen, dicken Kernen, Joch und Anker.
2. Topfmagnete mit kurzem Kern und äußerem Mantel, beide unten durch Eisen verbunden, Deckelanker.

---

[1]) Silvanus P. Thompson, The Electr. 22, p. 534, 568, 596, 627, 1889; auch E.T.Z. 10, p. 308, 330, 1889. El. Rev. 37, p. 716, 749, 780, 1895.

b) Magnete für mittleren Bereich.

1. Dünne Hufeisen.
2. Solenoide, in deren Höhlung ein fester Kern teilweise eintaucht, mit beweglichem Kern als Anker (gedeckte Solenoide).
3. Zwei solche gedeckten Solenoide, deren feste und deren bewegliche Kerne verbunden sind.
4. Gedecktes Solenoid, dessen beweglicher Kern in einem äußeren Mantel sitzt.
5. Elektromagnet mit konischen Polen, die in Löcher im Anker einpassen.
6. Elektromagnete mit schiefer Annäherung des Ankers.

c) Magnete für langen Bereich.

1. Lange Solenoide mit cylindrischem Kern; die Anziehung ist am größten, wenn das eintretende Ende des Kernes gerade die andere Seite erreicht.
2. Lange Solenoide mit konischem Kern, die Spitze eintretend.
3. Lange Solenoide mit konischem Kern, das dickere Ende eintretend.
4. Besondere Vorrichtungen mit Solenoiden in Sektionen, die beim Eintreten des Kerns nacheinander eingeschaltet werden (Thomas, Engl. 578, 1882, Lindemann, Engl. 16376, 1887).

Die Ausgleicher sollen die ruckweise Bewegung der Anker regelmäßiger gestalten. Hierzu dienen Federn, Anschlagstifte u. s. w. Gut ist der in Fig. 115 dargestellte Ausgleicher von Houdin. Der Anker a ist durch eine Gelenkstange mit dem Bogenstück A verbunden, auf dem ein anderes Bogenstück B gleitet; durch passende Wahl der Kurven läßt sich die Bewegung gleichmäßig machen.

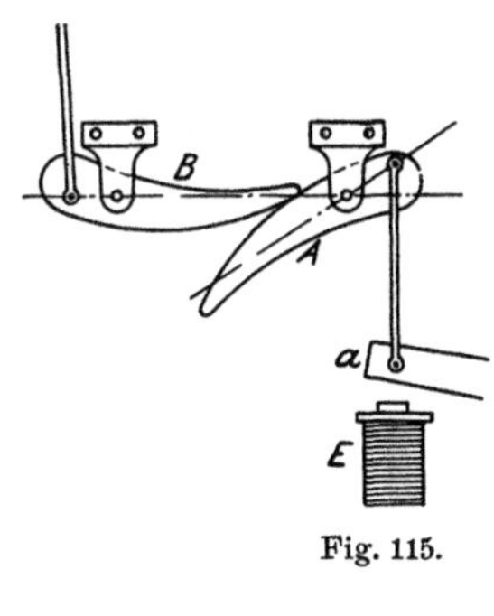

Fig. 115.

In vielen Lampen werden als Ausgleicher Schaukelhebel verwendet. (Mackenzie, Engl. 95, 1882. Common, Engl. 626, 1882.)

Thompson unterscheidet folgende Konstruktionselemente:

I. Die treibende Kraft.

In den Bogenlampen benötigt man zur Annäherung der Kohlen gegeneinander eine Triebkraft. Folgende Fälle kommen vor:

1. Die Schwerkraft. Der obere Kohlenhalter sinkt infolge seines Eigengewichtes herab (sehr häufig verwendet). Die Schwer-

kraft wird durch Gewichte unterstützt (Gülcher, Engl. 1915, 1882). Die Schwerkraft zieht gegen eine Feder (Siemens, Engl. 366, 1888). Ein Uhrwerk wird durch Gewichte getrieben (Staite, Engl. 11783, 1847). Die untere Kohle wird durch Quecksilber aufwärts getrieben (Tommasi, Engl. 4405, 1879).

2. Spiralfedern mit Zahnstange oder Rolle oder Schnur (Foucault 1848, Staite, Engl. 11449, 1846). Differentialspiralen (Foucault-Duboscq.).
3. Elektromagnetischer Motor. Ein Elektromotor dreht sich und bewegt die Kohle (Bonsfield, Engl. 523, 1879). Elektromagnetischer Vibrator (Clark-Bowman, Engl. 1182, 1883, Newton, Engl. 1623, 1883, Pieper, Engl. 4133, 1886, Holmes, Engl. 769, 1886).
4. Heiße Luft. Die durch den Lichtbogen erhitzte Luft treibt ein Flügelrad, das die Kohlen bewegt (Varley, Engl. 5656, 1881).

II. Entzündung des Bogens.

Jede Lampe muß eine Vorrichtung besitzen, um die Kohlen, nachdem sie sich berührt haben, auseinanderzuziehen. Beim Auseinanderziehen entsteht der Lichtbogen. Bei den meisten Lampen berühren sich die Kohlen, wenn kein Strom durch die Lampe fließt. Wird der Strom eingeschaltet, so werden die Kohlen durch die anziehende Wirkung eines Elektromagnets oder Solenoids auseinandergezogen (Hauptstromspule).

Berühren sich die Kohlen in stromlosem Zustande nicht, so werden sie beim Einschalten des Stromes durch einen im Nebenschluß liegenden Elektromagneten einander genähert. Die Hilfsmittel zur Kohlentrennung sind:

1. Getriebe (Foucault-Duboscq).
2. Abziehung der unteren Kohle durch einen unten angeordneten Elektromagnet (Staite, Engl. 11783, 1847, Serrin, Breguet, Sellon, Newton, Pieper, Holmes u. s. w.). Oder durch einen oben angeordneten Elektromagnet (Fein 1888).
3. Erhebung der oberen Kohle durch einen Elektromagnet (Roberts Engl. 14198, 1852, Slater & Watson, Engl. 212, 1852 und viele neuere Lampen).

In den meisten Lampen wird der Mechanismus, welcher die Kohlen auseinanderzieht, auch zur Regulierung der Bogenlänge durch den Abbrand benutzt. In älteren Lampen werden beide Vorgänge durch getrennte Mechanismen bewerkstelligt. Bréguet läßt zur Bogenerzeugung die untere Kohle durch einen Elektromagnet abziehen und zur Regulierung der Bogenlänge die obere Kohle heruntersinken.

III. Regulierung der Bogenlänge.

Da die Kohlenstifte wegen des Abbrandes während des Brennens des Bogens kleiner werden und die Bogenlänge hierdurch vergrößert wird, müssen die Kohlen nachgeschoben werden, damit die Bogenlänge ihre normale Größe beibehalten kann. Über die elektrischen Verhältnisse beim Regulieren der Bogenlänge ist schon in § 103, 104 und 105 gesprochen worden. Die wichtigsten Hilfsmechanismen beim Regulieren sind folgende:

1. Zahnstangengetriebe mit
   a) Sternrädchen und Sperrhaken (Staite, Engl. 18783, 1847, Foucault-Duboscq, Serrin, Engl. 653, 1858).
   b) Flügelrad und Sperrhaken (Staite 1848, Duboscq 1855).
   c) Bremsrad und Bremse (Chapman, Engl. 739, 1855, Crompton, Engl. 346, 1882).
   d) Pendel und Sperrklinke (Siemens, Engl. 4949, 1878, Harding, Engl. 3166, 1881, Waterhouse, Engl. 5185, 1881).
   c) Hemmung und Schaufelrad (Waterhouse, Engl. 5185, 1881).
   f) Magnetisches Bremsrad oder Sperrhaken (Brockie, Engl. 1713, 1882, Harling, Engl. 3473, 1881).
   g) Flüssigkeitsbremse (Hopkinson, Engl. 153, 1881).
2. Eine Klaue oder Klammer erfaßt den Kohlenhalter.
   a) Sich neigende Ringe (Slater & Watson, Engl. 212, 1852, Brush, Engl. 2003, 1878).
   b) Zweiteiliger Kegel, der von einer Gabel erfaßt wird (Slater & Watson, Engl. 212, 1852).
   c) Zweiteilige Röhre, die in ein konisches Mundstück gedrängt wird (Bürgin, Engl. 4820, 1881).
   d) Zweiteiliges Rohr, das durch geneigte Druckstangen zusammengehalten wird (Rogers, Engl. 3236, 1882).
   e) Druckfedern seitwärts (Lever, Engl. 3599, 1881, Munro, Engl. 1626, 1882).
   f) Druckdaumen (Roberts, Engl. 14198, 1852, Joel, Engl, 5157, 1879, Harding, Engl. 3166, 1881).
   g) Geneigte Klammer (Common, Engl. 626, 1882).
   h) Geneigter Hebel (Grimstone, Engl. 1670, 1881, Mondos, Engl. 5490, 1881).
   i) Scherenartige Hebelanordnung (Joel, Engl. 3970, 1884, Jarman, Engl. 563, 1882).
   k) Spiralfedern am Kohlenhalter (Keilholtz, 1886).

l) Vorwärtsstoßende Federn (Newton, Engl. 1623, 1883, Holmes, Engl. 769, 1886, Hawkes, Engl. 157, 1882).

3. Klaue mit Bremsrad.
   a) Geneigter Hebel außerhalb des Bremsrades (Gramme, 1861, Brockie, Engl. 4419, 1882).
   b) Geneigter Hebel innerhalb des Radkranzes (Union Co., Engl. 392, 1882, Brockie, Engl. 4419, 1882).
   c) Bandbremse (Statter, Engl. 2985, 1885).
   d) Innere elastische Ringbremse (Siemens, Engl. 6987, 1887).
   e) Rad, welches gegen einen Sperrhaken anschlägt (Bürgin, Engl. 4820, 1881).
   f) Bremsrad und Bremshebel (Gümpel, Engl. 253, 1881, Crompton-Crabb, Engl. 2539, 1883).
   g) Reibungspuffer am Radrande (Abdank, 1882).
4. Schraubenförmige Bewegung.
   a) Die Schraube wird durch das Gewicht der oberen Kohle bewegt (Hopkinson & Muirhead, Engl. 153, 1881, Cauce, D.R.P. 19143, 1881, Akester, Engl. 2419, 1882).
   b) Die Schraube wird durch einen Motor bewegt (Tschikoleff, 1874).
   c) Die Schraube wird durch ein schwingendes Rad bewegt.
5. Die Bewegung erfolgt durch Rolle und Schnur.
   a) Die Schnur ist mit dem Solenoidkern verbunden (Archereau, 1848, Jaspar, Engl. 83, 1879).
   b) Die Schnur ist mit einer Hülse verbunden, in der sich der Solenoidkern befindet (Krizik-Piette, D.R.P. 16297, 1880).
   c) Die Schnur wird von einem Daumen gefaßt (Harding, Engl. 4590, 1879).
6. Schrittweise Bewegung.
   a) Ein Sperrhaken wird durch ein Elektromagnet ausgelöst (Kennedy, Engl. 5524, 1881).
7. Magnetische Klauen und Klammern.
   a) Magnetische Klaue am Kohlenhalter (Roberts, Engl. 14198, 1852, Gülcher, Engl. 2038, 1881).
   b) Magnetische Klaue am Bremsrad (Harling & Hartmann, Engl. 3473, 1881).
8. Die Bewegung erfolgt durch Elektromotor.
   a) Der Motor setzt eine Schraube in Bewegung (Tschikoleff, Engl. 2198, 1881).
   b) Der Motor zieht die Kohle hoch durch Schnur oder Zahnstange (Andrews, Engl. 2321, 1879, André, Enl. 2764, 1880).
   c) Motor mit Kupferdämpfer (Thury 1888).

9. Regulierung auf hydraulischem oder pneumatischem Wege.

Die Kohlen werden durch den Zutritt von Flüssigkeit oder Gas bewegt (Lacassagne und Thiers, Engl. 2456, 1856, Hopkinson, Engl. 3509, 1880, Leibold 1886).

Außerdem gibt es noch eine ganze Reihe von Hilfsmechanismen beim Regulieren; die Kombinationsfähigkeit der einzelnen Mechanismen ist fast unbegrenzt.

IV. Ersatz der Kohlen.

Damit nach dem Abbrennen der Kohlen neue Kohlen eingesetzt werden können, müssen die Kohlenhalter so weit als möglich auseinandergezogen werden. Es gibt verschiedene Vorrichtungen, um diese Bewegung der Kohlenhalter zu gestatten. In Lampen mit Zahnstangen bringt man eine Schaltklinke an. In Lampen mit losen Klauen sind keine besonderen Vorrichtungen notwendig. In Schraubenlampen muß eine Vorrichtung sein, um die Schraube loszulösen.

V. Vorrichtungen, um zu schnelle Bewegungen der Kohlen zu verhindern.

Um zu schnelle Bewegungen der Kohlen beim Regulieren zu verhindern, wendet man häufig Stopfbüchsen an. Man hat alle möglichen Arten von Regulatoren zur Verwendung in Bogenlampen vorgeschlagen.

VI. Vorrichtungen zur Erzeugung eines festen Brennpunkts.

Wenn die untere Kohle feststeht und die obere Kohle beim Brennen des Bogens nachgeschoben wird, so sinkt der Brennpunkt der Lampe immer tiefer. Man nennt solche Lampen „Lampen mit beweglichem Brennpunkt“. Sie können zur Straßenbeleuchtung und zur Beleuchtung von Innenräumen verwendet werden, sind jedoch gänzlich unbrauchbar in Scheinwerfern. Man hat deshalb sogenannte „Fixpunktlampen“, Lampen mit bestehendem Brennpunkt konstruiert, bei welchen die untere Kohle entsprechend ihrem Abbrand gehoben wird. Hierdurch wird erreicht, daß der Brennpunkt des Lichtbogens sich immer an derselben Stelle im Raume befindet. Heute werden auch die zur Straßenbeleuchtung und zur Innenbeleuchtung verwendeten Bogenlampen meistenteils als Fixpunktlampen ausgeführt. In Fig. 116 sind die verschiedenartigen Methoden nach Thompson zusammengestellt, wie man die untere Kohle zu heben sucht, um das Feststehen des Brennpunkts zu erreichen.

VII. Doppellampen.

Wie schon in § 12 bemerkt wurde, ordnet man in gewissen Fällen zur Erzielung einer längeren Brenndauer in einer Bogenlampe zwei Kohlenpaare derart an, daß das eine nach dem Abbrennen des anderen zu brennen beginnt. Die Einrichtungen zum Einschalten des zweiten Kohlenpaares können rein mechanische

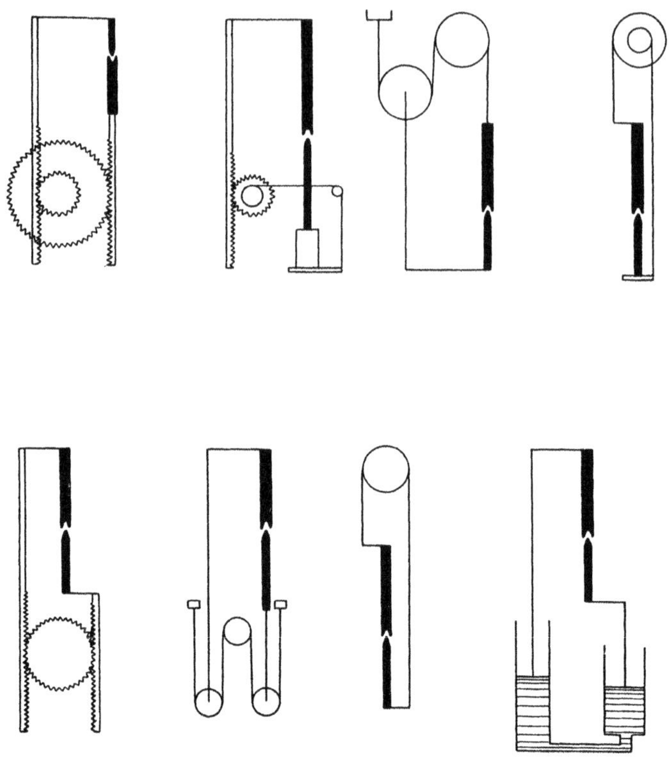

Fig. 116.

sein, wie in den Doppelkohlenlampen von Brush, Thomson-Rice, Bürgin, Crompton-Crabb und in der in § 113 näher beschriebenen Lampe von Körting & Mathiesen, oder elektrische, indem der Strom von einem Kohlenpaar selbsttätig auf das andere Kohlenpaar geschaltet wird, wie in den Lampen von Weston (Engl. 1163, 1882), Waterhouse (Engl. 5185, 1881), Noble (Engl. 16376, 1887).

VIII. Selbsttätiges Ausschalten.

Die Lampen, welche in Hintereinanderschaltung brennen, müssen mit Vorrichtungen versehen sein, welche verhindern, daß beim Ausgehen einer Lampe nicht die ganze Reihe verlöscht. Man schließt die Lampe entweder kurz oder ersetzt die Lampe durch einen passenden Widerstand oder durch eine Hilfslampe. Die Schaltvorrichtungen können mechanisch oder elektrisch sein. In den modernen Lampen sind sie fast durchweg elektrisch. In § 106 ist eine Ausschaltvorrichtung beschrieben.

Bei der großen Anzahl ausgeführter Lampenkonstruktionen ist es unmöglich, alle Lampen zu beschreiben. Es wurden deshalb im folgenden nur einige typische, bewährte Konstruktionen ausführlich beschrieben. Wer über diese oder jene Lampentype genaueren Aufschluß wünscht, kann denselben mit Hilfe der im Anhang gegebenen Aufzählung der Bogenlampenpatente leicht erlangen, da die deutschen Patentschriften fast in jeder Stadt zur Einsicht aufliegen.

§ 110. Nebenschlußlampe für Gleichstrom von Körting & Mathiesen.

Bei der in Figur 117 dargestellten Nebenschlußlampe der Firma Körting & Mathiesen in Leutzsch bei Leipzig besteht das Regulierwerk der Lampe aus einem Schwebemagnet a in Verbindung mit einem um die Achse p schwingenden Laufwerk c, über dessen Rolle d eine Kette läuft, welche die beiden beweglichen Kohlenhalter trägt. Beim Einschalte der Lampe wird der Anker b, der in fester Verbindung mit dem Laufwerke steht in den seitlichen Einschnitt der Polschuhe hineingezogen und da das Laufwerk und damit die Rolle d an der Schwingung des Ankers teilnimmt, so werden die Kohlenstifte, die vorher einen gewissen Abstand hatten, einander genähert. Sollten sie dabei noch nicht in Berührung kommen, so tritt das jetzt freigegebene Laufwerk durch das Übergewicht des oberen Kohlenhalters in Tätigkeit, bis die Kohlenstifte zusammenstoßen. In diesem Moment ist der Magnet a stromlos geworden und die Feder e zieht den Anker b wieder zurück, wobei der Lichtbogen gebildet wird und der Anker sich auf Gleichgewicht zwischen magnetischer Anziehung und Zugkraft der Feder e einstellt. Der Nachschub der Kohlenstifte wird derart geregelt, daß der Anker b sich bei Maximalspannung des Lichtbogens so einstellt, daß das Flügelrad f von der Anschlagzunge g frei wird, wodurch das Laufwerk eine langsame Annäherung der Kohlenstifte gestattet, die im nächsten Augenblick durch die Arretierung des Flügelrades wieder gehemmt wird. Der Luftdämpfer i mäßigt die Bewegungen des Ankers b.

Die Regulierung der Lichtbogenspannung geschieht durch Anziehen oder Nachlassen der Feder e, was mittels der im Hebel h sitzenden Stellschraube m zu geschehen hat.

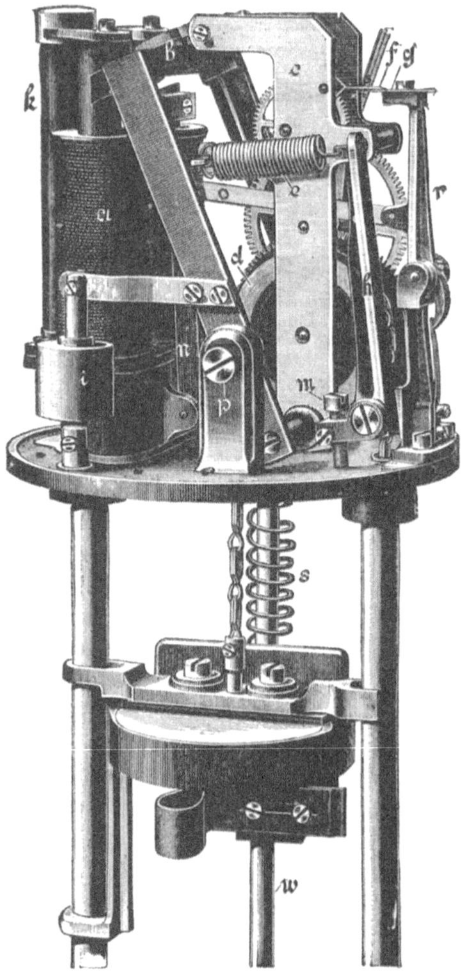

Fig. 117.

Beim Brennen der Lampe wird der Nebenschlußmagnet infolge der Joule'schen Wärme im Drahtwiderstande etwas erwärmt; die vom Lichtbogen aufsteigende Wärme, welche das ganze Regelwerk erhitzt, steigert die Temperatur der Magnetwindungen und vergrößert ihren elektrischen Widerstand. Hierdurch wird die magnetisierende Kraft der Windungen geschwächt. Damit die ursprünglich beim Regeln des Bogens vorhandene Kraft wieder erreicht wird, muß die Stärke des durch die Nebenschlußwickelung fließenden Stromes wiederhergestellt werden, wozu eine erhöhte Klemmenspannung notwendig ist. Die Lampe wird also mit zunehmender Erwärmung der Spule eine höhere Lichtbogenspannung annehmen. Das Anwachsen der Lichtbogenspannung wird durch den Wärmekompensator k verhindert, welcher aus einem Rohrsystem besteht, das aus einer Reihe ineinander gesteckter Rohre aus Zink und Eisenblech gebildet ist, die abwechselnd so miteinander verbunden sind, daß sich die Differenzen der beiderseitigen Ausdehnungen summieren. Das äußere Rohr ist an dem Magnetsockel befestigt und der letzte innere Teil überträgt seine Bewegung mittelst Winkelhebel n und Zugstange o auf den die Anschlagzunge g tragenden einarmigen Hebel r. Durch ein entsprechendes Übersetzungsverhältnis dieser Hebel wird die Anschlagzunge g um so viel zurückgedrängt, als der Magnetanker und damit das Flügelrad durch die verminderte Kraft des Magneten zurückgetreten sind. Beide Bewegungen sind nahezu synchron, sodaß weder eine nennenswerte Verzögerung noch Voreilung eintritt. Die Ausgleichung ist von der Stromstärke unabhängig.

§ 111. Differentiallampe für Gleichstrom Krizik-Schuckert.

Die in Fig. 118 dargestellte Differentiallampe, von Krizik entworfen und von der Elektrizitäts-Aktiengesellschaft vormals Schuckert & Co. in Nürnberg gebaut, ist eine der ältesten Lampentypen und wird wegen ihrer Einfachheit und guten Leistung heute noch mit Erfolg verwendet. Die abgebildete Lampe ist eine Differentiallampe. Man sieht auf der Figur rechts die Hauptstromspule mit den dicken Drahtwindungen und links die Nebenschlußspule mit vielen dünnen Drahtwindungen. Durch jede Spule reicht eine Blechröhre, welche gleichzeitig Kohlenhalter ist. Die Blechröhre, welche die obere Kohle hält, ist durch die Hauptstromspule geführt. Die Stromzuführung zu den Blechröhren und Kohlen findet durch die mit Seide umsponnenen auf der Figur oben sichtbaren Schnüre statt. Im Inneren jeder Blechröhre befindet sich ein Eisenkern, welcher mit der Blechröhre fest verbunden ist. Die Eisenkerne sind konisch; die Kegelspitze ist nach oben gerichtet. Durch diese Form der Eisenkerne wird bewirkt, daß die Bewegung des Kerns eine gleichmäßige ist; an denjenigen Stellen, an welchen die Wirkung der Spulen auf die Kerne am stärksten sein würde, befindet sich die geringste Eisenmasse der Kerne. Die Blechröhren sind miteinander durch eine über ein Rädchen geführte Schnur verbunden. Wenn die Kohlen in dieser Lampe so gewählt werden, daß sie in gleichen Zeiten um gleiche Längen abbrennen, so werden sie durch den Mechanismus beide gleichmäßig nachgeschoben und der Lichtbogen bleibt an derselben Stelle. Die

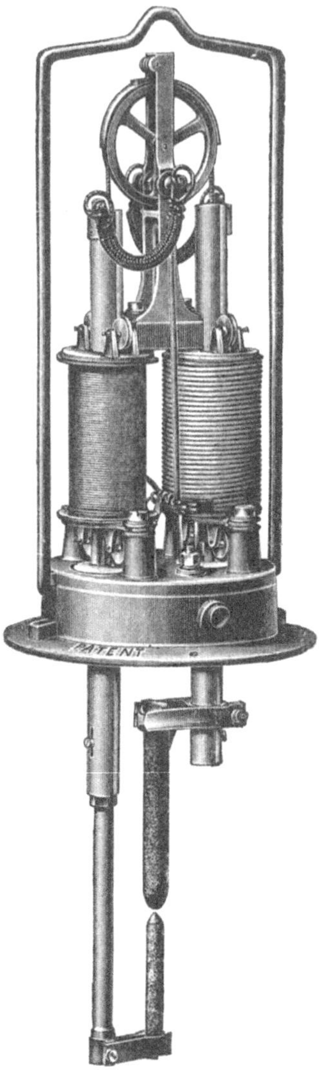

Fig. 118.

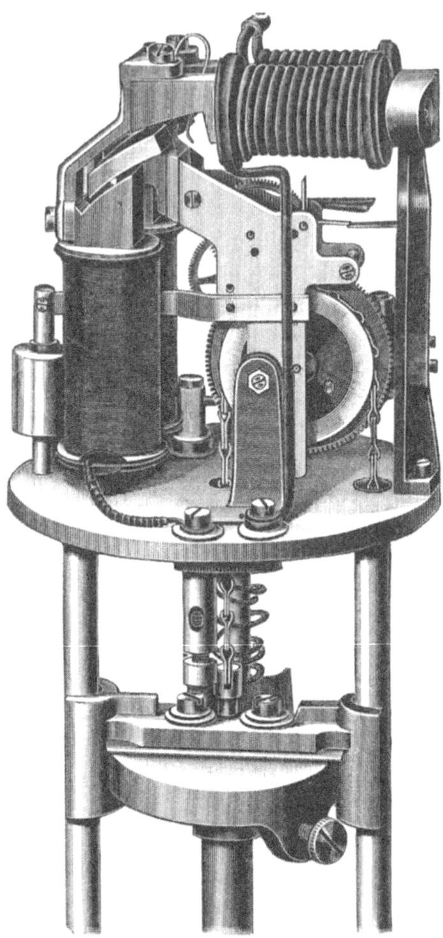

Fig. 119.

Lampe ist also eine Fixpunktlampe. Beim Ausschalten der Lampe gehen die Kohlenhalter bis zur Berührung der Kohlen zusammen. Beim Einschalten des Stromes entfernen sich die Kohlen voneinander.

§ 112. Differentiallampe für Gleichstrom von Körting & Mathiesen.

Die in Fig. 119 dargestellte Differentiallampe von Körting & Mathiesen ist eine Magnetlampe mit rechtwinklig zu einander angeordneten Spulenpaaren. Der mit dem schwingenden Laufwerk fest verbundene Anker steht zwischen den Polschuhen des von den Nebenschluß- und des von den Hauptstromspulen erregten Magneten. Mit dem unteren Zahnrade des Laufwerks ist ein „Kettenrad“ verbunden, in dessen Ausfräsungen die die Kohlenhalter tragende Kette gelegt ist. Fließt kein Strom durch die Lampe, so werden die Kohlenstifte durch das Gewicht des oberen Kohlenhalters zusammengeführt, sodaß ihre Spitzen einander berühren. Schaltet man die Lampe ein, so durchfließt ein Strom die Spulen des oben gelagerten Hauptstrommagneten, welcher stark erregt wird und den Anker anzieht. An der Bewegung des Ankers nimmt das Laufwerk und mit ihm das Kettenrad teil. Die Kohlenhalter sind mit den beiden Enden der Kette verbunden; die beim Einschalten der Lampe erfolgende Drehung des Kettenrades hat ein Anheben der oberen und ein Senken der unteren Kohle zur Folge, bewirkt also die Lichtbogenbildung. Durch eine Luftbremse wird die Bewegung des Ankers bezw. des Laufwerks gedämpft; dies ist zu einer sicheren Lichtbogenbildung erforderlich, da bei zu schnellem Auseinanderziehen der Kohlenstifte der Lichtbogen leicht abreißen kann. Nachdem sich der Bogen gebildet hat, liegt das Flügelrad auf der Anschlagzunge auf. Mit wachsendem Abbrande der Kohlenstifte wächst auch die Lichtbogenspannung und mit ihr die Kraft des durch die parallel zum Lichtbogen geschaltete Nebenschlußspule erregten Magneten. Der Anker wird nun eine Bewegung ausführen, welche der ersten Bewegung entgegengesetzt ist, bis das Flügelrad frei wird. Durch das Übergewicht des oberen Kohlenhalters wird das Laufwerk in Bewegung gesetzt und die Kohlenspitzen nähern sich einander. Hierdurch wird die Lichtbogenspannung verringert und der Anker bewegt sich zum Hauptstrommagneten hin. Das Flügelrad wird hierbei wieder durch die Anschlagzunge arretiert. Die Regelbewegungen des Ankers sind bei der in Fig. 119 dargestellten Lampe so gering und verlaufen so schnell, daß das Flügelrad bei jedem Freiwerden meist nur eine viertel oder halbe Umdrehung ausführt. Bei der großen Übersetzung des Laufwerkes ist der jedesmalige Nachschub der Kohle ein so geringer, daß man ihn mit dem Auge kaum wahrzunehmen vermag. Da die Lampe sehr fein reguliert und gegen Schwankungen der Netzspannung wenig empfindlich ist, so ist diese Lampe besonders für Schaltung ohne Vorschaltwiderstand geeignet.

Es werden auch Differentiallampen gebaut, bei welchen die Hauptstromspule und die Nebenschlußspule auf einer gemeinsamen Hülse aufgewickelt sind.

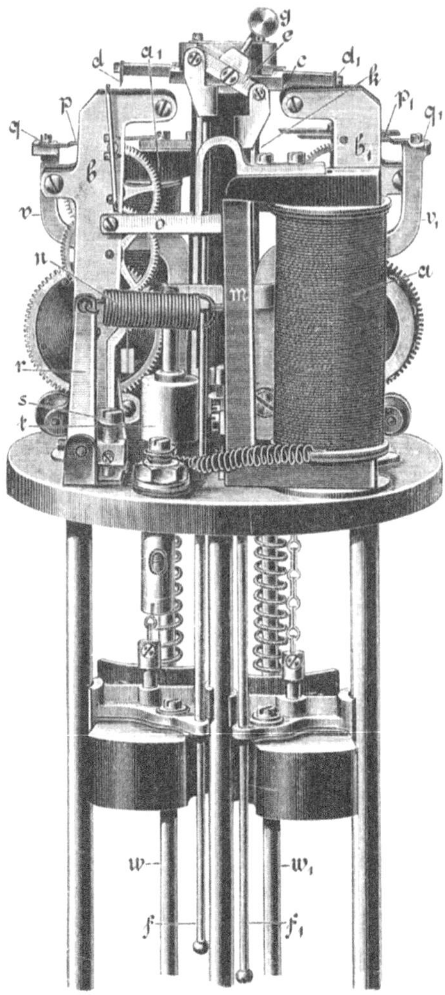

Fig. 120.

§ 113. Ersatzkohlenlampe von Körting & Mathiesen.

In denjenigen Fällen, in welchen man eine längere Brenndauer der Lampen benötigt und aus gewissen Rücksichten keine Dauerbrandlampen anwenden kann, benutzt man die Ersatzkohlenlampen, welche

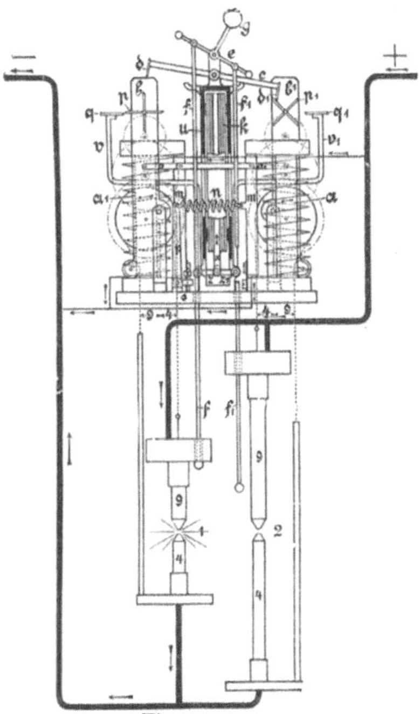

Fig. 121.

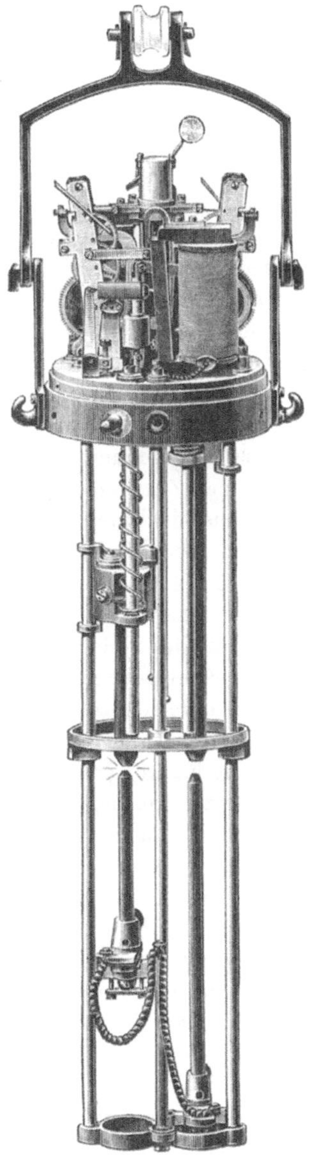

Fig. 122.

zwei Kohlenpaare haben, von denen das eine nach dem Abbrennen des anderen selbsttätig eingeschaltet wird. In Fig. 120 ist das Werk einer solchen Lampe, wie sie Körting & Matthiesen bauen, in Fig. 121 eine schematische Zeichnung derselben Lampe und in Fig. 122 eine Gesamtansicht der Lampe dargestellt.

Auf einer gemeinsamen Werkplatte sind zwei von einander getrennte Regelwerke montiert. Diese Werke bestehen aus den Magneten $a\,a_1$, den Laufwerken $b\,b'$ und den zugehörigen Nebenteilen.

Zu jedem Laufwerk gehört ein Paar beweglicher Kohlenhalter. Beide Regelwerke haben einen gemeinschaftlichen Wärmekompensator R und eine gemeinschaftliche Umschaltvorrichtung, von der sie wechselseitig beeinflußt werden. Diese Umschaltvorrichtung besteht aus dem Umschalthebel c, der zwei Anschlagzungen d d_1 trägt, die je nach der Stellung des Hebels das eine oder andere Laufwerk arretieren bezw. freigeben, sowie aus dem umschlagbaren Hebel e, der unter dem Einflusse der beiden Zugstangen f f_1 und des Gewichtes g steht. Der Vorgang beim Umschalten ist folgender:

Sobald das eine Kohlenpaar nahezu abgebrannt ist, legt sich der zugehörige obere Kohlenhalter auf einen Bund der entsprechenden Zugstange und nimmt dadurch den umschlagbaren Hebel e mit. Sowie das Gewicht g dieses Hebels über den toten Punkt hinweg ist, schlägt der Hebel nach der anderen Seite über und nimmt dabei den Umschalthebel c mit, wobei die beiden Zugstangen diesem Impuls folgen, und da der Hebel c plötzlich von der einen äußersten Lage in die andere gedrückt wird, so wird das eine Laufwerk freigegeben und das andere gleichzeitig festgehalten.

In der schematischen Darstellung Fig. 121 ist das Kohlenpaar 1 nahezu abgebrannt, der obere Kohlenhalter hat sich bereits auf den Bund der Zugstange f gelegt und ist im Begriff, den Hebel e, der mit dem umschlagenden Gewichte g versehen ist, mitzunehmen. Sobald das Gewicht über seinen toten Punkt hinaus ist, wird es nach links hinüberfallen und hierbei den umschlagbaren Hebel e sowie den Umschalthebel c in die entgegengesetzte Lage bringen, sodaß das Laufwerk b festgehalten und das des Kohlenpaares 2 freigegeben wird. Das Übergewicht des oberen Kohlenhalters setzt dieses Laufwerk in Bewegung, bis die Kohlenstifte zusammenstoßen und der neue Lichtbogen gebildet ist. Gleichzeitig erlischt der bisherige Bogen 1 und das Laufwerk b wird durch die Anschlagzunge d festgehalten, sodaß die Kohlen nicht wieder in Berührung kommen können. Ganz derselbe Vorgang spielt sich ab, wenn das Kohlenpaar 2 abgebrannt ist und das Paar 1 inzwischen erneuert worden ist.

Beim Einschalten der Lampe wird der Anker m, der an seinem Fußende drehbar gelagert ist, von dem Magneten a eingezogen, wobei die Spiralfeder n die Gegenkraft bildet. Der Anker nimmt mittelst der Zugstange o das Laufwerk b mit und da dasselbe um einen Drehpunkt schwingt, der in der Nähe der Achse der Kettenrolle angebracht ist, so werden bei dieser Bewegung die Kohlenstifte einander genähert. Sind diese dabei noch nicht in Berührung gekommen, so tritt das jetzt freigegebene Laufwerk, durch das Übergewicht des oberen Kohlenhalters getrieben, in Tätigkeit bis die Kohlenstifte zusammenstoßen. In diesem Augenblick ist der Magnet a stromlos geworden und die Feder n zieht den Anker m zurück, wobei der Lichtbogen gebildet wird und der Anker sich auf Gleichgewicht zwischen magnetischer Anziehung und der Zugkraft der Feder n einstellt. Der Nachschub der Kohlenstifte wird dadurch geregelt, daß der Anker m sich bei Maximalspannung des Lichtbogens so einstellt, daß das Flügelrad p von der Anschlagzunge q frei wird, wodurch das Laufwerk eine langsame Annäherung der Kohlenstifte gestattet, die im nächsten Augenblick durch die Arretierung des Flügelrades wieder gehemmt wird. Die Regulierung der Lichtbogenspannung geschieht durch Anziehen oder Nachlassen der Feder n, welche mittelst des Hebels r bezw. der Regulierschraube s eingestellt wird. Zwei Luftdämpfer verlangsamen die Bewegungen der beiden Anker, von denen nur der zu dem Magneten a_1 gehörige mit t bezeichnete in Fig. 120 zu sehen ist.

Die Kohlengewichtausgleichung kommt durch ein Hebelverhältnis zu stande, welches genau den Gewichtsverhältnissen der Kohlenstifte entspricht. Die Produkte aus Hebellänge und Kohlengewicht ergeben stets gleiche Größen, wie weit auch der Abbrand vorgeschritten sein mag.

Der Wärmekompensator k ist hier ebenso gebildet wie in § 110. Das äußere Rohr ist an seinem unteren Ende in dem Bock u befestigt und das letzte innere Glied, die Stange x, überträgt seine Bewegung auf die Hebel v v', welche die Anschlagzungen q q' tragen und um die Drehpunkte z z' schwingen. Durch ein entsprechendes Verhältnis der ungleichen Arme dieser Hebel werden die Anschlagzungen q q' um so viel zurückgedrängt, als der Magnetanker und damit das Flügelrad durch die verminderte Kraft des Magneten zurückgetreten sind. Beide Bewegungen sind nahezu gleichzeitige, sodaß weder eine nennenswerte Verzögerung noch Voreilung eintritt. Die Ausgleichung ist von der Stromstärke unabhängig.

§ 114. Wechselstromlampe von Schuckert & Co.

Die von Utzinger entworfene Wechselstromlampe der El.-A.-G. vorm. Schuckert & Co. in Nürnberg ist in Fig. 123 in Ansicht und in Fig. 124 schematisch dargestellt.

Der Hauptteil des Reguliermechanismus besteht aus einer Aluminiumscheibe a, die von zwei Elektromagneten beeinflußt wird. Der eine Magnet E wird vom Hauptstrom erregt, während die Wickelung des anderen e im Nebenschluß zum Lichtbogen liegt. In Verbindung mit einer passenden Eisenarmierung induziert jeder Magnet in der Aluminiumscheibe a Wechselströme, die gegenüber dem Magnetisierungsstrome eine solche zeitliche Phasenverschiebung haben, daß die Scheibe ein kräftiges Drehmoment erfährt. Die Anordnung der beiden Magnetsysteme ist so getroffen, daß das eine die Scheibe rechts, das andere die Scheibe links zu drehen strebt. Die Drehung wird mittelst Zahnradtrieb auf ein Kettenrad übertragen, über welches eine die Kohlenhalter tragende

Kette läuft. Bei normalem Lichtbogen sind die beiden auf die Scheibe wirkenden Drehmomente einander gleich; der Mechanismus bleibt also in Ruhe. Wenn dagegen durch den Abbrand der Kohlen der Lichtbogen größer wird und infolgedessen die Spannung an demselben steigt,

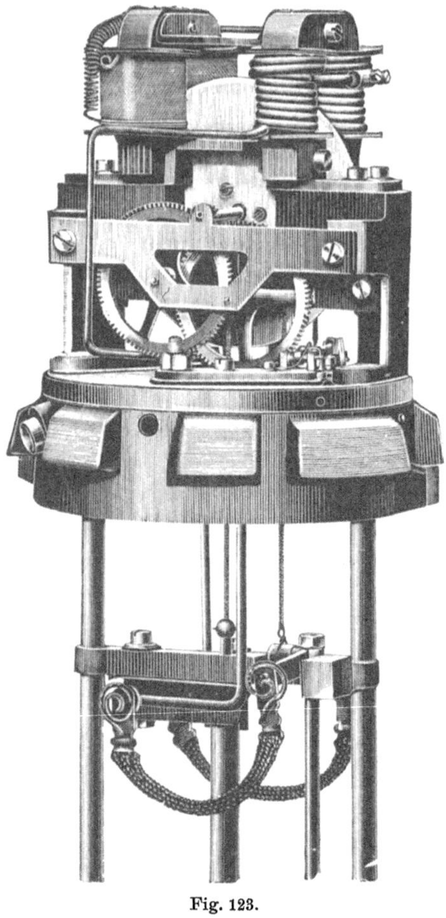

Fig. 123.

so überwiegt das vom Nebenschlußmagneten ausgeübte Drehmoment und veranlaßt die Scheibe, sich in solchem Sinne zu drehen, daß die Kohlen einander genähert werden. Diese Drehung erfolgt so lange, bis die normale Spannung wieder erreicht ist. Ist dagegen die Stromstärke zu groß, was z. B. bei der Bildung des Lichtbogens der Fall ist, so erfährt die Scheibe eine entgegengesetzte Drehung und bringt die Kohlen so weit auseinander, bis das Gleichgewicht der auf die Scheibe wirkenden Kräfte, also der normale Wert für Stromstärke und Spannung, wieder erreicht ist. Bei normalem Abbrande der Kohlenstäbe tritt ein konstantes Übergewicht des Drehmomentes des Nebenschlußmagneten gegen dasjenige des Hauptstrommagneten auf. Die Scheibe a dreht sich demzufolge kontinuierlich und hält den Lichtbogen auf konstanter Länge. Die Vorteile dieses Reguliermechanismus sind einerseits die Anpassung der Reguliergeschwindigkeit an die Größe des zu behebenden Fehlers, anderseits der unbegrenzte Regulierweg sowohl beim Annähern als auch beim Entfernen der Kohlen. Das Einstellen des Mechanismus auf die richtige Stromstärke und Spannung wird durch Verschieben der Magnete erreicht. Zu diesem Zwecke sind die vier Schrauben, mit denen die Magnetbrücke auf den Ankern befestigt ist, zu lösen. Eine Verschiebung nach rechts, sodaß der Hauptstrommagnet vorausläuft, hat für gleiche Stromstärke eine Regulierung bei geringerer Spannung zur Folge, während eine Verschiebung nach der entgegengesetzten Seite eine Regulierung bei höherer Spannung bedingt.

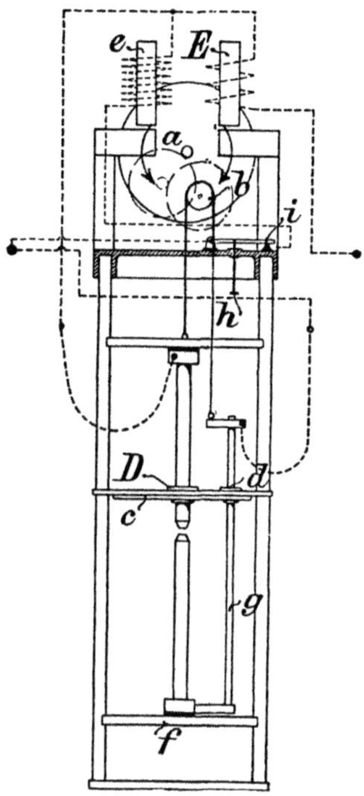

Fig. 124.

Aus Fig. 125 läßt sich die äußere Ausstattung der Lampe erkennen. Der Reguliermechanismus ist durch eine Schutzkappe 6 aus Zinkblech wasserdicht abgeschlossen. Der Aufhängebügel 7 ist mit Porzellanrolle 8 versehen. Die Kohlenhalter bewegen sich zwischen den beiden senkrechten Lampenstäben. Die obere Kohle wird unten geführt durch einen Specksteinring D am Reflektor c, Fig. 124. Der untere Kohlenhalter hat doppelte Führung, einerseits durch der Stab g in einem zweiten Specksteinring d am Reflektor, anderseits durch das gegabelte Querstück f an den beiden Lampenstäben. Die Glasglocke ist zwischen zwei Metallringen eingesponnen, von denen der untere den Aschenteller trägt, während der obere Ring 2 mit einer den Raum zwischen Glocke und Reguliermechanismus abschließenden Zwischenhülse 1 verschraubt ist. Letztere trägt zwei Aufhängestücke 4, mit denen die Armatur am Lampenkörper 5 aufgehängt wird. Armatur und Lampenkörper greifen am unteren Ende mittelst eines Stiftes ineinander und werden dadurch centrisch zueinander gehalten. Beim Kohleneinsetzen sind die Aufhänge-

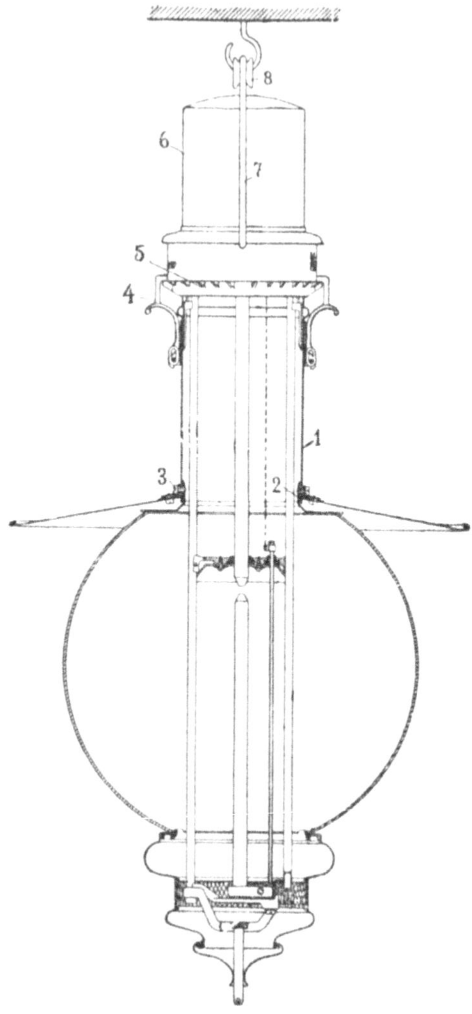

Fig. 125.

stücke 4 der Zwischenhülse aus der Lampenplatte 5 auszuhängen, worauf die Armatur an den Lampenstäben bis zum unteren Verbindungssteg heruntergeleitet wird und die Kohlenhalter zur Aufnahme neuer Stäbe, bezw. zur Reinigung freiliegen.

§ 115. Wechselstromlampe von Körting & Mathiesen.

In Figur 126 ist das Regulierwerk einer einfachen Wechselstrom-Differentiallampe von Körting & Mathiesen dargestellt. Das Regulierwerk besteht aus einer Hauptstromspule a und einer Nebenschlußspule b,

Fig. 126.

in welche zwei Kerne a_1 und b_1 eintauchen. Diese Kerne hängen an einem Balancier f, der mittelst der Zugstange d und des Armes g das um die Achse e schwingende Laufwerk c in Bewegung setzt. Die beiden beweglichen Kohlenhalter hängen an einer über die Rolle n laufenden Kette. Bei Stromlosigkeit laufen die Kohlen zusammen und bilden Kontakt. Beim Einschalten geht der Hauptstrom durch die Spule a, der Kern a_1 wird kräftig eingezogen und dadurch das Laufwerk nach rechts bewegt, wobei die Kohlen voneinander entfernt werden und der Bogen gebildet wird. Beim Wachsen der Lichtbogenspannung gewinnt die Spule b mehr und mehr an Kraft, während die der Spule a nachläßt; es schwingt infolgedessen das Laufwerk so weit nach links, bis das Flügelrad h von der Anschlagzunge i frei geworden und damit die Arretierung des Laufwerkes aufgehoben ist. Durch das Übergewicht des oberen Kohlenhalters senkt sich dieser, bis im nächsten Moment das Laufwerk wieder arretiert wird. Das Gegengewicht l dient zur Ausgleichung der einseitigen Belastung des Laufwerkes durch den oberen Kohlenhalter. Die an dem Arm g angebrachte Luftbremse k verlangsamt die Bewegungen der Solenoidkerne. Auf diese Luftbremse sind Belastungsscheiben m gelegt, durch deren Gewicht die Länge des Lichtbogens reguliert wird. Alle in Frage kommenden Metallteile sind gegen das Auftreten von Wirbelströmen geschützt. Die Solenoidkerne sind aus dünnen Blechstreifen hergestellt.

§ 116. Reflektoren der Wechselstromlampen.

Die Reflektoren der Wechselstromlampen haben den Zweck, das von der unteren Kohle erzeugte Licht nach unten zu werfen und der

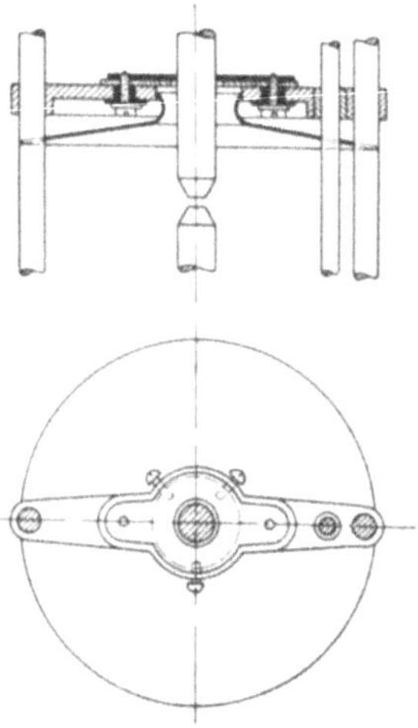

Fig. 127.

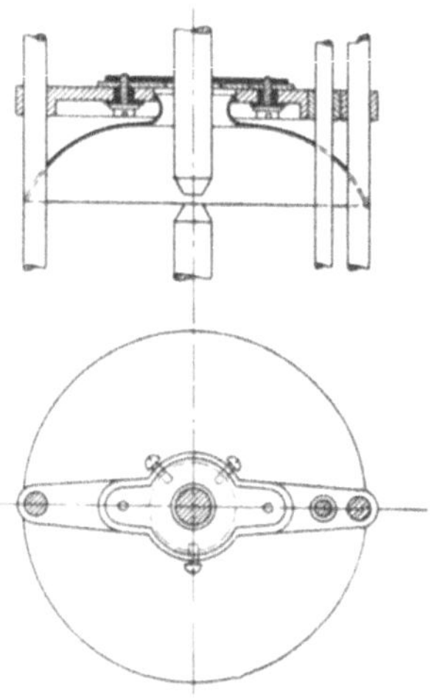

Fig. 128.

Bodenbeleuchtung nutzbar zu machen. Der erste Reflektor wurde von Coerper entworfen und von der Helios Elektrizitäts-Gesellschaft Köln a. Rh. gebaut. Zur Führung der oberen Kohle durch den Reflektor wurde gewöhnlich eine Specksteinbuchse verwendet. In Figur 127 und 128 sind zwei neuere Reflektoren der Allgemeinen Elektrizitäts-Gesellschaft Berlin dargestellt. Figur 127 zeigt einen flachen Reflektor, Figur 128 einen gewölbten. Der flache Reflektor wird gewöhnlich verwendet, wenn die Allgemeinbeleuchtung gut sein soll und die Glasglocken möglichst voll beleuchtet erscheinen sollen. Der gewölbte Reflektor erzielt eine bessere Bodenbeleuchtung. Die Traverse, welche den Reflektor trägt, ist so konstruiert, daß die zur Führung der oberen Kohle bisher verwendete Specksteinbuchse durch eine isoliert befestigte Metallplatte ersetzt wird.

§ 117. Projektionslampen und Scheinwerfer.

Der elektrische Lichtbogen wird wegen seiner Helligkeit außer zur Beleuchtung von Straßen und Häusern zur Erzeugung von künstlichem Licht in jenen Fällen verwendet, in denen man eine starke Lichtquelle benötigt. Die vervielfältigenden Künste benutzen den elektrischen Lichtbogen, um unabhängig von der vielfachen Wechseln unterworfenen Tagesbeleuchtung zu sein. In Fig. 129 ist eine Bogenlampe dargestellt, welche die Elektrizitäts-Aktiengesellschaft vorm. Schuckert & Co. für photographische Zwecke und Lichtpauszwecke baut. Die Lampen, die mit Gleichstrom oder Wechselstrom gespeist werden können, sind mit Reflektoren versehen, welche je nach dem Verwendungszwecke der Lampe kugelförmig sind oder wie in Fig. 129 die Form eines parabolischen Cylinders haben. Für sehr starke Beleuchtungen verwendet man in der Vervielfältigungstechnik Scheinwerfer. In Fig. 130 ist ein Scheinwerfer von Schuckert dargestellt. Die von dem Glasparabolspiegel im Inneren des Scheinwerfers nahezu parallel reflektierten Lichtstrahlen des Lichtbogens werden bei dem in Fig. 130 dargestellten Scheinwerfer zunächst durch ein System senkrecht verlaufender geschliffener Cylinderlinsen auf einen Streuungswinkel von 20° in der Horizontalebene ausgebreitet,

Fig. 129.

Fig. 130.

wobei jede einzelne Linse die auf sie fallende Lichtmenge auf den ganzen Streuungswinkel von 20° verteilt. Hierdurch wird eine Übereinanderlagerung der Bilder sämtlicher Linsen bewirkt und ein Ausgleich der Ungleichmäßigkeit des Scheinwerferstrahles erzielt. Vor diesen Streuer wird ein zweiter mit horizontal verlaufenden Linsen gesetzt, welcher das Licht in gleicher Weise wie beschrieben in der Vertikalebene streut.

Bei den Scheinwerfern sind die Elektroden horizontal gestellt. Es gelten für den Lichtbogen in Scheinwerfern dieselben physikalischen Gesetze wie für den Lichtbogen zwischen Kohlenelektroden überhaupt. Da in Scheinwerfern sehr hohe Lichtstärken erzeugt werden, müssen zur Speisung des Lichtbogens sehr hohe Stromstärken, bei Scheinwerfern auf Leuchttürmen solche von einigen Hunderten Ampere verwendet werden. Der Reguliermechanismus der Scheinwerfer muß so konstruiert sein, daß sich der Lichtpunkt nicht verschiebt. Der Scheinwerfer hat große Bedeutung für die Schiffahrt und bei militärischen Operationen, namentlich im Festungswesen. Für militärische Zwecke richtet man häufig die Scheinwerfer fahrbar ein.

Betreffs der optischen Verhältnisse der Scheinwerfer sei auf die Arbeit von Blondel[1]) hingewiesen. Die Konstruktion und Verwendung der Scheinwerfer ist von Nerz[2]) beschrieben worden.

IV. Dauerbrandlampen.

§ 118. Der Bogen bei beschränktem Luftzutritt.

Bei den Dauerbrandlampen brennt der Bogen in einer den Zutritt frischer Luft verhindernden Glasglocke. Der in der Glocke enthaltene Sauerstoff ist nach kurzem Brennen des Bogens verschwunden und der Bogen brennt in einem indifferenten Gasgemisch von Stickstoff, Kohlenoxyd und Kohlendioxyd.

Ein wesentlicher Unterschied zwischen dem offenen und dem eingeschlossenen Lichtbogen besteht darin, daß die Kohlenspitzen nicht die für den offenen Gleichstromlichtbogen charakteristischen Formen annehmen. Es bildet sich an der positiven Kohle beim eingeschlossenen Lichtbogen kein Krater, an der negativen Kohle keine Spitze, sondern beide Kohlen flachen sich gleichmäßig ab. In Fig. 131 ist das Aussehen von Kohlenstiften dargestellt, welche längere Zeit in einer Dauerbrandlampe bei Gleichstrom gebrannt hatten. Der eingeschlossene Lichtbogen brennt sehr unruhig, da er an den abgeplatteten Kohlenenden

[1]) André Blondel, Théorie des Projecteurs électriques. Lille 1894. 2. Aufl. 8°. 57 Seiten.

[2]) F. Nerz, Scheinwerfer und Fernbeleuchtung. Stuttgart 1899. gr. 8°. 86 Seiten.

gewissermaßen keinen Halt hat. Er ist in ständiger Bewegung und springt von einer Stelle zwischen den Kohlen zur anderen, sich den jeweilig geringsten Widerstand zwischen den Kohlen aufsuchend. Die Spannung an den Elektroden ist beim Bogen mit beschränktem Luftzutritt höher, als bei einem offenen Bogen gleicher Beschaffenheit. Lori[1]) untersuchte die Beziehungen zwischen Stromstärke, Bogenlänge und Elektrodenspannung beim Bogen mit beschränktem Luftzutritt bei Gleichstrom und fand, daß sich hier dieselben Gesetzmäßigkeiten ergeben, wie sie Frau Ayrton für den offenen Kohlebogen festgestellt hat. Die Größe der Glocke, in welcher der Bogen brennt, beeinflußt sein Verhalten. Lori untersuchte den Bogen in einem Cylinder von 7 cm Durchmesser und 20 cm Höhe, welcher in der Größe mit den bei Dauerbrandlampen gewöhnlich verwendeten Cylindern ungefähr überein-

Fig. 131.

stimmt. Bei konstanter Stromstärke wächst die Elektrodenspannung mit wachsender Bogenlänge. Die Beziehung läßt sich, wie beim offenen Bogen, durch eine gerade Linie ausdrücken. Lori fand, daß die einer Vergrößerung der Bogenlänge bei konstanter Stromstärke entsprechende Zunahme der Elektrodenspannung beim eingeschlossenen Lichtbogen größer als beim offenen Lichtbogen ist.

Auch der mit Wechselstrom gespeiste Lichtbogen bei beschränktem Luftzutritt eignet sich zur technischen Verwendung. Duddell und Marchant fanden, daß beim eingeschlossenen Wechselstrombogen bei der Spannungskurve die vordere Spitze höher und ausgeprägter ist als beim offenen Bogen.

Beim eingeschlossenen Bogen fehlt die Aureole und das schwarze Band; man sieht nur den violetten Kern. Der violette Schein des Bogens und die durch das Wandern des Bogens bedingte Unruhe des Lichtes des eingeschlossenen Bogens werden dadurch wesentlich dem Auge angenehmer gemacht, daß der Bogen außer mit der die Luft abhaltenden kleinen Mattglasglocke noch mit einer äußeren, größeren, lichtstreuenden Glocke (Alabasterglas) umgeben wird. Die Lichtverteilung des eingeschlossenen Lichtbogens weicht von der des offenen Lichtbogens ab. In Fig. 132 ist eine Messung der Union Elektrizitäts-Gesellschaft in Berlin dargestellt, in welcher die Lichtausstrahlung des

[1]) Lori, Elett. 7, p. 241, 1898.

eingeschlossenen Lichtbogens in den verschiedenen Richtungen einer Meridianebene bestimmt wurde. Man ersieht aus der Figur, daß die maximale Lichtausstrahlung in einer Richtung von ungefähr 20° unterhalb der Horizontalen erfolgt, während bei offenem Bogen die maximale Lichtausstrahlung in einer Richtung von ungefähr 45° unterhalb der Horizontalen stattfindet. Diese Form der Lichtausstrahlungskurve erklärt sich aus der Gestalt der Kohlenenden beim eingeschlossenen Lichtbogen.

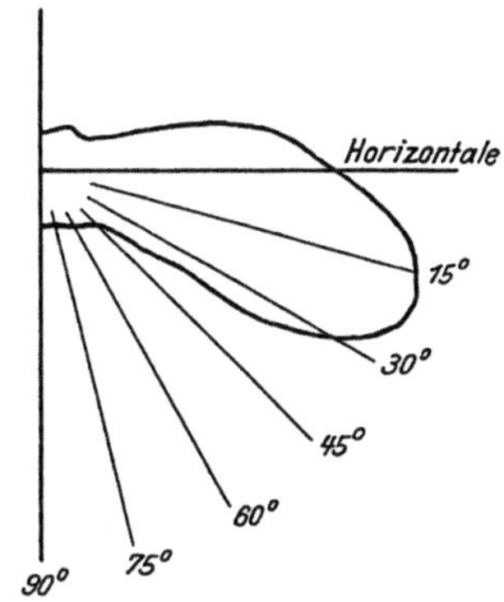

Fig. 132.

Auf die Auswahl der Kohlenstifte, welche in Dauerbrandlampen gebrannt werden sollen, muß besondere Sorgfalt verwendet werden. Die Kohlen dürfen nicht rußen und sollen keine Verunreinigungen enthalten, da sich sonst die innere Glocke mit einem schwarzen, lichtabsorbierenden Staub bedeckt. Die Brenndauer der Kohlenstifte ist bei beschränktem Luftzutritt ungefähr 13 mal so groß, als wenn die Kohlen offen brennen (s. Tabelle auf Seite 24). Es werden Dauerbrandlampen konstruiert bis zu 300 Brennstunden. Die Dauerbrandlampen benötigen eine Spannung von 80 Volt, also eine doppelt so hohe Spannung, als gewöhnliche Bogenlampen. Dafür ist bei Dauerbrandlampen die Stromstärke geringer als bei gleichartigen Lampen mit offenem Bogen. Immerhin ist die Lichtausbeute der Dauerbrandlampen nicht so groß, wie die der gewöhnlichen Bogenlampen. Sie ist etwa 30 % geringer.

Bei einer Messung von Wedding[1]) war die Lichtausbeute einer Dauerbrandlampe von 111,6 Volt und 3,3 Ampere 0,44 HE pro 1 Watt aufgewendete Energie.

Marks[2]) stellte Versuche mit getränkten Kohlen in Dauerbrandlampen an. Die schlechtesten Resultate erhielt er mit Kohlenstiften, denen Soda zugesetzt war, sei es durch Tränken mit einer Lösung von Soda oder durch Einführung von Soda in den Docht. Zum Brennen war eine höhere Spannung erforderlich, und nach einigen Stunden setzte sich an der Innenseite der Glocke ein dicker Niederschlag an. Marks erhielt die doppelte Bogenlänge bei gleicher Spannung mit Kohlenstiften, die mit Ammoniumchlorid getränkt waren. Der Niederschlag war bis auf einen gelbgrünen Streifen an dem unteren Teile der Glocke praktisch unbemerkbar. Ein Zusatz von Magnesiumkarbonat zur negativen Kohle

[1]) Wedding, E.T.Z. 18, p. 763, 1897.
[2]) Marks, El. World 1897, Band 29.

erniedrigte die Spannung am Bogen. Das Salz zersetzt sich unter schwachen Explosionen im Bogen in Magnesiumoxyd und Kohlensäure; das Oxyd scheidet sich in kleinen Perlen an der Spitze der negativen Kohle ab und bildet einen leuchtenden Kranz, von dem der Bogen auszutreten scheint. Der Bogen soll sehr ruhig brennen und ein Niederschlag an der Glocke nicht zu bemerken sein.

Die praktische Anwendung der Dauerbrandbogenlampen hat ihre Vorteile und Nachteile. Angenehm ist die Verwendung von Dauerbrandlampen in solchen Betrieben, in welchen die Lampe möglichst lange brennen und wenig bedient werden soll, also z. B. in Schaufenstern, in welchen die Dekoration durch Zutritt zerstört werden würde, in Bahnhöfen, an schwer zugänglichen oder gefährlich zugänglichen Stellen, bei weiten Strecken, deren Begehen durch den Wärter viel Zeit erfordert und die Bedienungskosten erhöhen würde. Ferner sind Dauerbrandlampen wegen des doppelt eingeschlossenen Lichtbogens absolut feuersicher, da keine glühenden Teile ins Freie gelangen können. Auch an Meeresküsten und auf Schiffen, wo die salzhaltige Luft gewöhnliche Bogenlampen stark angreift, sind Dauerbrandlampen zu empfehlen.

Da eine Dauerbrandlampe 80—100 Volt Spannung benötigt, kann sie in solchen Anlagen von 100—120 Volt von Vorteil sein, in welchen nur eine Lampe von der Leitung abgezweigt werden soll. Lampen mit offenem Lichtbogen muß man in solchen Fällen zu zweien hintereinander schalten, dann ist eine von der anderen abhängig. Oder man hat einen Widerstand vor die Lampen zu schalten, welcher einen Spannungsverlust von 60—80 Volt zu erzeugen hat, was ganz unökonomisch ist. In diesem Falle kann man dann eine einzelne Dauerbrandlampe abzweigen, in deren Vorschaltwiderstand nur 20—40 Volt bei geringerer Stromstärke zu vernichten sind.

Den Vorteilen der Dauerbrandlampen steht der große Nachteil gegenüber, daß ihr spezifischer Wattverbrauch größer als der einer gewöhnlichen Bogenlampe ist. Außerdem ist heute ihr Marktpreis höher als der einer guten Differential- oder Nebenschlußlampe. Es stehen also bei Dauerbrandlampen den geringeren jährlichen Ausgaben für Kohlenmaterial und Bedienung die höheren jährlichen Ausgaben für Stromerzeugung gegenüber. Außerdem ist zu beachten, daß bei einer Neuanlage wegen des höheren Energieverbrauchs der Dauerbrandlampen größere Krafterzeuger anzulegen sind, wodurch die Anlagekosten erhöht werden. Diese Punkte hat der projektierende Ingenieur bei einer Rentabilitätsberechnung wohl zu berücksichtigen.

§ 119. Konstruktion der Dauerbrandlampen.

Es ist bemerkenswert, daß Staite schon im Jahre 1846 Dauerbrandlampen herstellen wollte, als man die Dynamomaschinen zur Energieerzeugung noch nicht zur Verfügung hatte. Staite schloß die Kohlen in eine enge Glasglocke ein, um den Sauerstoffaustausch zu unterdrücken und den großen Abbrand einzuschränken.

Beardlee wendet im Jahre 1882 eine doppelte Glocke an, welche am Boden geschlossen, hingegen am oberen Ende offen ist. Ein Jahr später schlägt Boxter vor, den Lichtbogen in einer luftdichten Kammer brennen zu lassen, ein Vorschlag, der wegen der Expansion der Gase und der Zerbrechlichkeit der Glocke zu keinem Resultate führte.

Eine Konstruktion von Short aus dem Jahre 1884 besteht darin, daß eine Glocke von einer Platte bedeckt ist. Die in der Glocke beim Brennen des Bogens entstehenden Gase sollen so schwer sein, daß sie die atmosphärische Luft nicht in die Glocke treten lassen.

Ein Patent von Jandus aus dem Jahre 1886, bei welchem eine kleine Glocke oben luftdicht abgeschlossen, unten aber offen war, hatte keinen Erfolg, weil die Glocke oft sprang.

Eine Konstruktion von Howard aus dem Jahre 1893 bestand darin, daß eine umgestülpte kleine Glocke benutzt wurde, welche innerhalb einer zweiten Glocke stand. Der Boden der kleinen Glocke wurde abgeschlossen. Die große Glocke war nicht luftdicht oberhalb des Lichtbogens abgeschlossen. Der Hals der kleinen Glocke wurde mit Asbest oder mit einem anderen hitzebeständigen Material so abgedichtet, daß der Nachschub der positiven Kohle mehr oder weniger verzögert wurde.

Brauchbar war erst die von Jandus im Jahre 1893 konstruierte Lampe. Der Bogen wurde in eine kleine Glasglocke eingeschlossen, welche am Boden völlig abgeschlossen ist und zwar vermittelst eines dichten Verschlusses, welcher gleichzeitig die negative Kohle trägt. Das obere Ende der Glocke ist mit einer eisernen Kappe bedeckt, die dicht am Glase anliegt und deren Mittelbohrung so bemessen ist, daß neben der frei hindurchgehenden oberen Kohle die Gase der Glocke ins Freie gelangen können. Als Hilfsmittel zur Absperrung der Gase dient bei der Jandus-Lampe eine äußere, größere Glocke, welche die innere kleinere umschließt und oben luftdicht abgeschlossen ist; unten ist sie mit einem federnden, sich nach unten öffnenden Ventilschlußteller derartig gedeckt, daß bei der Abnahme dieses Ventiltellers von untenher eine Öffnung zum Zwecke der Reinigung und Kohlenauswechselung freigegeben wird. Den von der inneren Glocke entweichenden Gasen dient die Außenglocke als eine Art Aufspeicherbehälter. Die Jandus-Lampe ist als Hauptstromlampe gebaut. Die Jandus-Lampe ist sehr empfindlich gegen feuchte Witterung.

Die „Ajax“-Dauerbrandlampe[1]) ist so konstruiert, daß die den Lichtbogen umgebende Glocke auf einer luftdicht schließenden Grundplatte aufsitzt; an ihrem oberen Teile ist sie mit einem Deckel aus drei übereinander angeordneten kleinen Kammern versehen, welche nur einen beschränkten Luftzutritt gewähren.

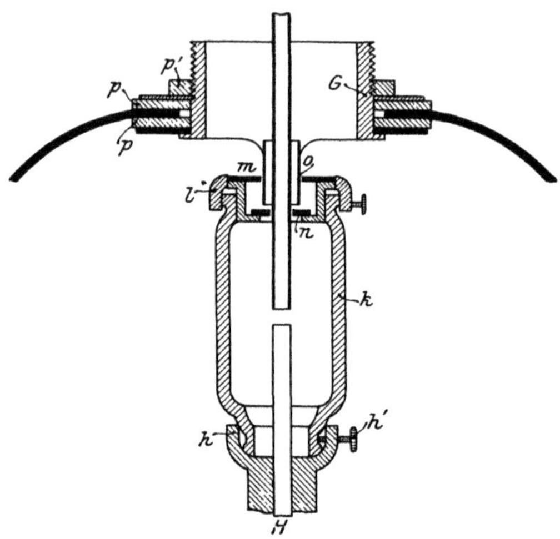

Fig. 133.

Die „Pioneer“-Lampe[2]) besitzt eine Luftabschlußvorrichtung, welche aus 2 Teilen besteht, die eine Kammer bilden. Die beim Abbrand der Kohle entwickelten Gase ziehen durch diese Kammer hindurch und verlangsamen damit den Zutritt des Sauerstoffs zum Lichtbogen.

Bei der „Regina“-Dauerbrandlampe soll durch eine Sauerstoffregulierung die Brenndauer von 200 Stunden erreicht werden. Die ganze Lampe bildet mit dem Innenglase einen völlig abgedichteten Luftraum, welcher nur durch ein unten offenes und nach unten gerichtetes Rohr mit der Außenluft in Verbindung steht (Rosemeyer).

Die Dauerbrandlampe von Thomas-Davies[3]) besitzt zwei oder mehrere unter einem spitzen Winkel gegeneinander gestellte Kohlen-

[1]) Am. El. 22, p. 446.

[2]) West. El. 19, p. 220, 1896.

[3]) Engl. 10616.

stäbe. Ein durch die langen Schenkel eines Hufeisenmagnetes gebildetes Magnetfeld hält den Lichtbogen an den Spitzen der Kohlenstäbe.

In Fig. 133 ist die innere Glocke der Jandus-Dauerbrandlampe von 1893 sowie die obere Befestigung der äußeren Glocke im Schnitt dargestellt. Auf dem Teller h des Fußes H ist die den Lichtbogen zunächst umschließende, aus durchsichtigem oder durchschimmerndem Material gefertigte Glocke K mittels Schraube h' luftdicht befestigt. Die obere Öffnung der Glocke K wird durch den Deckel l, welcher sich in den Hals der Glocke hineinlegt, verschlossen. In dem Deckel befindet sich eine Öffnung für die positive Kohle und auf derselben zwei Scheiben m, n. Die untere Scheibe legt sich mit ihrer centralen Öffnung dicht an die Kohle an, während die obere in ihrer Öffnung ein kurzes Rohr O trägt, das als Führung für die obere Kohle dient. Der auf diese Weise herbeigeführte Verschluß der Glocke um die Kohle soll einem inneren Drucke, der durch die erwärmten Gase hervorgerufen wird, leicht nachgeben und auch ein Einströmen geringer Luftmengen zulassen.

Die äußere Glocke ist mit ihrem oberen Teile mittelst der Dichtungsringe p und der Ringmutter p' an dem Ring G befestigt. Dieser obere Teil der äußeren Glocke ist vollständig abgedichtet, der untere ist in Verbindung mit der äußeren Luft.

Fig. 134.

In Figur 134 ist eine Dauerbrandbogenlampe für Gleichstrom dargestellt, welche von der Elektrizitäts-Aktiengesellschaft vorm. Schuckert & Co. gebaut worden ist. Die Lampe ist eine Differentiallampe. Die Spule a ist vom Hauptstrome durchflossen; die Spule b ist die Nebenschlußspule. Die Spulen wirken auf die Eisenkerne c und d, welche mit dem zweiarmigen um e drehbaren Hebel f beweglich verbunden sind. Die Stange g, welche die Verlängerung des Kernes d bildet, trägt den

Klemmring h, welcher die obere Kohle i umschließt. Die letztere steckt federnd in ihrem Halter, der sich in dem Rohre k auf und ab bewegen kann und durch dieses seinen Strom erhält. Die Bewegung des Reguliersystems wird durch zwei Luftbremsen l gedämpft, während das Gewicht m zum Einregulieren der Lampe dient. Die untere Kohle wird durch die Schraube n in ihrem Halter o festgeklemmt. Der Lichtbogen wird von dem Überfangsglascylinder p umschlossen, welcher mittelst der Schraube q dicht zwischen den Kohlenhalter o und den Steg r gepreßt wird. Dieser Cylinder verhindert die Erneuerung der den Lichtbogen umgebenden Luft, wodurch die lange Brenndauer und die hohe Lichtbogenspannung erzielt wird. Um zu schroffe Abkühlung des Glascylinders während des Brennens zu verhindern, wird letzterer von einer Außenglocke umgeben. Je nach der zu erzielenden Lichtverteilung wird die Glocke in Klarglas oder Alabasterglas ausgeführt. In stromlosem Zustande bewirken die Gewichtsverhältnisse der einzelnen Teile des Reguliermechanismus ein Sinken des Systems d g h; der Klemmring h liegt flach auf der Unterlage s auf, wodurch die Kohle i freigegeben wird und mit der unteren Kohle in Berührung kommt. Beim Einschalten des Stromes zieht die Spule a ihren Kern c kräftig an. Der Ring h klemmt infolge des auf ihn ausgeübten einseitigen Zuges mit seinen Kanten die Kohle i fest und nimmt diese mit, wodurch der Lichtbogen gebildet wird. Der Kern c wird soweit in die Spule a hineingezogen, bis die Zugkraft der Spule a der gegenwirkenden Kraft das Gleichgewicht hält und die normale Lichtbogenlänge erreicht ist. Die gegenwirkende Kraft wird durch das Gewicht m und die Zugkraft der Nebenschlußspule b gebildet. Mit dem fortschreitenden Abbrande der Kohlen wird die Stromstärke in der Spule a geringer. Die Spule b hingegen übt eine verstärkte Anziehung auf ihren Eisenkern aus, weil bei zunehmender Länge des Lichtbogens die Spannung an demselben und damit auch die Stromstärke der Nebenschlußspule steigt. Der Kern d mit seiner Verlängerung g und dem Ringe h bewegt sich daher abwärts. Wenn die Abwärtsbewegung soweit vorgeschritten ist, daß der Ring h mit seiner vorauslaufenden Kante auf die Unterlage s trifft, so wird die Klemmung zwischen dem Ringe und der Kohle gelockert und letztere fällt frei durch den Ring. Die dadurch bewirkte Erhöhung der Stromstärke veranlaßt jedoch sofort wieder eine Vergrößerung der Zugkraft der Spule a und dadurch ein Hochziehen des Ringes h und der Kohle i.

Durch die stetige Abwechslung der beiden vorgenannten Regulierspiele wird der Lichtbogen stets auf konstante Länge einreguliert. Ist der Abbrand der Kohlen so weit fortgeschritten, daß von der unteren nur noch ein gewisses kurzes Stück übrig bleibt, so stößt der Halter der oberen Kohle gegen einen Anschlag, der ihn an der weiteren Abwärtsbewegung hindert, worauf die Lampe alsbald erlischt. Die obere Kohle ist dann noch so lang, daß sie auf normale Länge der unteren Kohle (150 mm) abgeschnitten und als solche beim Weiterbrennen der Lampe verwendet werden kann. Die hier besprochene Lampe wird für Stromstärken von 3—7 Amp. gebaut. Die Brenndauer beträgt je nach der Stromstärke 80—120 Stunden.

V. Effektbogenlampen.

§ 120. Untersuchungen über den Lichtbogen in Effektbogenlampen.

In den Effektbogenlampen wird eine höhere Lichtausbeute als in den gewöhnlichen Bogenlampen durch Verwendung besonders zubereiteter, teilweise schon in § 8 besprochener, sogenannter Effektkohlen erzielt. Während in den gewöhnlichen Bogenlampen der Krater den Hauptanteil an der Lichtausstrahlung hat und der Lichtbogen selbst nur einen sehr geringen Anteil an der Lichtausstrahlung nimmt, beruht die größere Lichtausbeute der Effektbogenlampen darin, daß der Bogen selbst am meisten Licht ausstrahlt. Es gelangen in den Bogen Körper, die in ihm glühen; um eine möglichst große glühende Fläche zu erzeugen, gibt man dem Bogen zwischen Effektkohlen weit größere Bogenlängen als dem Bogen zwischen normalen Kohlen. Während letzterer selten über 5 mm lang ist, beträgt die Länge der Lichtbogen zwischen Effektkohlen 15—20 mm und noch mehr. Von diesen Kohlen sagt man bei so großen Bogenlängen „sie flammen“ und man nennt daher auch die Effektbogenlampen häufig Flammenbogenlampen. In Fig. 135 ist ein flammender Lichtbogen, der zwischen Bremerkohlen der Deutschen Gesellschaft für Bremer Licht in Neheim a. d. Ruhr erzeugt wurde, dargestellt.

Bremer[1]) stellte im Jahre 1898 Kohlen her, welche eine größere Leuchtkraft als gewöhnliche Kohlen besaßen, indem er der Kohlenmasse 2—40% Kalk und Magnesia zusetzte und das Gemisch glühte. In demselben Patente empfiehlt Bremer Elektroden aus Kalciumkarbid, ferner Dochtkohlen, deren Kern aus einem Gemisch von Kalk und Kohlenpulver besteht. Bremer ordnet eine Homogenkohle als positive, eine Kalkkohle als negative Elektrode an.

Von größerer Bedeutung ist das Vorgehen Bremers geworden den Kohlen 20—50% schwer leitender Metallsalze, z. B. Kalcium-, Silicium-

[1]) Bremer, Engl. 16552, 1898.

und Magnesiumsalze beizumengen. Am günstigsten sollte die Verwendung von Halogenverbindungen mit Metallen der Berylliumgruppe wirken. Die geringe Festigkeit solcher „Kompositionskohlen" und ihre schnelle Zersetzung schon bei mäßig hohen Temperaturen ließen es Bremer angebracht erscheinen, die Elektroden mit einer harten, glasigen Kruste zu überziehen, die durch Auftragen eines gelösten Gemisches von Borax, Kieselsäure und Wasserglas gebildet wurde. Um das unvermeidliche Verschlacken der Kohlenspitzen zu verhindern, wendet

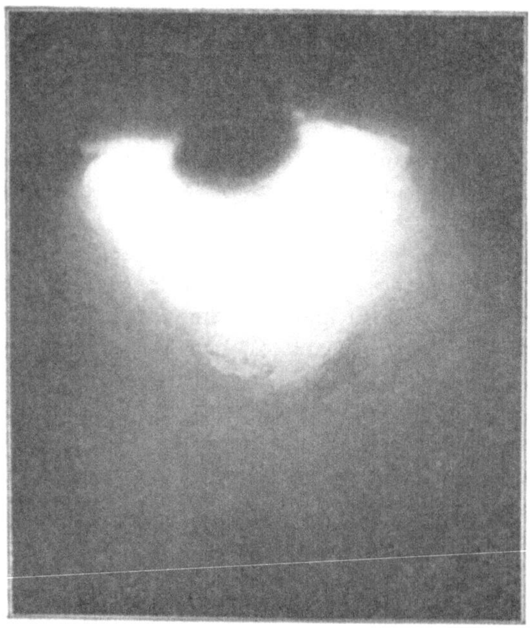

Fig. 135.

Bremer als Flußmittel Zuschläge von Bor, Kochsalz, Pottasche, Weinstein und verschiedene Silikate an. Die bedeutende Steigerung des Lichteffekts erklärt sich dadurch, daß die in die Bogenstrecke geschleuderten Teilchen der Metallsalze sich in der Hitze des Bogens dissoziieren, die Metalle in helle Weißglut geraten und sich teilweise oxydieren. An den Lampenglocken fand man Niederschläge von Kalciumoxyd, Siliciumoxyd und anderen nicht flüchtigen Sauerstoffverbindungen. Bremer verwendete die getränkte Kohle ausschließlich als positive Elektrode und erreicht dadurch bei normaler Spannung einen längeren Lichtbogen. Bei Wechselstrom müssen beide Kohlen Effektkohlen sein.

Wedding[1]) hat photometrische Messungen an Bremerlampen unternommen. In Fig. 136 ist eine seiner Messungen für eine Gleichstromeffektbogenlampe von 12,3 Amp. und 44,4 Volt dargestellt. Es ergab sich eine fast konstante maximale Lichtstärke von über 5000 HE zwischen 45 und 90° unterhalb der Horizontalen.

Der spezifische Wattverbrauch betrug 0,126 Watt pro Kerze, demnach war die Lichtausbeute 7,9 HE pro 1 Watt aufgewendete Energie ohne Glocke. Mit einer Mattglasglocke betrug der spezifische Wattverbrauch bei derselben Lampe 0,196 Watt pro Kerze, also die Lichtausbeute 5,1 HE pro 1 Watt aufgewendete Energie.

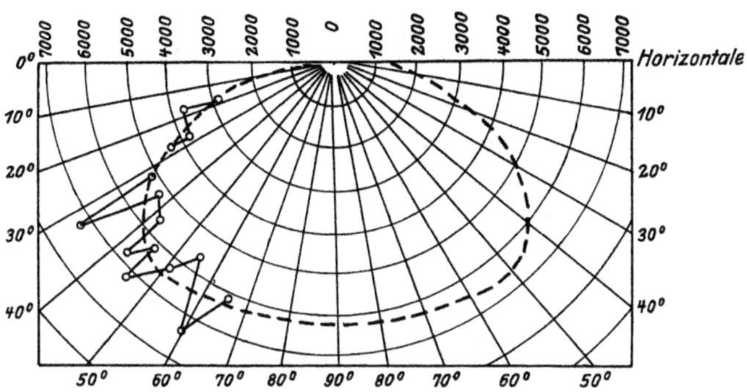

Fig. 136.

Eine Wechselstromeffektbogenlampe ergab einen spezifischen Wattverbrauch von 0,5 Watt pro Kerze.

Dem bei gewöhnlichen Bogenlampen normalen Wert von 0,3 bis 0,5 Watt Energieverbrauch pro Kerze gegenüber bedeutet der Wert von 0,19 Watt pro Kerze einen Fortschritt.

Janet[2]) fand für Effektbogenlampen von Bremer einen spezifischen Energieverbrauch von 0,17—0,1 Watt pro Kerze je nach der Größe der Lampe.

Durch den Gehalt an Kalcium erhält das Bremerlicht eine gelbe Färbung. Das Licht hat also nicht den „kalten“ Ton des gewöhnlichen Bogenlichtes. Da das Licht größerer Wellenlänge Wasserdampf oder Nebel besser durchdringt, als das Licht kleiner Wellenlänge, stellte Wedding Versuche mit dem Bremerlicht an, ob es bei Nebel oder Wasserdampf in der Atmosphäre weiter sichtbar ist als das einer gewöhnlichen Bogenlampe gleicher Lichtstärke. Wedding fand, daß

---

[1]) Wedding, E.T.Z. 21, p. 546, 1900.

[2]) Janet, E.T.Z. 22, p. 304, 1901.

das Bremerlicht im Mittel um 100% besser durch Wasserdampf durchgelassen wird als das Licht einer gewöhnlichen Bogenlampe gleicher Lichtstärke. Für Signalgebung und Leuchttürme könnte die Wedding'sche Beobachtung von Bedeutung werden. Immerhin dürfte die Anwendung von Effektkohlen in Scheinwerfern, die einen eng begrenzten Strahlenkegel geben müssen, schwierig sein.

Wedding[1]) stellte später eine umfangreiche Versuchsreihe über den Einfluß des Prozentgehaltes an Flußspat auf die Lichtausbeute an. In Figur 137 sind die Ergebnisse dargestellt. Die Kohlen standen gegeneinander geneigt, mit den Spitzen nach unten.

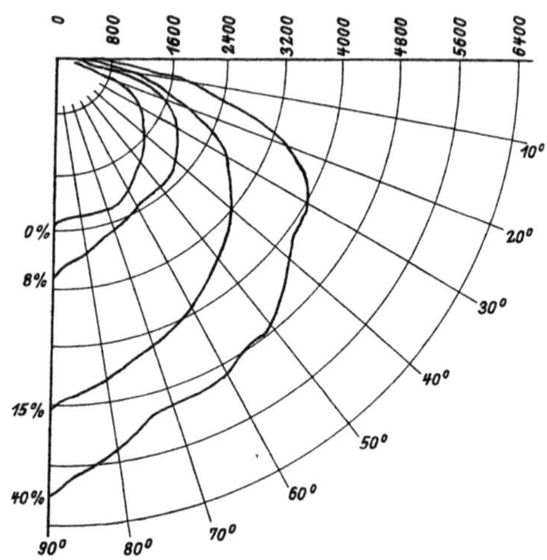

Fig. 137.

Der Bogen stand unter der Einwirkung eines konstanten magnetischen Feldes, dessen Energieverbrauch nicht in den Zahlen für den Energieverbrauch des Flammenbogens eingerechnet ist. Die Kohlen brannten in einem Sparer aus Schamotte, der zugleich als Reflektor diente. Der erste Versuch wurde mit gewöhnlichen Kohlen bei 60 Volt und 9 Amp. ausgeführt. In Figur 137 ist dieser Versuch durch die Kurve 0% Flußspatgehalt dargestellt. Die übrigen Kurven wurden alle für einen konstanten Energieverbrauch (9 Amp. 45 Volt) zwischen einer positiven Kohle von 8 mm Durchmesser und einer negativen Kohle von 7 mm Durchmesser mit einem Gehalt von 8—40% Flußspat ausgeführt. Die maximale Lichtausstrahlung liegt in der Vertikalen. Mit wachsendem Gehalt an Flußspat nimmt die Lichtausbeute bedeutend zu.

[1]) Wedding, E.T.Z. 23, p. 704, 1902.

Wedding hat den spezifischen Wattverbrauch pro 1 Kerze mittlerer hemisphärischer Lichtstärke in folgender Tabelle zusammengestellt.

Gehalt an Flußspat in Prozenten	Mittlere hemisphärische Lichtstärke in HE	Watt pro Kerze
0	1173	0,458
8	1728	0,232
15	2505	0,162
20	2808	0,144
25	3268	0,124
30	3321	0,122
35	3385	0,120
40	3574	0,113

Trotz der günstigeren Lichtausbeute hoher Zusätze an Flußspat empfiehlt es sich nicht über 15% hinauszugehen, da bei höheren Zusätzen der Bogen unruhig brennt, stärkere Schlackenbildung auftritt, glühende Teile abtropfen und die Lampe schwieriger zündet und schlechter reguliert.

Die Beimischung von Kalciumsalzen gibt dem Flammenbogenlicht einen gelben Ton. Mischt man der Kohle Strontiumsalze bei, so wird der Ton des Lichtes ausgesprochen rot. Baryum ruft nach Wedding einen schmutzigweißen Ton hervor. Am günstigsten beeinflußt die Beimischung von Kalciumsalzen die Lichtausbeute des Flammenbogens. Die Lichtausbeute des gelben Flammenbogenlichts ist um 300% größer als die einer gewöhnlichen Bogenlampe von gleichem Energieverbrauch. Der rote und „milchweiße“ Flammenbogen steht an Lichtausbeute dem normalen Gleichstrombogen ungefähr gleich.

Bei der schrägen Anordnung der Kohlenstifte in den Effektbogenlampen wird die Lichtausbeute des Wechselstromlichtbogens im Vergleich zu der des Gleichstromlichtbogens bedeutend günstiger. Wedding fand bei einer Lampe mit Sparer, daß der Gleichstrom- und Wechselstromflammenbogen mit schrägstehenden Kohlen nahezu gleichte Lichtausbeute zeigen.

Man ist auch dazu übergegangen Effektkohlen in gewöhnlichen Bogenlampen übereinanderstehend anzuordnen. Das Maximum der Lichtausstrahlung in einer Meridianebene bei Gleichstrom dehnt sich nach Wedding zwischen 30° und 70° unterhalb der Horizontalen aus. Die Lichtausbeute ist jedoch bei dieser Anordnung der Kohlen etwas geringer. Man könnte die Lichtausbeute des Bogens mit übereinanderstehenden Kohlen durch Zusatz von Flußspat in die Kohlen steigern; dies würde jedoch im Betriebe den Nachteil der größeren Schlackenbildung ergeben. Wedding untersuchte auch, in welchem Maße die einzelnen Teile des Flammenbogens an der Lichtausstrahlung teilnehmen. Es ergab sich, daß die Gassäule des Flammenbogens mit 25% an der Lichtausstrahlung beteiligt ist, während die glühenden Kohlenspitzen die übrigen 75% liefern. Bekanntlich ist beim gewöhnlichen Lichtbogen die Gassäule nur mit 5% an der Lichtausstrahlung beteiligt.

Das Licht des Flammenbogens ist ebenso unruhig wie das Licht des eingeschlossenen Lichtbogens.

Dem heutigen Sprachgebrauch gemäß bezeichnet man die Effektbogenlampen mit schräggestellten Kohlen, bei welchen die maximale Lichtausstrahlung in der Vertikalen erfolgt (weshalb derartige Lampen direkt unter sich eine große Flächenhelligkeit erzeugen), als Intensiv-Flammenbogenlampen, während man die mit vertikal übereinanderstehenden Effektkohlen schlechthin Flammenbogenlampen nennt.

Die von Gebrüder Siemens & Co. in Charlottenburg in den Handel gebrachten Effektkohlen unterscheiden sich dadurch von den Bremerkohlen, daß sie wesentlich weniger als 10% Stoffe enthalten, welche nicht Kohle sind, und weniger als 5% Fluor- oder Bromgehalt besitzen. Außerdem enthalten sie Leuchtzusätze nur im Docht, während sich bei den Bremerkohlen auch Leuchtzusätze im Mantel befinden. Der geringere Prozentgehalt an Leuchtzusätzen bewirkt, daß die Zusätze im Lichtbogen vollständig vergasen und veraschen und an den Elektrodenspitzen keine isolierenden Schlacken bilden.

Die Brenndauer der Effektkohlen ist geringer als die der normalen Kohlen. Sie beträgt bei vertikaler Kohlenanordnung bei Gleichstrom etwa 40%, bei schräg angeordneten Kohlen etwa 100% geringer als bei normalen Kohlen. Bei vertikal angeordneten Effektkohlen ist bei Wechselstrom die Brenndauer nur 10—15% geringer als die bei normalen Kohlen, während die Brenndauer der Effektkohlen in Wechselstrom-Intensivlampen, wie Zeidler bemerkt, gleich derjenigen der Effektkohlen in Gleichstrom-Intensivflammenbogenlampen ist.

Bremer hatte zur Ausbreitung des Lichtbogens zwischen Effektkohlen ein magnetisches Gebläse angewendet, wie solches schon von Jamin[1]) für gewöhnliche Bogenlampen empfohlen worden war, aber später wieder fallen gelassen wurde. Bei den Effektkohlen schien durch die größere Ausbreitung des Lichtbogens infolge des magnetischen Gebläses die Lichtausbeute des Bogens erhöht zu werden. Indessen zeigt eine Untersuchung von Gebrüder Siemens & Co.[2]) in Charlottenburg das Gegenteil.

---

[1]) Jamin, C. R., 88, p. 541, 1879.

[2]) Mitteilung von Gebr. Siemens & Co. in Charlottenburg.

Ein Effektkohlenpaar mit abwärts geneigten Kohlenstiften wurde mit einem Sparer versehen. Als Blasmagnet diente ein separat erregter Hufeisenmagnet von 9 mm Eisendurchmesser und 72 Windungen. Die Polflächen standen ungefähr 15 mm über dem Lichtbogen; ihre horizontale Entfernung von der Mitte des Lichtbogens betrug 45 mm. Durch ein parallel zur Fläche des Lichtbogens gestelltes Gitter, dessen Maschen 3 qmm betrugen, wurde die Flächenausdehnung des Lichtbogens gemessen, indem gleichzeitig Lichtbogen und Gitter photographiert wurden. Gleichzeitig wurde die Lichtstärke des Lichtbogens photometrisch bestimmt und zwar möglichst rechtwinkelig zur Ebene des Lichtbogens. Als Vergleichsflamme beim Photometrieren diente eine 100 Normalkerzenlampe; zum Photometrieren wurde eine Photometerbank mit Lummer-Brodhun'schem Aufsatz verwendet. Die Zahlen für die Lichtstärke in folgender Tabelle sind Mittelwerte aus 20 Ablesungen.

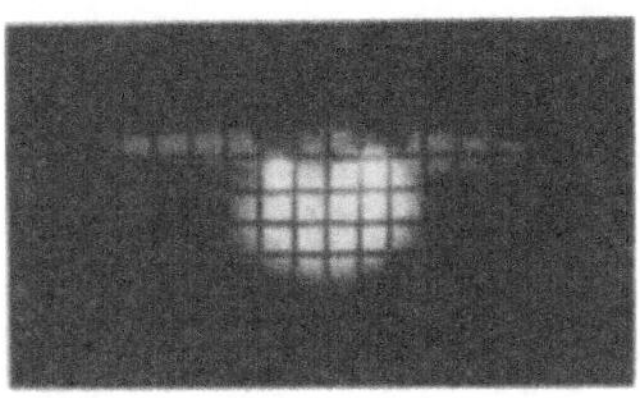

Fig. 138.

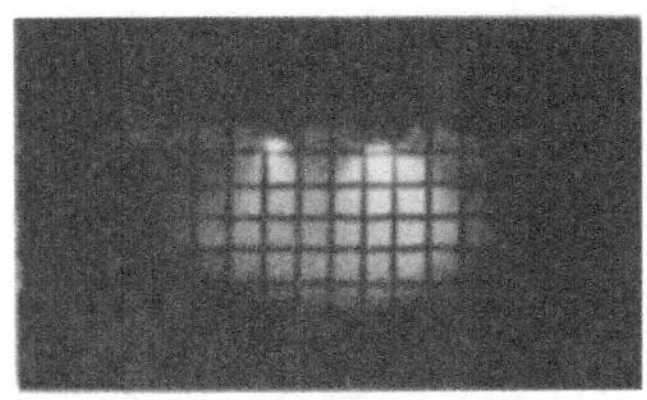

Fig. 139.

Nummer des Versuchs	Ampere	Volt	Watt	Erregung des Blasmagnets in Amperewindungen	Lichtstärke in HE	Wattverbrauch pro 1 HE	Fläche des Lichtbogens in qmm	Leuchtstärke des Bogens in HE pro 1 qmm
1	9,1	46	419	108	1530	0,274	342	4,47
2	9,8	39	382	0	1500	0,254	225	6,67
3	8	50	400	259	1345	0,298	387	3,47
4	7	58	406	396	1112	0,365	459	2,42
5	9	45	405	108	1500	0,270	288	5,22
6	9	45	405	0	2163	0,187	225	9,62
7	9	45	405	259	1375	0,295	351	3,92
8	9	45	405	396	1236	0,328	369	3,35

Der Lichtbogen wurde in einer ersten Versuchsreihe (Versuch No. 1—4) bei konstantem Vorschaltwiderstand und konstanter Bogenlänge mit verschieden stark erregtem Blasmagnet untersucht, in einer zweiten Versuchsreihe (Versuch No. 5—8) bei konstanter Stromstärke von 9 Ampere und konstanter Elektrodenspannung von 45 Volt bei variabler Erregung. In Fig. 138 und 139 sind zwei Photogramme von Gebrüder Siemens & Co. dargestellt, von denen sich Fig. 138 auf Versuch No. 2 der folgenden Tabelle bezieht und Fig. 139 auf Versuch No. 4. Man sieht, daß die Flächenausdehnung des Lichtbogens mit wachsender Feldstärke des Blasmagnets wächst. In der vorstehenden Tabelle sind die Versuchsergebnisse zusammengestellt.

Aus dieser Tabelle geht hervor, daß die durch den Blasmagneten verursachte Vergrößerung des Lichtbogens keine Vermehrung der Lichtausbeute des Lichtbogens bewirkt. Immerhin dürfte sich in manchen Fällen, namentlich zur Fixierung des Bogens ein Gebläse selbst unter Aufopferung einiger Prozente des praktischen Wirkungsgrades empfehlen.

§ 121. Konstruktives und Anwendung.

Bremer glaubte die schwierige Regulierung der schief zueinander gestellten Elektroden durch einen dem Abbrand der Kohlen entsprechenden, durch das Eigengewicht der Kohle hervorgerufenen Nachschub bewerkstelligen zu können, um einen komplizierteren Reguliermechanismus zu vermeiden. Über die Kohlenenden schob er einen sich nach oben verjüngenden 5 cm hohen Blechcylinder, der nicht nur als Kohlensparer wirken sollte, sondern auch infolge eines glänzend weißen Niederschlages von Kalciumverbindungen, der sich an seiner Innenseite ansetzte, als guter Reflektor wirkt. Bremer wendete zur Ausbreitung des Bogens ein magnetisches Gebläse an, das in Fig. 140 dargestellt ist.

Die Bremer-Lampe hat sich in der Praxis nicht so bewährt, wie sie es ihrer guten Lichtausbeute wegen verdient hätte. Die Kohlen „schlackten" zu sehr. Die Zündung versagte häufig, die Regulierung war unvollkommen. Bremer ging daher dazu über, in seiner Type C einen Reguliermechanismus, wie er gewöhnlich bei Bogenlampen angewendet wird, einzuführen. Der Kohlennachschub erfolgt hier kontinuierlich. Es bleibt abzuwarten, wie sich diese Type in der Praxis bewähren wird.

Die Kohlen mit geringem Prozentgehalt an Leuchtzusätzen erfordern keine besonderen Zündvorrichtungen. Auch kann man sie in gewöhnlichen Bogenlampen brennen. Bei Gleichstromlampen hat man dafür Sorge zu tragen, daß wegen des zu erzeugenden langen Bogens der Zündhub größer ist als in den Lampen für gewöhnliche Kohlen.

Es empfiehlt sich, wie Zeidler[1]) bemerkt, an der oberen Elektrode einen Schamottesparer anzubringen. Um nämlich ein den praktischen

[1]) J. Zeidler, E.T.Z. 24, p. 167, 1903.

Anforderungen für Außenräume genügend ruhiges Licht zu erzielen, ist es erforderlich, dem Lichtbogen an den Kohlenspitzen möglichst wenig Fläche zu bieten, d. h. die Kohlenstifte möglichst schwach zu wählen. Für die positive Kohle wurde daher der gleiche Durchmesser wie für die negative angenommen. Da nun bei Effektkohlen nach Zeidler an der positiven Kohle genau der doppelte Abbrand als an der negativen Kohle von gleichem Durchmesser stattfindet, so ist, wenn man festen Brennpunkt beibehalten will, die Anordnung eines Hohlraumes zur Ansammlung sauerstoffarmer Luft um die obere Kohlenspitze geboten und hierdurch wird ihr Abbrand verringert. Der Sparer hat außerdem noch den Vorteil, daß die bei Effektkohlen besonders stark auftretenden Aschen abgefangen werden, wodurch einem Verschmutzen des Mechanismus

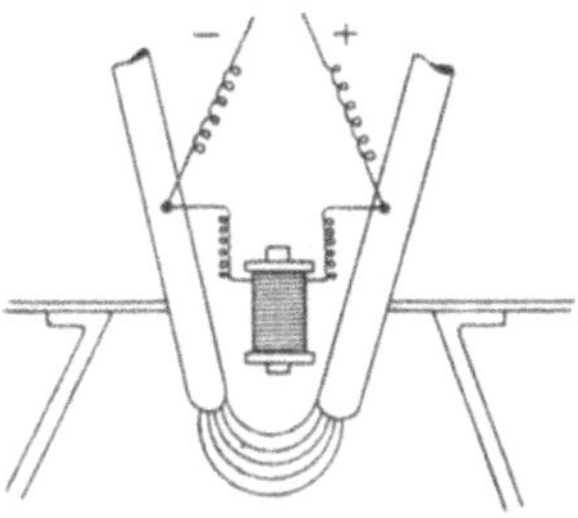

Fig. 140.

vorgebeugt wird. Auch die beim langen Bogen zwischen Effektkohlen in erhöhtem Maße auftretenden Stickstoffperoxyddämpfe werden durch den Sparer abgehalten, die Metallteile des Reguliermechanismus anzugreifen.

Bei den Intensivflammenbogenlampen sind die Kohlen schräg gestellt und mit den Spitzen nach unten gerichtet, wodurch eine sehr starke Bodenbeleuchtung erzielt wird.

In Figur 141 ist eine Intensivflammenbogenlampe der Allgemeinen Elektrizitäts-Gesellschaft (Berlin) dargestellt. Der Reguliermechanismus ist bei diesen Lampen im wesentlichen derselbe wie bei den gewöhnlichen Bogenlampen. Bei den Intensivflammenbogenlampen für Gleichstrom genügt der beschränkte Hub infolge des spitzen Winkels, welchen die Kohlen miteinander bilden, nicht, um eine genügend große Trennung der Elektrodenspitzen zur Lichtbogenbildung herbeizuführen. Deshalb wurde nach Zeidler der Führungsrahmen der negativen Kohle in der Grundplatte drehbar gelagert und nach oben hin mit einer Verlängerung versehen, welche in das Lampenwerk hineinragt. Durch Anordnung eines auf einer Säule drehbaren Kniehebels und eines Mitnehmers am Laufwerk nimmt der Rahmen an der Bewegung des Ankers in der Richtung des Hauptstrommagneten so teil, daß bei Stromdurchgang eine genügende Trennung der Kohlenspitzen zur Lichtbogenbildung stattfindet.

Die Lampen mit übereinanderstehenden Effektkohlen können mit den bisher üblichen Spannungen gebrannt werden, bei Wechselstrom also mit ungefähr 30 Volt, bei Gleichstrom mit ungefähr 40 Volt. Bei schräg angeordneten Kohlen müssen die Spannungen um 10—15 % erhöht werden.

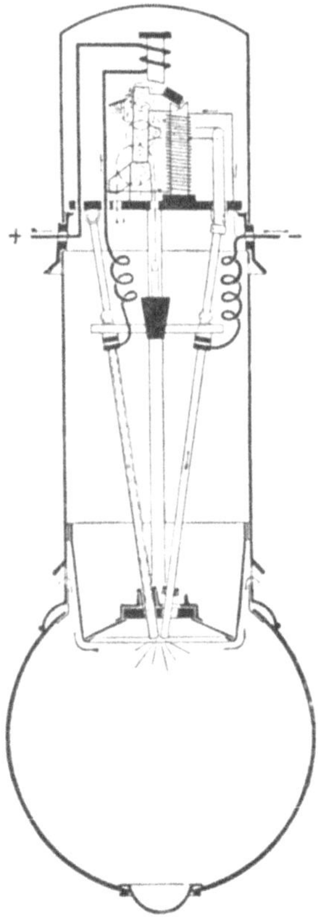

Fig. 141.

Die Flammenbogenlampen mit Effektkohlen können mit gewöhnlichen Differential- oder Nebenschlußlampen ohne weiteres hintereinander geschaltet werden und zwar ohne Anlaßwiderstand nur mit Vorschaltwiderstand und Minimalausschalter. Die Gleichstromeffektlampen können zu zweien an ein Netz von 110 Volt mit Vorschaltwiderstand und Minimalausschalter angeschlossen werden. An Stelle der einen Effektlampe kann eine entsprechende Lampe mit gewöhnlichen Kohlen treten. Die Wechselstromeffektlampen können auch zu zweien an ein Netz von 110 Volt angeschlossen werden unter Vorschaltung eines Zusatzwiderstandes oder, was in gewissen Fällen empfehlenswerter ist, unter Vorschaltung einer Drosselspule.

Die Effektbogenlampen sind zur Beleuchtung von Straßen und Plätzen zu empfehlen. Die Intensivlampen mit schräg stehenden Kohlen eignen sich vortrefflich zur Beleuchtung von Schaufenstern, Dekorationen und Firmenschildern. In Räumen, in welchen an die Ruhe des Lichts die höchsten Anforderungen gestellt werden, wie in Lesesälen und Zeichensälen, ist die indirekte Beleuchtung vorzuziehen.

Anhang.

Verzeichnis der deutschen vom Kaiserl. Patentamt in Berlin seit 1877 erteilten Bogenlampenpatente. Klasse 21.

Nummer:

663. Société Générale d'Electricité (Paris). 14. 8. 1877. Jablochkoff'sche Kerze.

5 031. Siemens & Halske (Berlin). 19. 9. 1878. Elektrische Lampe.

8 253. Gebr. Siemens & Co. (Charlottenburg). 6. 7. 1879. Verfahren zur Tränkung roher Kohlenstäbe.

8 654. Siemens & Halske (Berlin). 16. 4. 1879. Neuerungen an elektrischen Lampen mit Mechanismus zur Regulierung (Differentiallampe).

8 785. Société Générale d'Electricité (Paris) 2. 4. 1879. Zusatz zu 663.

8 900. Siemens & Halske (Berlin). 14. 8. 1879. Vorrichtung an elektrischen Lampen zur selbsttätigen Ausschaltung der Lampe aus dem Stromkreise beim Erlöschen des Lichtbogens. Zusatz zu 8654.

9 452. Menges (Amsterdam). 7. 3. 1879. Neuerung an elektrischen Lampen mit Berührung beider Kohlenspitzen unter konstantem Druck.

10 333. Helios Ges. (Gülcher) (Köln a/Rh.). 8. 11. 1879. Elektrische Lampe.

16 297. Krizik und Piette (Pilsen). 7. 4. 1880. Neuerung an elektrischen Lampen.

19 143. Cance (Paris). 23. 9. 1881. Neuerung an elektrischen Lampen.

19 615. Brown, A. E. (Cleveland U. S. A.). 19. 11. 1881. Bogenlampe.

21 372. Krizik und Piette (Pilsen). 11. 6. 1882. Zusatz zu 16297.

23 410. Cance (Paris). 14. 11. 1882. Lampe mit festem Brennpunkt. Zusatz zu 19 143.

23 732. Smith (Brockley, England). 27. 9. 1882. Herstellung von Kohlen für elektrische Lampen.

23 997. Somzée (Brüssel). 12. 1. 1883. Neuerungen an Kerzen und Glühkörpern.

24 452. Thomson, E. (New-Britain U. S. A.) 8. 8. 1882. Bogenlampe.

26 792. Moses, O. A. (New-York). 2. 5. 1883. Reguliervorrichtung für elektrische Bogenlampen.

28 610. Société Anonyme des ateliers de constructions mécaniques et d'appareils électriques (Paris). 9. 8. 1883. System zur Regulierung der Bewegung der Kohlen in elektrischen Lampen.

Nummer:

29 083. Earle und Goltstein (London-Hannover). 9. 9. 1883. Bogenlampe.

30 191. Menges (Haag). 11. 3. 1883. Zusatz zu 9452.

33 642. Menges (Haag). 16. 10. 1884. Bogenlampe.

34 231. Pieper, H. fils (Lüttich). 19. 12. 1884. Bogenlampe.

35 391. Siemens & Halske (Berlin). 26. 3. 1885. Neuerung an Bogenlampen.

35 621. Walther (Werdau). 4. 8. 1885. Bogenlampe.

35 818. Siemens & Halske (Berlin). 4. 10. 1885. Neuerungen an Regulatoren für elektrische Beleuchtung.

36 115. Schmidt (Prag). 30. 5. 1885. Neuerung an elektrischen Lampen.

36 169. Klan und Spurny (Prag). 20. 11. 1885. Neuerung an Differentiallampen.

36 878. Statter (Middleton, England). 6. 1. 1886. Reguliervorrichtung für elektrische Bogenlampen.

39 498. Schefbauer (Dresden). 5. 9. 1886. Neuerung an elektrischen Lampen.

39 860. De Meuron & Cuénod (Genf). 25. 5. 1886. Bogenlichtregulator.

40 169. Jamar und Chabot (Brüssel). 7. 3. 1886. Kurzschlußvorrichtung für den Nebenschlußstrom bei Bogenlampen.

41 242. Gebr. Siemens & Co. (Charlottenburg). 5. 11. 1886. Verfahren krumme Kohlenstäbe gerade zu machen.

41 556. Doubrava (Prag). 13. 7. 1886. Bogenlichtregulator.

41 820. Hill (Boston, U. S. A.). 10. 11. 1886. Bogenlampe.

41 824. Eßberger & Einstein (München). 31. 12. 1886. Bogenlampe.

42 154. Noble (Anniston (U. S. A.). 11. 5. 1887. Selbsttätige Ausschaltung für elektrische Bogenlampen mit schwingenden Kohlen.

42 254. Kleißl & Duffek (Pilsen). 27. 2. 1887. Reguliervorrichtung für elektrische Bogen und Differentiallampen.

42 494. Koller & Urbanitzky (Wels, Österreich). 25. 5. 1887. Elektrische Lampe.

42 900. Siemens & Halske (Berlin). 25. 6. 1887. Neuerung an elektrischen Bogenlampen (Bandlampe).

43 127. von Wolffers (Paris). 21. 6. 1887. Bogenlampe.

43 136. Rudolph (Wien). 17. 9. 1887. Elektrische Bogenlampe für blitzartige Effekte in Theatern und für Lichtsignale.

43 139. Doubrava. 28. 11. 1886. Zusatz zu 41 556.

43 363. Mathis (Mariemont). 31. 7. 1887. Regulator für Bogenlampen.

43 485. Siemens, A. (London). 15. 6. 1887. Lampe für elektrische Scheinwerfer.

44 181. Dulait (Charleroi). 18. 10. 1887. Vorrichtung an elektrischen Bogenlampen, um mehrere Kohlenpaare einzeln nach einander zu entzünden.

44 361. Menges. 23. 7. 1887. Zusatz zu 33 642.

44 935. Fabrik für Elektrotechnik und Maschinenbau (Bamberg). 1. 11. 1887. Reguliervorrichtung für elektrische Bogenlampen.

45 269. Schuckert (Nürnberg). 28. 2. 1888. Elektrische Bogenlampe.

45 425. Watt, H. (London). 10. 1. 1888. Bogenlampe.

45 702. Dulait (Charleroi). 8. 3. 1888. Bogenlampen mit am Orte verharrendem und das Licht gegen die Decke werfendem Leuchtpunkt.

Nummer:

45 704. C. v. Zech (Wiesbaden). 23. 3. 1888. Vorrichtung zum Unterbrechen und Schließen des elektrischen Stromes bei Bogenlamgen und bei durch den Strom auszulösenden Uhrwerken.

45 880. Langhans (Berlin). 24. 11. 1887. Elektrische Lampe mit hochgespannten Dämpfen oder Gasen als Strombahn für den elektrischen Strom.

46 102. Hirst (Sagan). 28. 6. 1888. Bogenlampe.

46 359. Maquaire (Paris). 22. 7. 1888. Bogenlampenregulator (Motor).

46 393. Raith (Unterhausen). 8. 4. 1888. Konstruktion von Kohlenklemmen für elektrische Bogenlampen mit selbsttätiger Ausschaltung von zu weit abgebrannten Kohlenstäben.

46 725. Chapman & Dearing (London). 4. 4. 1888. Neuerung an Bogenlichtlampen, bei welchen die positive Kohle aus zwei horizontalen Kohlenstäben zusammengesetzt ist.

47 465. Mathis & Boveroulle (Mariemont). 2. 8. 1888. Neuerungen an Bogenlampen mit mehreren sich einzeln nacheinander entzündenden Kohlenpaaren.

47 471. Schuckert & Co. (Nürnberg). 11. 11. 1888. Zusatz zu 45 269.

47 490. Schröder (London). 12. 5. 1888. Verfahren zur Herstellung von Kohle für elektrisches Licht.

47 670. Pieper fils, H. (Lüttich). 17. 2. 1888. Regelungsvorrichtung für elektrische Bogenlampen.

47 809. Steinlen & Cie. (Mühlhausen i/Elsaß). 5. 10. 1888. Elektrische Bogenlampe mit dem in Patent 41 556 behandelten Doubrava'schen Bogenlichtregulator.

47 968. Teucher & Adam (Dresden). 13. 11. 1888. Regelungsvorrichtung an elektrischen Bogenlampen.

47 989. Rudolph (Wien). 11. 12. 1887. Vorrichtung zum Einstellen der Lichtbogenlänge bei Bogenlichthandregulatoren für Bühnenzwecke.

48 044. Zweifel (Winterthur). 11. 3. 1888. Reguliervorrichtung mit Benutzung des durch Patent 16 297 Anspruch 1 geschützten Eisenkerns.

48 468. Fyfe (London). 17. 11. 1888. Neuerungen an elektrischen Bogenlampen.

49 642. Pieper fils, H. (Lüttich). 22. 2. 1889. Neuerung an elektrischen Lampen.

49 648. Fischinger (Niedersedlitz). 16. 3. 1889. Selbsttätige Reguliervorrichtung für Bogenlampen.

50 659. Eckelberg (Berlin). 10. 2. 1889. Neuerung an elektrischen Bogenlampen.

50 844. Pokorny & Wittekind (Bockenheim). 9. 7. 1889. Bogenlampe.

51 088. Weinhold (Chemnitz). 16. 4. 1889. Verfahren zur Regelung des Kohlennachschubs bei elektrischen Bogenlampen.

51 611. Schulze (Straßburg i/Els.). 3. 7. 1888. Bogenlampe mit zwei Differentialelektromagneten.

51 675. Sperry (Chicago U. S. A.). 9. 6. 1889. Regelungsvorrichtung für Bogenlampen.

52 506. Michel (Wetter a. d. Ruhr). 25. 1. 1889. Nebenschlußbogenlampen.

52 801. Kent (London). 5. 9. 1889. Vorrichtung zum Regeln des Abstandes der Kohlenstäbe in Bogenlampen.

Nummer:

53 200. Badenberg (Turin). 14. 6. 1889. Vorrichtung zur Veränderung der Lichtstärke hintereinander geschalteter Bogenlampen.

53 202. Bloßfeldt & Nube (Offenbach). 17. 8. 1889. Fraismaschine zur Bearbeitung von Reststücken von elektrischen Leuchtkohlen.

53 207. Einstein & Co. (München). 30. 11. 1889. Ausschaltvorrichtungen für die Selbstunterbrechung bei elektrischen Bogenlampen.

53 360. Wilkens (Bockenheim). 17. 9. 1889. Hebelbogenlampe.

53 474. Pieper fils, H. (Lüttich). 13. 11. 1889. Aufhängung der Stromzuführer bei Querstromlampen.

53 880. Jenkins (Hamburg). 19. 1. 1900. Vorrichtung zur Bildung des Lichtbogens bei elektrischen Bogenlampen.

53 913. Rickmann (Kalk bei Köln a/Rh.). Verfahren zur Herstellung elektrischer Kohle.

54 240. Lacombe & Cie. (Levallois-Perret). 21. 9. 1889. Scheibenförmige Kohle für elektrische Lampen.

54 517. Hoegerstaedt (Berlin). 1. 4. 1890. Elektrische Bogenlampe für gleiche Bogenlänge.

54 829. Fueß & Raub (Berlin). 6. 3. 1890. Regelungsvorrichtung für Bogenlampen.

55 167. Weinert (Berlin). 25. 10. 1889. Bogenlampe mit scheibenförmigen Kohlen.

55 169. Pieper fils, H. (Lüttich). 18. 1. 1890. Anordnung des wirksamen Magnetfeldes bei elektrischen Regulatoren.

55 211. Elsässische Elektrizitätswerke Otto Schulze & Isenbeck (Straßburg). 3. 4. 1890. Bogenlichtlampe mit einem, mit zwei Ankern armierten Elektromagneten.

55 252. Bayon & Mailhan (Lyon). 25. 2. 1890. Elektrische Bogenlampe.

55 355. Brumhard (Frankfurt a/M.). 29. 4. 1890. Reguliervorrichtung für Nebenschlußbogenlampen.

56 022. Rotten (Berlin). 25. 1. 1890. Bogenlampe für hohe Spannung.

56 027. Fischinger, Kummer & Co. (Dresden). 26. 4. 1890. Bogenlampe.

56 345. Brianne (Paris). 1. 8. 1890. Nebenschlußbogenlampe.

56 357. Hazeltine (St. Louis U. S. A.). 8. 10. 1890. Schutzschiene für elektrische Bogenlampen zur Verhinderung des zu schnellen Abbrennens der oberen Kohle.

57 093. Engelhardt (Dortmund). 7. 11. 1890. Elektrische Bogenlampe.

57 460. Allgemeine Elektrizitäts-Gesellschaft (Berlin). 16. 9. 1890. Reguliervorrichtung für elektrische Bogenlampen.

57 591. Müller (Ehrenfeld—Köln a/Rh.). 17. 12. 1889. Neuerung an Bogenlampen.

57 661. Helios, Elektr.-Ges. (Köln a/Rh.). 25. 11. 1890. Elektrische Bogenlampe.

57 997. Capilleri, Kurmayer, Goldberg, Latzko (Wien). 9. 4. 1890. Elektroden für elektrische Bogenlampen.

58 806. Krapp (Bamberg). 19. 12. 1890. Regelungsvorrichtung für Bogenlampen.

59 236. Graves (Cleveland U. S. A.). 10. 9. 1890. Bogenlampe.

59 340. Willing & Violet (Berlin). 20. 2. 1891. Vorrichtung zur Bildung elektrischer Lichtbögen.

Nummer:

59 344. Buchanan (Pasadena U. S. A.). 4. 3. 1891. Bogenlampe mit in der Richtung des Radius aufgeschnittenen Kohlenscheiben.

59 347. Einstein & Co. (München). 7. 4. 1891. Regelungseinrichtung für elektrische Bogenlampen.

60 785. Jergle (Wien). 21. 1. 1891. Reibungskupplung für elektrische Bogenlampen.

61 092. Jenkins (Hamburg). 5. 4. 1891. Bogenlampe.

61 298. Boardmann (London). 18. 1. 1891. Isolierender Glühkörper mit drei Öffnungen für Bogen- und Halbglühlampen.

61 359. Crampton (London). 5. 7. 1890. Kohlenhalter für Bogenlampen.

61 427. Gerhardt (Leipzig). 18. 2. 1891. Bogenlampe.

62 464. Whitehead (Birmingham). 18. 6. 1891. Lampenglockenhalter.

62 894. Pieper fils, H. (Lüttich). 2. 4. 1891. Kohlenpaare mit mehreren Spitzenteilen für elektrische Bogenlampen.

63 232. Gerhardt (Leipzig). 19. 9. 1891. Zusatz zu 61 427.

63 596. Fischinger (Dresden). 7. 7. 1891. Zusatz zu 56 027.

63 598. Société Anonyme d'Appareillages et d'Eclairage électrique Cauce (Paris). 16. 7. 1891. Regelungsvorrichtung für Bogenlampen.

63 939. Naeck (Leipzig-Reudnitz). 13. 6. 1891. Bogenlampe mit beweglichen Führungsrollen für die Kohlenhalter.

64 559. Tolzmann & Wilk (Berlin - Darmstadt). 16. 6. 1891. Elektrische Bogenlampe mit von Hand regelbarer Lichtbogenlänge.

64 561. Gwynne (London). 29. 7. 1891. Bogenlampe mit durch Klemmwirkung beeinflußter Bewegung der Kohlenhalter.

65 571. Seibold (Mount-Vernon, U. S. A.). 28. 2. 1891. Elektrode aus Metall mit eingebetteter Kohle für Bogenlampen.

65 649. Körting & Mathiesen (Leutzsch-Leipzig). 5. 9. 1890. Vorrichtung zur Bogenbildung bei Bogenlampen.

65 734. Société Lacombe & Cie. (Levallois-Perret). 22. 5. 1891. Verfahren zur Herstellung von Kohlenstäben für Bogenlampen.

66 118. Zeisser (Wien). 14. 1. 1892. Lampenglockenhalter.

66 239. Wildt (Berlin). 24. 1. 1892. Vorrichtung zum selbsttätigen Ein- und Ausschalten von elektrischen Lampen mit regelbarer Brenndauer.

67 316. Bombe & Schuchhardt (Berlin). 22. 4. 1892. Ausschaltvorrichtung zum Schutze der einer Bogenlampe vorgeschalteten Nutzwiderstände gegen zu starke Beanspruchung.

67 705. Körting & Mathiesen (Leutzsch-Leipzig). 26. 5. 1892. Neuerung an Bogenlampen mit Nebenschlußwicklung.

67 930. Rieth (Berlin). 11. 3. 1892. Schutzhülle für Bogenlampen.

67 933. Raab & Bastians (München). 20. 4. 1892. Bogenlampe.

67 968. Bigland & Burns (New-Castle on Tyne). 8. 6. 1892. Elektrische Bogenlampe mit durch Schraubenwirkung beeinflußter Regelung des Lichtbogens.

68 202. Shepard (London). 28. 7. 1891. Elektrische Bogenlampe mit durch Doppelschraube bewirkter Regelung.

68 205. Oehrlich (Chicago). 24. 1. 1892. Bremsvorrichtung f. elektr. Bogenlampen.

Nummer:

68 705. Akester (Fulham). 6. 8. 1892. Bogenlampen mit einem als Klemmvorrichtung dienenden mit Kugeln gefüllten Gehäuse.

68 743. Schuckert & Co. (Nürnberg). 8. 11. 1892. Vorrichtung zur besseren Bildung des Lichtbogens an Differentiallampen.

69 215. Körting & Mathiesen (Leutzsch-Leipzig). 21. 3. 1891. Zusatz zu 65 649.

69 488. Allgemeine Elektrizitäts-Gesellschaft (Berlin). 26. 8. 1891. Elektrische Bogenlampe, deren den unteren Kohlenhalter tragende Kette bei den Schwingungen des Laufswerk in Ruhe bleibt.

69 782. Körting & Mathiesen (Leutzsch-Leipzig). 18. 2. 1892. Bogenlampe mit Einrichtung zur Vermeidung einer ungleichen Wirkung des Gewichtes der Kohle beim Abbrand.

69 908. Feldhaus (Köln a/Rh.) 9. 11. 1892. Elektrische Bogenlampe von geringer Höhenausdehnung.

70 009. Niewerth, Frau R. (Charlottenburg). 13. 9. 1892. Vorrichtung zur Herstellung eines elektrischen Lichtbogens mit drehenden Elektroden.

70 207. Hansen (Leipzig-Reudnitz). 6. 11. 1892. Elektrische Bogenlampe mit schwingend gelagertem Elektromagnet und feststehendem Anker.

70 705. Watt (London). 20. 11. 1892. Ausführungsform der durch 45 425 geschützten Bogenlampe.

71 426. Schmidt (Bradford). 13. 8. 1892. Bogenlampe. Regelungsvorrichtung.

71 474. Pöge, H. (Chemnitz). 14. 3. 1893. Verbindungsweise der Solenoidkerne mit den Kohlenhaltern bei Differentialbogenlampen.

72 128. Hofmann (Schedewitz). 2. 2. 1893. Regelungsvorrichtung für Bogenlampen.

72 444. Société Lacombe & Cie. (Levallois-Perret). 24. 7. 1891. Zusatz zu 65 734.

72 654. Bombe & Schuchhardt (Berlin). 3. 1. 1893. Zusatz zu 67 316.

72 682. Siemens & Halske (Berlin). 28. 2. 1893. Nebenschlußbogenlampe für Hintereinanderschaltung.

73 559. Tobias (Dux, Böhmen). 31. 3. 1893. Anzündervorrichtung für elektrische Kerzen mit konzentrisch angeordneten Kohlen.

73 564. Naeck & Holsten (Stralsund). 26. 5. 1893. Regelungsvorrichtung für Differentialbogenlampen.

73 745. Waterhouse A.-G. (London). 12. 4. 1893. Elektrische Bogenlampe mit Klemmvorschub für die Kohlenstifte.

74 429. Einstein, J., & Co. (München). 10. 10. 1893. Führungsvorrichtung für die Kohlenträger bei Bogenlampen.

74 876. Rickmann & Rappe (Kalk bei Köln a/Rh.). 5. 4. 1892. Herstellung von Bogenlichtkohlen.

75 367. Schöller & Jahr (Opladen). 6. 4. 1893. Elektrische Bogenlampe mit horizontal schwingendem Elektromagnetanker.

76 994. Schmidt, P. (Berlin). 13. 10. 1893. Schwingendes Räderwerk für Bogenlichtregelung.

77 527. Zausmer (Bialystock). 5. 10. 1893. Regelungsvorrichtung für Bogenlampen.

77 533. Bodenburg (München). 16. 1. 1894. Bogenlampe mit Pendelreguliervorrichtung.

Nummer:

77 547. Brown, G. W. (Hampstead-London). 3. 12. 1893. Kuppelung zwischen Spulenkern und Kohlenhalter bei Bogenlampen.

78 354. Chester & Rathbone (London). 25. 2. 1894. Selbsttätiger Umschalter für Bogenlampen.

78 728. Schuckert & Co. (Nürnberg). 3. 5. 1893. Wechselstrombogenlampe mit stetiger Nachstellung der Kohlenstifte.

78 761. Firchow (Grabow). 18. 11. 1893. Träger für die untere Kohle bei Bogenlampen.

78 764. Siemens & Halske (Berlin). 17. 12. 1893. Anordnung eines induktionsfreien Zusatzwiderstandes bei Nebenschlußbogenlampen für Wechselstrom.

78 775. Siemens & Halske (Berlin). 4. 4. 1894. Wechselstromverteilungsanlage für elektrische Beleuchtung mit selbsttätiger Einschaltung von Ersatzlampen.

79 037. Schoeller & Jahr (Opladen). 16. 2. 1894. Einrichtung zur Regelung der Lichtstärke von Bogenlampen entsprechend dem jeweiligen Bedürfnis.

79 681. Atwater (Cleveland U. S. A.). 20. 9. 1893. Elektrische Bogenlampe.

79 823. Jandus (Cleveland U. S. A.). 23. 1. 1894. Bogenlampe.

79 831. Rentzsch (Meißen). 1. 5. 1894. Aufzugswinde für elektrische Bogenlampen.

80 046. Pöge (Moskau). 6. 6. 1894. Aufhängevorrichtung für Bogenlampen mit Vermeidung des Herabhängens der Leiter.

80 329. Perl & Puntschart (Wien). 16. 6. 1894. Elektrische Bogenlampe.

80 388. Schleyder (Tabor). 1. 8. 1893. Elektrische Bogenlampe.

80 651. Mensing (Sülfeld). 25. 2. 1894. Regelungsvorrichtung für Bogenlampen.

80 875. Schröder (London). 5. 10. 1892. Elektrische Kontaktlampe.

81 013. Kirkegaard (Brooklyn). 11. 7. 1894. Bogenlampe.

81 236. Willing & Violet (Berlin). 11. 7. 1894. Bogenlampe.

81 386. Cabirau (Paris). 29. 9. 1894. Bogenlichtkohle.

81 619. Schmelzer (Nürnberg). 9. 3. 1894. Herstellung von Kohlenstiften für elektrische Beleuchtung.

82 328. Allin (London). 7. 10. 1894. Elektrische Bogenlampe mit Laufwerksregelung.

82 338. Reiniger, Gebbert & Schall (Erlangen). 8. 1. 1895. Regelungsvorrichtung für Nebenschlußbogenlampen.

82 512. Brockie (Forest Hill, England). 4. 11. 1894. Elektrische Bogenlampe.

82 907. Schoeffel (Brooklyn, U. S. A.) 7. 11. 1894. Elektrische Bogenlampe für Scheinwerfer.

82 914. Niewerth & Cie. (Berlin). 12. 2. 1895. Elektrische Bogenlampe.

82 964. Cabirau (Paris). 31. 3. 1895. Bogenlichtkohle. Zusatz zu 81 386.

83 033. Bartelmus (Brünn). 20. 6. 1894. Solenoidkerne für Bogenlampen.

83 228. Bub (Nürnberg). 11. 12. 1894. Elektrische Bogenlampe mit nach abwärts brennendem schattenfreien Lichtbogen.

83 783. Société les fils d'Adolphe Mougin (Paris). 28. 2. 1895. Elektrische Bogenlampe mit festem Brennpunkt.

Nummer:

84 073. Niewerth & Cie. (Berlin). 17. 10. 1894. Elektrische Bogenlampe.

85 465. Klein, A. (Erlangen). 16. 7. 1895. Elektrische Bogenlampe mit Regelung durch Solenoide.

85 466. Higham & Perkins (Boston-Gloucester). 23. 7. 1895. Elektrische Bogenlampe.

85 467. Körting & Mathiesen (Leutzsch-Leipzig). 23. 7. 1895. Horizontalbogenlampe für kleine Scheinwerfer.

85 592. Douglas-Willan (London). 11. 4. 1895. Verfahren zur Herstellung von Kohlen und Kohlenfäden von hohem Lichtemissionsvermögen.

86 350. Mac Intire (New-York). 20. 3. 1895. Bogenlampe mit Regelung durch Selbstunterbrecher und Schraubenspindel.

86 421. Tausch (Berlin). 7. 10. 1894. Sparvorrichtung für Bogenlichtkohlen.

86 488. Körting & Mathiesen (Leutzsch-Leipzig). 14. 7. 1895. Wechselstrombogenlampe.

86 526. Brockie-Pell (London). 30. 10. 1895. Elektrische Bogenlampe mit Bremsregelung.

86 750. Körting & Mathiesen (Leutzsch-Leipzig). 3. 12. 1895. Zusatz zu 86 488.

86 776. Niewerth & Cie. (Berlin). 26. 7. 1895. Einspannvorrichtung für die Kohlenstäbe bei Dochtkohlenpressen.

87 009. Dreefs (Höchst a/M.). 14. 8. 1895. Elektrische Bogenlampe mit schwingendem Laufwerk.

87 041. Mac Intire (New-York). 20. 3. 1895. Bogenlampe mit gebogenen Kohlenstäben.

87 464. Körting & Mathiesen (Leutzsch-Leipzig). 14. 7. 1895. Zusatz zu 67 705.

87 752. Tausch (Berlin). 12. 1. 1895. Zusatz zu 86 421.

88 214. Haßlacher (Frankfurt a/M.). 15. 2. 1895. Bogenlampe mit konvergierenden Kohlenstäben.

88 809. Pühler (Frankfurt a/M.). 8. 12. 1895. Kurzschlußausschalter für Bogenlampen.

90 423. Kummer & Co. (Dresden). 27. 4. 1895. Wechselstrombogenlampe mit Kurzschlußanker.

90 516. Naeck & Holsten (Stralsund). 19. 3. 1896. Vorrichtung zum Regeln des Abstandes der neueingesetzten Kohlenstifte von Bogenlampen.

90 814. Mackin (Anderson, U. S. A.). 13. 5. 1896. Bogenlampe mit Kohlenstiftmagazin.

90 945. Schmidt (Nürnberg). 22. 8. 1896. Bogenlampe.

91 428. Fisher (Blackheath, England). 21. 2. 1896. Elektrische Bogenlampe.

91 969. Leitner (Berlin). 5. 2. 1896. Kohlenführung für Bogenlampen mit winklig gestellten Kohlenstiften.

92 104. Mensing (Sülfeld bei Fallersleben). 3. 10. 1896. Zusatz zu 80 651.

92 204. Niewerth & Cie. (Berlin). 8. 12. 1895. Regelungsvorrichtung für Bogenlampen.

92 205. Pühler (Frankfurt a/M.). 8. 12. 1895. Bremsvorrichtung für Bogenlampen.

93 470. Continentale Jandus Elektr.-Act.-Ges. (Brüssel). 7. 2. 1895. Elektrische Bogenlampe.

Nummer:

93 724. Schmitt (Lemberg). 13. 9. 1896. Bogenlampe.

93 882. Deuther (Boston U. S. A.). 22. 9. 1896. Zusammengesetzte Elektrode, deren den Lichtbogen bildender Teil auswechselbar ist.

94 311. Siemens & Halske (Berlin). 12. 3. 1897. Schmelzzünder für Bogenlampen.

94 360. Hegner (Paris). 21. 12. 1895. Bogenlampe mit mehreren zu einer Gruppe geschalteten Kohlenpaaren.

94 791. Pemsel (Nürnberg). 20. 12. 1896. Maschine zum Dochten von Bogenlichtkohlen.

95 491. Patent-Verwertungs-Gesellschaft (Berlin). 30. 4. 1896. Elektrische Bogenlichtlampe.

96 068. Körting & Mathiesen (Leutzsch-Leipzig). 2. 5. 1897. Gestänge für elektrische Bogenlampen.

96 210. Ridings, Bull, Codd (Birmingham). 12. 5. 1896. Regelungsvorrichtung für Bogenlampen.

96 717. Klostermann (Paris). 15.4.1896. Regelungsvorrichtung f. Bogenlampen.

96 720. Delavau & Brérat (Chatellerault). 23. 2. 1897. Differentialbogenlampe mit Kohlenstiftmagazinen.

97 805. Körting & Mathiesen (Leutzsch-Leipzig). 10. 11. 1897. Vorrichtung zum Anzeigen des nahezu beendeten Kohlenabbrandes bei Bogenlampen.

98 210. Douglas-Willan (London). 26. 9. 1896. Zusatz zu 85 592.

98 571. Körting & Mathiesen (Leutzsch-Leipzig). 10. 11. 1897. Bogenlampe mit zwei Kohlenpaaren und zwei unabhängigen Laufwerken.

98 625. Heil (Fränkisch-Crumbach). 9. 6. 1897. Verfahren zur Behandlung von Bogenlichtkohlen.

98 875. Meyer (Großalsleben). 23. 1. 1898. Regelungsvorrichtung für Bogenlampen.

98 951. Brockie-Pell (London). 10. 1. 1897. Bogenlampe.

99 022. Körting & Mathiesen (Leutzsch-Leipzig). 10. 11. 1897. Kurzschlußvorrichtung für Differentialbogenlampen.

99 272. Bergmann (New-York). 2. 6. 1897. Bogenlampe mit innerer und äußerer Glocke.

99 415. Weil, Dr. & Richter (Frankfurt a/M.). 18. 7. 1897. Schaltung der Regelungselektromagnete für Bogenlampen.

99 555. Tribelhorn (Buenos Aires). 16. 2. 1898. Regelungsvorrichtung für Bogenlampen.

100 361. Körting & Mathiesen (Leutzsch-Leipzig). 31. 3. 1898. Zusatz zu 98 571.

100 513. Lacko (Paris). 21. 10. 1897. Regelungsvorrichtung für Bogenlampen.

101 050. Siemens & Halske (Berlin). 1. 3. 1898. Elektrische Bogenlampe mit schwingendem Laufwerkrahmen.

101 081. General Incandescent Arc Light Company (New-York). 30. 6. 1897. Verschluß für die Innenglocke von Bogenlampen.

101 418. Blahnik (Skalic). 12. 3. 1897. Regelungsvorrichtung für Bogenlampen.

Nummer:

101 631. Körting & Mathiesen (Leutzsch-Leipzig). 24. 4. 1898. Einrichtung zum Anzeigen des nahezu beendeten Kohlenabbrandes bei Bogenlampen.

101 850. Gebr. Körting (Körtingsdorf). 29. 7. 1898. Feststellvorrichtung für Bogenlampenaufzugsvorrichtungen.

102 934. Bergmann (Berlin). 21. 12. 1897. Kohlenhalter für elektrische Bogenlampen.

103 006. Stuttmann (Rüsselsheim a/M.). 19. 5. 1898. Bogenlampe mit winklig gestellten Kohlenpaaren.

103 272. General Incandescent Arc Light Company (New-York). 30. 6. 1897. Klemmvorrichtung für Bogenlampen.

103 784. Vigreux & Brillié (Paris). 20. 2. 1898. Bogenlampe mit Bremsvorrichtung.

103 785. Hackl (Ofen-Pest). 29. 7. 1898. Bogenlampe mit gegeneinander geneigten Kohlenstäben.

103 887. Gilbert, Broockline & Lundin (Beachmont, U. S. A.) 11. 5. 1898. Verschluß und Befestigung der luftdichten Glocke bei Bogenlampen.

103 888. Rendel (Frankfurt a/M.). 17. 5. 1898. Einrichtung zur Verlängerung der Brenndauer von Bogenlampen.

103 897. Kummer & Co. (Dresden). 16. 8. 1898. Bogenlampe mit zwei Kohlenpaaren.

104 071. Stralsunder Bogenlampenfabrik (Stralsund). 23. 6. 1898. Regelungsvorrichtung für Bogenlampen.

104 144. Klostermann (Paris). 20. 3. 1898. Zusatz zu 96 717.

104 147. Rzepka (Neuberun). 2. 12. 1898. Schutzvorrichtung für Kohlenhalter bei Bogenlampen.

104 216. Société les fils d'Adolph Mougin (Paris). 23. 4. 1898. Bogenlampe mit Federtriebwerk.

104 649. Lewis & The Mutual Electric Trust Ltd. (London). 11. 1. 1898. Regelungsvorrichtung für Wechselstrombogenlampen.

105 542. Lacko (Paris). 25. 1. 1898. Elektrische Bogenlampe mit Schneckenradbetrieb.

105 943. Wiekens (Berlin). 1. 12. 1898. Drehstrombogenlampe.

106 156. Delavau & Brérat (Chatellerault). 21. 12. 1898. Vorschubvorrichtung für die Kohlenstäbe in Differentialbogenlampen mit geneigt stehenden Kohlenmagazinen.

106 817. Schemalleck (Tangermünde). 12. 4. 1899. Differentialbogenlampe.

106 895. Ottesen (Hannover). 26. 11. 1898. Bogenlampe.

107 159. Johnson (Blackheath). 29. 3. 1899. Klemmvorrichtung in Bogenlampen.

107 618. Booker & Peschek (Old Charlton). 22. 2. 1899. Bremsvorrichtung für Bogenlampen.

107 677. Vosmaer (Haarlem). 2. 12. 1898. Elektrische Lampe mit feststehenden Elektroden.

107 847. Körting & Mathiesen (Leutzsch-Leipzig). 9. 6. 1899. Anlaßvorrichtung für hintereinander geschaltete Bogenlampen.

Nummer:

108 089. Arter (Hammersmith). 21. 4. 1899. Regelungsvorrichtung für Bogenlampen.

108 226. Mersch (Paris). 13. 12. 1898. Bogenlampe.

111 619. Körting & Mathiesen (Leutzsch-Leipzig). 23. 12. 1898. Einrichtung zum Vorwärmen von aus Leitern zweiter Klasse bestehenden Glühkörpern durch einen Lichtbogen.

111 782. Bergmann A.-G. (Berlin). 15. 2. 1899. Stromzuführungsvorrichtung für die obere Kohle bei Bogenlampen.

111 984. Blahnik (Skalic). 24. 3. 1897. Zusatz zu 101 418.

112 277. Rosemeyer (Lingen a. d. Ems). 29. 3. 1899. Dauerbrandbogenlampe.

112 313. Bonhivers (Levallois Perret). 7. 7. 1899. Feuerfester Glühkörper für elektrische Bogenlampen.

112 785. Elektrizitäts-Gesellschaft Richter, Dr. Weil & Co. (Frankfurt a/M.). 10. 12. 1898. Hitzdrahtbogenlampe.

113 122. Davy (London). 28. 3. 1899. Halter für die negative Kohle bei elektrischen Bogenlampen.

114 242. Bremer (Neheim a/Ruhr). 30. 9. 1899. Elektroden für Bogenlampen mit einem Zusatz von wenigstens 3% Metall- oder Metalloidsalzen.

114 314. Bremer (Neheim a/Ruhr). 24. 10. 1899. Kohlenstab für Bogenlampen.

114 567. Jonsohn (Blackheath). 29. 3. 1899. Gehäuse für elektrische Bogenlampen.

114 568. Fleming (London). 26. 7. 1899. Elektrische Bogenlampe.

114 939. Siemens & Halske, Electric Company of America (Chicago). 1. 11. 1899. Regelungsvorrichtung für Bogenlampen.

115 708. Baggett (Blackheath). 5. 10. 1899. Bogenlampe mit Klemmschaltwerk.

115 940. Borcherding (Bremen). 19. 11. 1899. Schaltung für Bogenlampen.

116 213. Bremer (Neheim a/Ruhr). 16. 1. 1900. Elektrische Bogenlampe.

116 813. Rosemeyer (Elberfeld). 30. 11. 1899. Neuerung an Bogenlampen. (Regina Bogenlampe.)

116 822. Mayer (Kalk bei Köln a/Rh.). 7. 2. 1899. Verfahren zur Herstellung graphitischer Kohle.

117 139. Chagnaud (Paris). 26. 7. 1889. Bogenlampe.

117 214. Rasch (Potsdam). 19. 3. 1899. Verfahren zur Erzeugung von elektrischem Bogenlicht.

117 318. Börner (Berlin). 23. 3. 1900. Elektrische Bogenlampe mit mehreren Kohlenpaaren.

117 525. Börner (Berlin). 30. 5. 1900. Zusatz zu 117 318.

117 548. Bergmann & Arrhenius (Stockholm). 3. 6. 1899. Bogenlampe mit rotierenden röhrenförmigen Kohlen.

117 607. Laufer & Frischmann (Lodz). 21. 12. 1899. Regelungsvorrichtung für Bogenlampen mit schraubenförmig gewundenen Kohlen.

117 940. Bremer (Neheim a/Ruhr). 28. 11. 1899. Bogenlampe.

118 370. Davy (London). 28. 3. 1899. Vorrichtung zur Stromzuführung nach der beweglichen Kohle bei elektrischen Bogenlampen.

118 413. Schweiz. Akkumulatorenwerke Tribelhorn Akt.-Ges. (Zürich). 19. 4. 1900. Elektrische Bogenlampe.

Nummer:

118 464. Bremer (Neheim a/Ruhr). 27. 6. 1899. Verfahren zur Herstellung von Elektroden für Bogenlampen.

118 550. Borcherding (Bremen). 29. 6. 1900. Regelungsvorrichtung für hintereinander geschaltete Bogenlampen.

118 754. Bremer (Neheim a/Ruhr). 26. 4. 1900. Winkelführung für schräg stehende aus mehreren Stücken zusammengesetzte Elektroden von Bogenlampen.

118 867. Bremer (Neheim a/Ruhr). 14. 10. 1899. Verfahren zur Herstellung von Bogenlampenelektroden.

119 580. Bremer (Neheim a/Ruhr). 28. 7. 1900. Verschlußvorrichtung für Schutzhüllen von Bogenlampen und für ähnliche Gefäße.

120 988. Bremer (Neheim a/Ruhr). 1. 8. 1899. Sparer für Bogenlampen.

121 208. Mayer (Kalk bei Köln a/Rh.). 16. 5. 1899. Zusatz zu 116 822.

121 251. Bremer (Neheim a/Ruhr). 10. 1. 1900. Regelungsvorrichtung für Bogenlampen mit langem Lichtbogen.

122 037. Bremer (Neheim a/Ruhr). 18. 3. 1900. Verfahren zur Regelung des Lichtbogens von Bogenlampen.

122 173. „Eos“, Gesellschaft für elektr. Beleuchtung (Neheim a/Ruhr). 25. 12. 1900. Klemmvorrichtung für Bogenlampen mit abwärts gerichteten Kohlenstäben.

122 781. Körting & Mathiesen (Leutzsch-Leipzig). 8. 1. 1901. Selbsttätige Stromschlußvorrichtung für Bogenlichtstromkreise.

122 931. Bremer (Neheim a/Ruhr). 6. 7. 1900. Bogenlampe.

122 991. Labentowitsch (St. Ufa). 5. 12. 1899. Elektrische Bogenlampe mit Regelung des Lichtbogens durch eine rechts- und linksgängige Schraubenspindel.

123 413. Lorenz (Zürich). 27. 10. 1900. Bogenlampen mit zwei Kohlenringen.

123 545. Johnson (Blackheath). 1. 9. 1900. Röhrenförmiger Kern für Wechselstrombogenlampen.

123 789. Koch (Schöneberg) b/Berlin). 24. 3. 1900. Glühkörper für elektrische Bogenlampen.

123 790. Voelker (Ehrenfeld). 27. 9. 1900. Kohlenstabanordnung für elektrische Bogenlampen.

123 953. Fricke (Magdeburg). 4. 9. 1900. Elektrische Bogenlampe mit zwei parallel geschalteten, über oder unter einer gemeinschaftlichen dritten angeordneten Kohlen.

124 743. Bénard (Angers). 7. 8. 1900. Klemmvorrichtung für Bogenlampen.

124 930. Walton (Cleveland U. S. A.). 19. 6. 1900. Regelungsvorrichtung für Bogenlampen.

126 183. Duisburger Eisen- und Stahlwerke (Duisburg). 5. 4. 1901. Feststellvorrichtung für Bogenlampenaufzugvorrichtungen mit Klappbügel.

127 333. Bremer (Neheim a/Ruhr). 25. 7. 1899. Mit Metall- oder Metalloidsalzen versetzte Elektroden für Bogenlampen.

127 768. „Eos“ (Neheim a/Ruhr). 14. 5. 1901. Zusatz zu 122 173.

127 901. Baumer (Nürnberg). 3. 4. 1901. Bogenlampe mit mehreren Lichtbogen.

Nummer:

128 103. Bremer (Neheim a/Ruhr). 12. 2. 1901. Zündvorrichtung für Bogenlampen.

128 184. Körting & Mathiesen (Leutzsch-Leipzig). 5. 4. 1901. Zusatz zu 122 781.

128 407. Bremer (Neheim a/Ruhr). 1. 2. 1901. Bogenlampe für Kohlen, welche Schlacken absondern.

128 926. Bremer (Neheim a/Ruhr). 29. 12. 1900. Zündvorrichtung für Bogenlampen mit nach unten gerichteten Kohlenstäben.

129 273. Froment & Guinard (Paris). 12. 4. 1901. Elektrische Bogenlampe.

129 409. Krutmeyer (Oeynhausen). 8. 1. 1901. Aufhängevorrichtung für Bogenlampen.

130 230. Spies & Norden (Mount Vernon U. S. A.). 19. 2. 1901. Selbsttätig sich kurzschließende Leitungskuppelung für elektrische Bogenlampen.

130 231. Spitzbarth (Dresden). 9. 3. 1901. Leitungskuppelung mit Fangvorrichtung und Seilentlastung für Bogenlampen.

130 385. Bremer (Neheim a/Ruhr). 21. 8. 1900. Regelungsvorrichtung für Bogenlampen mit parallel oder schräg nach unten gerichteten Kohlen.

130 946. Allgemeine Elektrizitäts-Gesellschaft (Berlin). 28. 3. 1901. Stromunterbrecher für die Nebenschlußwicklung bei Bogenlampen.

131 910. Hannach (Breslau). 22. 6. 1901. Bogenlampe mit einem durch den Flammenbogen erhitzten Glühkörper.

131 993. Bremer (Neheim a/Ruhr). 10. 12. 1899. Bogenlampe.

132 278. Bremer (Neheim a/Ruhr). 25. 12. 1900. Verfahren zum Anzünden der abwärts gerichteten Elektroden von Bogenlampen.

132 967. Keyzer (Amsterdam). 10. 10. 1901. Verfahren zur Herstellung luftbeständiger Karbidelektroden für Bogenlampen.

133 024. Bremer (Neheim a/Ruhr). 28. 7. 1900. Vorrichtung zur Bildung des Lichtbogens.

133 220. Keyzer (Amsterdam). 6. 10. 1901. Verfahren zur Herstellung von Bogenlampenelektroden aus einem Karbid, welches von Wasser zersetzt wird.

133 703. Deutsche Gesellschaft für Bremer-Licht (Neheim a/Ruhr). 14. 12. 1899. Bogenlampe, bei der jede von beiden Elektroden aus zwei sich gegen einander stützenden Stücken besteht.

134 149. Heany (Philadelphia). 24. 7. 1901. Bogenlampe mit Luftabschluß.

134 180. Deutsche Gesellschaft für Bremer-Licht (Neheim a/Ruhr). 2. 3. 1901. Zusatz zu 118 867.

134 719. Deutsche Gesellschaft für Bremer-Licht (Neheim a/Ruhr). 24. 2. 1901. Zusatz zu 122 037.

134 241. Engelhardt & Schneider (Bayreuth und Kulmbach). 10. 12. 1901. Vorrichtung zur Bildung des Lichtbogens bei elektrischen Bogenlampen.

135 009. Cooper Hewitt (New-York). 26. 6. 1900. Einrichtung zur Verminderung der Anlaßspannung bei elektrischen Lampen mit leuchtendem gas- oder dampfförmigen Leiter.

Nummer:

135 010. Cooper Hewitt (New-York). 26. 6. 1900. Verfahren zur Herstellung elektrischer Lampen mit eingeschlossenem dampf- oder gasförmigen leuchtenden Leiter.

135 011. Bremer (Neheim a/Ruhr). 24. 2. 1901. Regelungsvorrichtung für Bogenlampen mit nach unten gerichteten Elektroden.

135 012. Bremer (Neheim a/Ruhr). 4. 7. 1901. Zusatz zu 135 011.

135 013. Cooper Hewitt (New-York). 26. 6. 1900. Verfahren zur Verminderung der Anlaßspannung bei elektrischen Lampen mit leuchtendem gas- oder dampfförmigen Leiter.

135 631. Deutsche Gesellschaft für Bremer-Licht (Neheim a/Ruhr). 24. 2. 1901. Zusatz zu 122 037.

135 632. Böhm (Berlin). 30. 3. 1901. Verfahren zur Herstellung höchst hitzebeständiger Kohlekörper oder Kohle enthaltender Körper.

135 633. Bremer (Neheim a/Ruhr). 5. 4. 1901. Bogenlampe, deren Elektroden beide nach unten oder oben gerichtet sind.

136 095. Bremer (Neheim a/Ruhr). 21. 3. 1901. Bogenlampe für Scheinwerfer.

136 096. Turnikoff & von Nesselrode (Saratow). 24. 9. 1901. Vorrichtung zur Regelung der Lichtbogenlänge von hintereinander geschalteten Bogenlampen.

136 619. General Electric Company (Schenectady U. S. A.). 11. 4. 1902. Elektrische Lampe, bei welcher Gase oder Dämpfe von Quecksilber oder ähnlichen Substanzen zum Leuchten gelangen.

136 690. Deutsche Gesellschaft für Bremer-Licht (Neheim a/Ruhr). 24. 2. 1901. Regelungsvorrichtung für Bogenlampen.

136 794. Cuénod (Genf). 7. 1. 1902. Wechselstrombogenlampe mit zwischen Elektromagnetpolen infolge Foucault'scher Ströme sich drehenden Metalltrommeln.

136 914. Anderson (Stockholm). 11. 3. 1902. Elektrische Bogenlampe mit zwei Lichtbogen zwischen drei Elektroden.

137 305. Renaud (Paris). 21. 9. 1901. Regelungsvorrichtung für Bogenlampen.

137 459. Codd (Nottingham). 10. 10. 1901. Elektrische Bogenlampe.

137 507. Gebr. Siemens & Co. (Charlottenburg). 26. 1. 1902. Verfahren zur Beseitigung der durch den elektrischen Lichtbogen in der Luft erzeugten schädlichen Stickstoffoxyddämpfe.

137 788. Rasch (Potsdam). 28. 3. 1899. Verfahren zum Anlassen von Elektrolytbogenlamgen.

137 809. Keyzer (Amsterdam). 6. 10. 1901. Verfahren zur Herstellung von Elektroden für Bogenlampen aus einem Karbid, welches von Wasser zersetzt wird.

137 828. Schuckert & Co. (Nürnberg). 6. 5. 1902. Bogenlampe mit Regelung durch Elektromotor.

138 018. Gebr. Siemens & Co. (Charlottenburg). 20. 2. 1902. Zusatz zu 137 507.
138 019. Gebr. Siemens & Co. (Charlottenburg). 28. 3. 1902. Zusatz zu 137 507.

138 081. Società Generale Italiana Edison di Elettricità (Mailand). 29. 6. 1901. Bogenlampe für mehrphasige Ströme.

Nummer:

138 082. Gebr. Siemens & Co. (Charlottenburg). 20. 2. 1902. Rauchfilter für Bogenlampen mit rauchbildenden Elektroden.

138 347. Bremer (Neheim a/Ruhr). 23. 7. 1901. Zusatz zu 135 011.

138 348. Conradty (Nürnberg). 20. 3. 1902. Bogenlichtkohle mit eingesetzten Glühstiften aus lichtemittierenden Stoffen.

138 467. Keyzer (Amsterdam). 8. 9. 1901. Bogenlampe mit Karbidelektroden.

138 580. Leyde (Dresden). 24. 9. 1901. Bogenlampe für photographische Zwecke mit einseitig geworfenem Lichtkegel.

138 722. General Electric Company (Schenectady U. S. A.). 31. 1. 1901. Regelungsvorrichtung für auf gleiche Spannung regulierende Bogenlampen.

Namenregister.[1])

[1]) Die Namen des Patentverzeichnisses sind nicht in dem Namenregister aufgeführt.

Sachregister.

GPSR Compliance

The European Union's (EU) General Product Safety Regulation (GPSR) is a set of rules that requires consumer products to be safe and our obligations to ensure this.

If you have any concerns about our products, you can contact us on ProductSafety@springernature.com

In case Publisher is established outside the EU, the EU authorized representative is:

Springer Nature Customer Service Center GmbH
Europaplatz 3
69115 Heidelberg, Germany

Batch number: 10682323

Printed by Printforce, the Netherlands